AGRICULTURE ET SÉCURITÉ ALIMENTAIRE AU SÉNÉGAL

Etudes Africaines

Collection dirigée par Denis Pryen et François Manga Akoa

Dernières parutions

Pierre KAMDEM, *Le Mouvement associatif de la diaspora camerounaise. Enjeux et perspectives*, 2008.

C. DILI PALAI, D. PARE (sous la dir.), *Littératures et déchirures*, 2008.

Nuah M. Makungu Masudi, *L'Expérience d'élevage préiurbain à kinshasa. Entre « débrouille » et « entreprise »*, 2008.

Alain CALOSCI, *Education, culture, développement : quelles relations? L'exemple de la Guinée Conakry,* 2008.

Télesphore ONDO, *Le Droit parlementaire gabonais*, 2008.

Babacar Mbaye DIOP et Doudou DIENG (textes réunis par), *La conscience historique africaine*, 2008.

Paul Koffi KOFFI, Le *défi du développement en Côte d'ivoire*, 2008.

Stéphanie NKOGHE, *La psychologie du tourisme*, 2008.

Jean-Claude K. BROU, *Privatisation en Côte d'Ivoire*, 2008.

Ibrahim S. NJOYA, *Chasse au Cameroun*, 2008.

Jean de Dieu MOLEKA LIAMBI, *Promesse de liberté et pratique politique en République démocratique du Congo*, 2008.

Alain ELLOUE ENGOUNE, *Du Sphinx au Mvett*, 2008.

Fweley DIANGITUKWA, *Flux migratoires internationaux et stratégies de développement*, 2008.

BOUOPDA Pierre Kamé, *Cameroun, du Protectorat vers la démocratie (1884-1992),* 2008.

Jean-Pacifique BALAAMO MOKELWA, *Eglises et Etat en République démocratique du Congo. Histoire du droit congolais des religions (1885-2003)*, 2008.

Toumany MENDY, *Sénégal. Politiques publiques et engagement politique*, 2008.

Alfred Yambangba SAWADOGO, *Afrique : la démocratie n'a pas eu lieu*, 2008.

Dr BOGA Sako Gervais, *Les Droits de l'Homme à l'épreuve : cas de la crise ivoirienne du 19 septembre 2002*, 2008.

W. Zacharia TIEMTORE, *Technologie de l'information et de la communication, éducation et post-développement en Afrique,* 2008.

Boubacar BA

AGRICULTURE ET SÉCURITÉ ALIMENTAIRE AU SÉNÉGAL

L'Harmattan

5-7, rue de l'Ecole polytechnique ; 75005 Paris

http://www.librairieharmattan.com
diffusion.harmattan@wanadoo.fr
harmattan1@wanadoo.fr

ISBN : 978-2-296-05903-0
EAN : 9782296059030

Introduction

Cet ouvrage sur l'agriculture au Sénégal et ses rapports avec la sécurité alimentaire doit être entendu dans le sens d'une interrogation et d'une introspection sur un processus de développement socio-économique entamé depuis l'accession du pays à l'indépendance en 1960. Le choix du sujet n'est pas n'est pas un hasard parce que l'agriculture et la sécurité alimentaire sont des indicateurs de l'état du pays. Plus que jamais, ils sont cœur de l'actualité, et tout porte à croire que l'agriculture continuera de mobiliser les pouvoirs et les sociétés dans de nombreuses années. Ces deux sujets, qui n'en font qu'un tellement ils sont liés, ou devraient l'être, collent aux problèmes du moment. Plus que jamais, ils ne laissent personne indifférent. Ils posent une problématique centrale, une problématique qui se trouve au cœur du développement de tous les pays d'Afrique noire. Un recensement aurait révélé un nombre important de réponses si l'on se mettait à réfléchir sur la place et le rôle de l'agriculture et des agriculteurs dans les politiques économiques et les stratégies de développement. Mais nous avons choisi d'axer l'analyse sur l'aménagement du territoire et sur l'exploitation des ressources du milieu naturel, en ce sens que ce sont là deux éléments essentiels des stratégies avec lesquels devrait être pensée la nécessaire synergie entre l'agriculture et la sécurité alimentaire du Sénégal. Cette forme particulière de s'interroger et d'interroger les faits et les éléments qui les structurent est nommée en géographie par l'expression de « l'étude du milieu ». Dans ce cas précis, elle conduit presque inévitablement à porter la réflexion sur le développement rural au Sénégal, donc un champ d'analyse extrêmement vaste. Elle est aussi un moyen par lequel on pénètre certaines préoccupations et tâches qui sont souvent conférées à la géographie rurale et qui renseignent de façon pertinente sur les choix et les différents niveaux de développement socio-économique du pays : observer les paysages, comprendre l'occupation et l'exploitation de l'espace, analyser les pratiques et logiques paysannes sur l'espace, analyser les politiques agricoles et les stratégies alimentaires.

Nous sommes donc sur un sujet dont les problématiques qu'il véhicule permettent de voir, d'analyser et de comprendre les résultats des actions menées dans l'agriculture sénégalaise au service du développement du pays et de la couverture des besoins alimentaires de la population. Dans le passé, plusieurs acteurs, dont les services de l'Etat, ont agi dans le sens de ses objectifs pour, à ce qu'il semble, contribuer à leur réalisation. En réalité, ils ont souvent reconduit sur l'espace rural des moyens et des façons de faire l'agriculture et le développement qui étaient déjà utilisés par l'Administration coloniale, et dont les conséquences sont aujourd'hui préoccupantes.

D'évidence, il apparaît, pour qui connaît l'agriculture sénégalaise, que la satisfaction du besoin alimentaire à l'échelle nationale n'a jamais été une priorité pour l'Etat, sauf (et encore) au début des années 80, années au cours desquelles la crise du cours de l'arachide et l'application de la Nouvelle politique agricole (NPA) ont accentué les problèmes agricoles et alimentaires. La raison est très simple. Elle tient au fait que l'accès à l'alimentation a été rarement un problème d'une grande acuité pour la population pour que le gouvernement éprouve le besoin d'en faire une option déterminante dans sa politique agricole. Jusque-là, la satisfaction des besoins alimentaires obéissait aux principes des avantages comparés et de la séparation des besoins de consommation entre les zones rurales et les zones urbaines, les unes tirant leur consommation de leur production de céréales tandis que les autres étaient approvisionnées par les importations. Ce fonctionnement des systèmes alimentaires, sans des liens directs avec l'agriculture, a été une particularité des stratégies alimentaires mises en œuvre par les différents gouvernements qui ont dirigé le pays depuis son indépendance.

L'examen des rapports entre l'agriculture et la sécurité alimentaire révèle plusieurs problèmes, dont principalement l'absence d'articulations et de cohérence entre les besoins de consommation d'une ou de plusieurs franges de la société sénégalaise et l'exploitation économique des ressources du pays. Tout porte à croire que les pouvoirs publics n'ont que peu compris que le développement rural, voire le développement national tout court, pouvait être fondé sur la valorisation des cultures vivrières et des ressources naturelles. Le nombre de personnes concernées, les ressources naturelles disponibles, les traditions culinaires et de consommation sont en effet autant de facteurs sur lesquels pouvait être construit un marché céréalier structuré, solide et prospère, comme il en a été le cas pour l'arachide. Sans remettre en question l'existence de la filière arachidière et son circuit commercial, celui des céréales aurait permis d'injecter beaucoup d'argent dans le financement du développement rural. Au contraire, les autorités ont estimé que la promotion des céréales locales devrait, pour réussir, profiter des effets d'entraînement de la politique arachidière. Selon elles, la modernisation des techniques et des moyens de culture pour l'arachide permettrait aux paysans de disposer plus de temps à consacrer aux cultures de céréales, par ailleurs plus exigeantes en main d'œuvre. On ne sait pas s'il faut en rire ou en pleurer. Mais, des années plus tard, force est de constater que les résultats obtenus ne sont pas ceux qui étaient attendus. Pire, dans le Bassin arachidier, le développement de la culture attelée a produit une extension des superficies pour toutes les cultures et une réduction du temps de travail manuel autrefois consacré aux céréales (Gaye, 1994)[1]. Malgré les changements qui ont été tentés çà et là, l'amélioration des conditions de culture des céréales est restée faible, confinée et très localisée pour la bonne et simple raison que les programmes de modernisation ne concernaient que les zones arachidières.

Suite à ces échecs, proposer une réflexion géographique sur la question agroalimentaire, notamment dans le domaine de la production, la distribution et la consommation des céréales, amène à s'intéresser à d'autres sujets à fort impact social comme les systèmes alimentaires et les modes de consommation, les politiques agricoles et les stratégies agricoles, mais aussi les rapports des cultivateurs aux ressources naturelles et les supports matériels utilisés.

L'approche géographique utilisée dans cet ouvrage s'enrichit des données officielles et les données d'enquêtes d'organismes privés. Selon les cas, elle permet de mettre en relief ou en opposition les complémentarités et les contradictions de la paysannerie et des institutions sénégalaises, mais aussi des acteurs qui agissent sur l'espace rural et économique, et qui ont leur part dans les changements agroalimentaires. En procédant ainsi, on va au-delà de la seule question de l'approvisionnement en céréales. Il ne pouvait en être autrement parce que cette question de la façon dont elle pose aujourd'hui est beaucoup plus complexe. Analysée, elle débouche sur des problèmes aussi divers que la gestion des ressources naturelles, les choix culturaux, les conditions socio-économiques des exploitations agricoles (ménages), la politique économique du pays, ainsi que le commerce international.

Au final, l'analyse de la question agricole et alimentaire au Sénégal concerne tous les versants du développement. Cependant, dans un contexte de régression des ressources naturelles, de changement climatique, de croissance démographique, et d'économies ouvertes, elle prend un sens particulier parce qu'elle repose de façon pertinente la nécessité de l'inscrire dans le champ de l'écodéveloppement. Sur cette question controversée de la durabilité et du développement, Racine (1981)[2] dans ses réflexions sur les rapports qui existent

---

[1] *Les cultures céréalières dans le Bassin arachidier : motivations et contraintes chez les producteurs*

[2] « Vertus et promesses d'un savoir délaissé. A propos de la géographie tropicale et de l'écodéveloppement »

entre la géographie tropicale et l'écodéveloppement propose trois idées qui permettent de comprendre les relations qui lient une société à son environnement pour la satisfaction de ses besoins alimentaires de base :

- la première, assez déterministe et certainement la plus ancienne, part de la nature et se concentre sur la manière dont les conditions naturelles conditionnent le développement de la société ;
- la seconde part au contraire de la société, examine l'autre versant de la relation en considérant plutôt comment les aspects économiques et techniques, c'est-à-dire l'infrastructure, les équipements, influencent la nature, et donc la production agricole ;
- la troisième naît de la société, mais souligne le rôle des idées et des modes de comportement qui constituent sa superstructure.

Il s'agit là de trois idées qui ne s'excluent pas, mais plutôt sont à combiner dans le cadre de l'élaboration des politiques de développement au Sénégal et ailleurs en Afrique noire. En fait, dans le domaine de l'agriculture et de l'alimentation, il est aisé de se rendre compte que la notion d'écodéveloppement dont parle Racine se rapproche de celle du développement durable et ses trois piliers. Elle signifierait que pour faire une agriculture adaptée aux exigences écologiques d'un milieu donné, qui en même temps satisfait les besoins en consommation de la population, il est nécessaire de s'assurer une bonne connaissance des aptitudes et des contraintes liées à ce milieu, aux spécificités socioculturelles des populations et de disposer des équipements adaptés.

Dans le contexte du Sénégal, cette vision s'appliquerait par une intégration dynamique des différents espaces agro-écologiques et leurs contenus socio-techniques en vue d'une exploitation rationnelle et complémentaire des ressources. C'est une posture qui nécessite de définir des échelles spatiales et sociales pertinentes de prise de décision, de pratiques efficaces de l'activité agricole et de diffusion des productions. Cet ouvrage, dans ses finalités, invite à la création d'une synergie territoriale en ce sens qu'il étudie l'agriculture au Sénégal sous forme de bilans dans les différents contextes socio-écologiques, économiques et politiques et pour sa contribution au développement du pays.

Les réformes institutionnelles et les politiques qui ont été adoptées dans les années 80 et 90 apparaissent aujourd'hui comme un aveu, une reconnaissance des échecs des politiques de développement, notamment pour ce qui concerne l'agriculture. En explorant depuis 1996 les solutions par la régionalisation, les législateurs sénégalais ont en même temps transféré la prise de décision, mais ils ont surtout déplacé la solution au problème de l'insécurité alimentaire. Ce changement a créé de nouveaux rapports entre les populations locales et leurs décideurs dans leurs façons de mobiliser et d'exploiter les ressources, mais aussi il a surtout individualisé la prise en charge de la crise agricole et l'insécurité alimentaire qui en a découlé. Ce nouvel environnement territorial souffre d'un manque de supports informatifs sur ses différentes composantes : ressources naturelles, population, institutions, etc. Ce manque est d'autant plus important que les supports auraient aidé à informer les acteurs sur les relations et les interrelations nécessaires pour créer les synergies territoriales les plus pertinentes dans le but de mettre en place des cadres fonctionnels de production et de consommation. Toutefois, ce qui paraît le plus urgent et surtout qui permettrait d'envisager l'agriculture et la sécurité alimentaire dans la durabilité, ce serait de les penser avec les acteurs concernés en termes de création de nouveaux territoires agricoles et alimentaires, autrement dit de rechercher de façon dynamique, continue et perpétuelle, toutes les synergies communes ou complémentaires des acteurs et de leur espace. Leur identification représente une base préalable et fondamentale à partir de laquelle il est possible de postuler et de mettre en œuvre un développement socio-économique durable susceptible de satisfaire les besoins alimentaires.

Nous proposons dans cet ouvrage de nous intéresser aux questions agricoles et leurs rapports avec les systèmes alimentaires et la consommation de céréales. Ce choix n'est pas fortuit. Il cadre avec les réalités et les besoins du Sénégal, un pays dans lequel 65 % de la population travaillent et vivent directement des produits et des retombées agricoles. En agissant ainsi, l'idée n'est pas d'ignorer la place de l'altérité, la part des importations de denrées alimentaires dans les stratégies alimentaires du Sénégal Mais il s'agit de réfléchir à une solution locale pour un problème national et de donner au secteur agricole sa place fondamentale dans le développement du pays, parce qu'en effet, dans les pays en développement l'agriculture doit être en mesure sinon de fournir une offre additionnelle correspondante, du moins de manifester une sensibilité qui limite le recours aux importations et atteste son intégration au processus de développement (Badouin, 1967)[3].

La première partie du livre présente l'approche utilisée. Elle met en lumière les liens ou l'absence de liens entre l'agriculture et l'alimentation au Sénégal, et ce, depuis l'accession du pays à l'indépendance. La deuxième partie est consacrée à l'examen des politiques alimentaires et aux bilans agricoles au Sénégal. Cette partie comporte aussi une analyse des principaux concepts qui ont présidé à la mise en place des politiques alimentaires à travers le monde et au Sénégal en

[3] Agriculture et accession au développement.

particulier. Quant à la troisième partie, elle propose une analyse régionale de l'agriculture et des systèmes agraires au Sénégal. Ici, on met le doigt sur les dysfonctionnements à l'origine de l'insécurité alimentaire qui frappe le Sénégal depuis plusieurs années. Cette partie s'achève par une réflexion sur la place et la « responsabilité » du riz importé sur l'impossible mariage entre l'agriculture et la sécurité alimentaire au Sénégal. La quatrième partie du livre aborde les facteurs déterminants qui influencent les choix agricoles et les choix en matière de consommation alimentaire. Nous avons volontairement choisi de mettre davantage l'accent sur les politiques agricoles et les stratégies alimentaires plutôt que sur les déterminants naturels, dont certes les impacts ne sont pas non plus négligeables. L'ouvrage aborde aussi les stratégies agricoles paysannes dont la mise en œuvre répond à un souci de production de céréales, donc de préservation de la sécurité alimentaire familiale. Il s'achève sur une série de recommandations sur l'aménagement du territoire pour un meilleur mariage entre la production de céréales et la sécurité alimentaire au Sénégal.

Partie 1. Agriculture et alimentation

I. Une crise en marche

Il est difficile de faire passer, chez qui connaît peu le Sénégal, l'idée selon laquelle l'agriculture du Sénégal a été pensée dans le but presque exclusif d'accomplir des fonctions de financement du développement économique du pays et non de répondre à ses fonctions nourricières traditionnelles. Cette posture, car il s'agit bien de cela, n'est pas née au lendemain de l'indépendance. Au contraire, tout indique qu'elle est le fruit et le prolongement de la mise en œuvre d'une vision de l'Administration coloniale. En effet, c'est cette dernière qui, en introduisant l'arachide, a spécialisé le Sénégal dans la production de cette spéculation pour les besoins de l'économie métropolitaine. Et les conséquences de cette politique ont été nombreuses, diverses et extrêmement défavorables pour le pays, pour son agriculture et pour sa sécurité alimentaire. Elles le sont davantage aujourd'hui que dans le domaine de l'agriculture, elles ont sédimenté et figé une structuration dualiste de la production, avec d'un côté une agriculture de rente - dite moderne - et de l'autre une agriculture de subsistance et traditionnelle. L'opposition des deux a entraîné la relégation des cultures vivrières au second plan dans l'ordre des priorités en matière d'organisation, de financement et d'encadrement de l'agriculture.

1. La période coloniale au Sénégal, au début de l'extraversion de l'agriculture et de l'alimentation

Dans la société sénégalaise, ce sont traditionnellement les systèmes de production des cultures vivrières qui permettaient d'assurer les besoins en nourriture, particulièrement en céréales, de la population aussi bien dans les grands centres que dans les villages les plus reculés. La consommation des céréales comme aliment de base était identique d'un village à l'autre, d'une région à une autre, à quelques exceptions près. Elle variait seulement sous l'effet de l'intensité de la fluctuation des isohyètes et de la variation des aptitudes agronomiques des écosystèmes.

Donc, selon les cadres écologiques, il existait une sorte de compromis dynamique entre l'agriculture et l'alimentation qui permettait de faire face aux demandes en consommation de céréales de la population. Toutefois, ce compromis entre les besoins alimentaires des populations et leurs environnements naturels respectifs connaît ses premières fissures avec la pénétration de l'arachide et l'importation du riz. Ces deux faits représentent des événements extrêmement importants dans le processus de transformation de l'agriculture du pays et des habitudes de consommation alimentaire de la population. Les rapports des paysans avec leur espace se transforment alors au fur et à mesure que se répand la culture de l'arachide. Cette mutation des systèmes agraires amène progressivement les paysans, dans le Bassin arachidier en l'occurrence, à appréhender leur espace comme un simple support de production qui leur permet de gagner de l'argent. Par conséquent, on assiste à l'extension des champs d'arachide, au glissement vers le sud du pays de l'espace consacré à cette culture au fur et à mesure que les sols devenaient moins fertiles. Et phénomène plus grave, ces changements s'accompagnent de l'affaiblissement des cultures céréalières et de la mise en place progressive d'un système alimentaire basé sur le commerce.

Pendant ce temps, l'Administration coloniale s'efforçait de répondre à la demande alimentaire en important du riz. Une importation qui était destinée à approvisionner dans un premier temps la population urbaine, mais aussi la population rurale accessoirement, surtout quand il y avait des risques avérés de crise alimentaire. Cette stratégie fut remarquablement entretenue dans le Bassin arachidier par l'Administration coloniale. A titre d'exemple, au cours des années 30, le prix du riz brisé importé au consommateur était moins élevé que celui de l'arachide. Mais l'importation n'a pas empêché que les vivres de soudure (constituées de riz) soient versés dans le paquet de crédit destiné aux paysans. Le soin apporté à ce système autorise à penser que pour l'Administration coloniale, il fallait créer toutes les conditions pour que le paysan puisse davantage se consacrer à la culture arachidière sans compromettre sa sécurité alimentaire (Gaye, 2000). Ce dispositif, certes fonctionnel, annonçait déjà l'affaiblissement des stratégies d'autosubsistance et d'autosuffisance alimentaire.

2. Du passage de la crise du modèle de l'agro-exportation à l'autosuffisance et à la sécurité alimentaire

L'Etat du Sénégal survenu après l'indépendance a perpétué le même type d'agriculture que celui de l'Administration coloniale, entraînant du coup le renforcement de la marginalisation des céréales locales dans la production agricole nationale. Encore aujourd'hui, l'agriculture sénégalaise porte cette dualité, une dualité qui se répercute dans les rapports qui lient la société à sa consommation alimentaire, et qui se pose en termes de transformations progressives de l'agriculture et des habitudes en matière de consommation alimentaire (Garine et coll., 1991[4] ; Campagne et Chataigner, 1990[5]).

Durant les années 60 et 70, l'Etat sénégalais n'avait pas développé une politique alimentaire nationale. La stratégie dans ce sens consistait à importer - avec le ciblage de certaines denrées - pour répondre à la demande alimentaire exprimée dans les centres urbains. Pendant plus de deux décennies, l'Etat avait alors fondé sa politique alimentaire sur le principe de la capitalisation des avantages comparatifs. Ce qui signifiait que par le développement de la culture de l'arachide et les devises générées par son exportation, l'Etat pouvait financer les importations de riz brisés destinées en priorité aux centres urbains, et pour les zones rurales, tenter de répondre à leurs besoins alimentaires, à partir essentiellement des céréales traditionnelles dont le développement n'était pas prioritairement recherché (Dieng et coll., 2000[6] ; Seck, 1997[7]).

Donc, à la différence de l'Administration coloniale dont l'ambition ressemblait à une volonté de remplacer les céréales traditionnelles par le riz brisé au profit de l'arachide, les nouvelles autorités sénégalaises ont fondé leurs stratégies alimentaires sur une différenciation de la consommation des aliments de base, entre les urbains et les ruraux. Cette stratégie entraine la suppression en 1963 du programme « vivres de soudures ». Par cette mesure, le riz brisé importé est désormais destiné aux centres urbains et les céréales traditionnelles cultivées localement aux populations rurales. Autrement dit, pour les autorités nationales de cette période post-indépendance, il faut s'appuyer sur le marché international pour approvisionner les centres urbains et sur l'agriculture céréalière traditionnelle pour nourrir le monde rural, et pendant ce temps utiliser les devises générées par l'arachide pour financer les investissements.

Cette stratégie, dualisante, qui a consisté à séparer agriculture et alimentation, a créé une spécialisation spatiale de la production agricole. Elle a fonctionné ainsi pendant toute la période que l'arachide se vendait bien sur le marché international et que la pluviométrie permettait aux populations rurales d'entretenir parallèlement et convenablement une agriculture céréalière traditionnelle de subsistance. Mais, comme quelques travaux (Copans, 1980 ; Gaye, 1995[8]) ont pu le démonter, cette stratégie présentait l'inconvénient de ne

---

[4] Les changements des habitudes et des politiques alimentaires en Afrique.
[5] Producteurs et consommateurs face aux politiques agricoles.
[6] Le Sénégal à la veille du troisième millénaire.
[7] La Banque mondiale et l'Afrique au sud du Sahara : l'exemple du Sénégal.
[8] La culture du mil et de l'arachide au Sénégal de 1960 1993 : analyse économétrique et implications pour la politique agroalimentaire.

pas être durable et d'être « prédatrice » pour les ressources naturelles. Elle a atteint ses limites dès que le contexte international s'est transformé, que le cours de l'arachide a baissé, que la France a cessé en 1968 de soutenir la filière de l'arachide et surtout que les sécheresses se sont installées.

La fin des deux décennies qui ont suivi l'indépendance est marquée par l'apparition d'une crise économique, doublée d'une crise alimentaire. Les cultures d'exportation rentrent alors dans un cycle de saison difficile d'une longue durée, qui ne rapporte ni aux cultivateurs ni à l'Etat (Courade, 1992)[9]. Cette crise se manifeste en premier dans le milieu rural, particulièrement dans la partie sahélienne du pays, dans le Bassin du fleuve Sénégal et dans la zone sylvo-pastorale (Touré, 1997[10] ; Benoît, 1988[11]) avant de se répandre dans une seconde phase dans le centre du pays. Par conséquent, le déséquilibre céréalier entre les besoins en nourriture et la production se creuse de plus en plus et au même moment la démographie augmente, accentuant du coup l'insécurité alimentaire. Par exemple entre 1960 et 1980, le taux moyen d'accroissement de la production de céréales, le mil en l'occurrence, était situé à 1 % alors que pour la même période la démographie a augmenté de l'ordre de 3 % l'an. Cette évolution a fait passer le taux d'autosuffisance en céréales de 70 % au début des années 60 à moins de 50 % au cours de l'année 1980.

Les années 70 sont une période de fragilisation des stratégies alimentaires de type dualiste. Mais également, elles ont révélé le risque qu'il y avait à faire dépendre l'approvisionnement en riz des centres urbains des avantages comparatifs tirés de la commercialisation de l'arachide, parce que cette stratégie va aboutir à la première crise alimentaire du pays depuis 1960. Certes, la crise qui fut circonscrite dans les zones climatiques sahélienne et sahélo-soudanienne, mais elle a vu des régions comme St-Louis, Louga, Diourbel et Thiès souffrir plus que d'autres de la baisse de productions de céréales et leurs systèmes de production profondément et durablement modifiés.

Au-delà du Sénégal, cette période de crise agricole et alimentaire a marqué un grand tournant dans la région sahélienne. Les stratégies alimentaires et les politiques agricoles vont de plus en plus être envisagées au niveau sous-régional, entre plusieurs pays (Gabbas et Hegg, 1997). Les pays de la zone sahélienne qui sont confrontés aux mêmes problèmes (sécheresse, baisse des productions de céréales, famines et pénuries) harmonisent leurs moyens pour

---

[9] Peut-il y avoir des politiques d'autosuffisance alimentaire ?
[10] « La gestion des ressources naturelles en milieu pastoral : l'exemple du Ferlo. »
[11] La lisière du Kooya. Espace pastoral et paysage dans le Nord du Sénégal (Ferlo).

trouver une solution régionale. Mais, en même temps, se développent au niveau local et villageois des stratégies d'adaptation ou de survie au nouvel environnement naturel, des stratégies connues sous le vocable de « gestion des terroirs villageois ». Donc pour la première fois, l'échelle des solutions aux problèmes agricoles et aux problèmes alimentaires est déplacée. Elle passe d'une échelle de traitement national à une échelle de traitement international. Cet emboîtement des échelles conduit à considérer que certaines dimensions du concept de sécurité alimentaire, tant voulues par les bailleurs de fonds, s'intègrent parfaitement dans le paradigme de l'ajustement structurel et autorisent cette adéquation (Azoulay et Dillon, 1993)[12].

Figure 1. Le passage de l'autosubsistance et de l'autosuffisance à la sécurité alimentaire

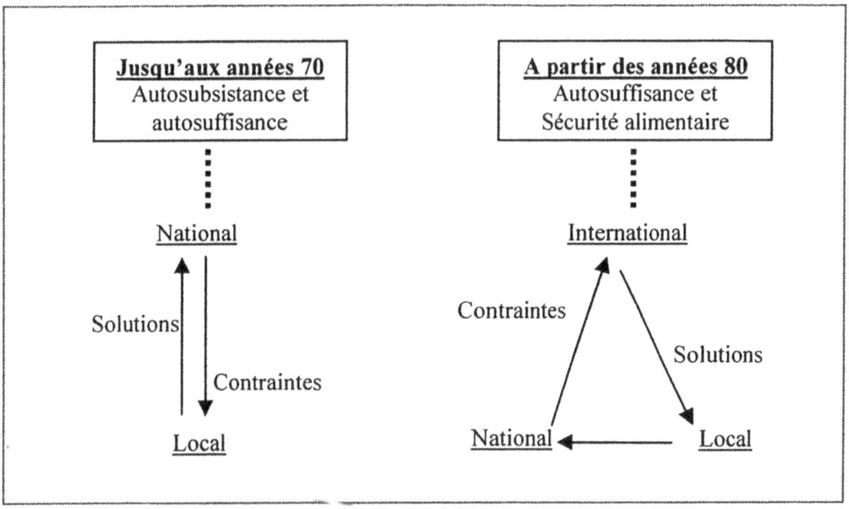

Le glissement de l'échelle spatiale des solutions a commencé dans les années 70. Il s'accompagne (figure 1) d'un glissement sémantique et politique de la notion de satisfaction des besoins alimentaires, et progressivement le concept de sécurité alimentaire se substitue à celui de subsistance, ainsi qu'à celui de l'autosuffisance alimentaire. Il entraîne également un changement d'approche dans les façons de faire pour répondre à la demande alimentaire (Azoulay et Dillon, 1993).

[12] La sécurité alimentaire en Afrique. Manuel d'analyse et d'élaboration des stratégies.

L'approche économique qui consistait à développer une agriculture vivrière de subsistance et une agriculture de rente d'investissement pour subvenir intégralement aux besoins alimentaires des pays est remplacée par une approche politique, plus ouverte aux échanges, à la coopération entre les pays et à la libéralisation du marché. C'est dans ce processus de changement qu'il faut placer la création en 1973 du CILSS[13], la mutation de l'agriculture sénégalaise en faveur de la culture irriguée dans la vallée du Sénégal et en Casamance, mais également la promotion de la consommation des céréales locales traditionnelles pour servir de base à la consommation alimentaire. Désormais pour la communauté internationale, c'est à travers le développement du marché céréalier et des importations que les populations regroupées sous le vocable évocateur de « groupes vulnérables » ou de « zones à risque » doivent pouvoir accéder à la nourriture dont elles ont besoin pour vivre. C'est le sens de la définition de la FAO en 1983 du concept de sécurité alimentaire : « assurer en tout temps et à tous les hommes l'accès matériel et économique aux aliments de base dont ils ont besoin ».

Au CILSS, la lutte contre les crises alimentaires est placée dans le cadre global de la lutte contre la sécheresse, contre la désertification et pour le développement du commerce sous-régional des céréales traditionnelles. Pour y arriver, le CILSS se dote d'un certain nombre d'instruments de régulation, d'information et de coordination pour l'identification des besoins en aide alimentaire à court terme. Les moyens de régulation sont divers. On y retrouve les stocks nationaux de sécurité gérés par les Etats, l'aide alimentaire provenant de la solidarité internationale, les bilans céréaliers, le suivi rapproché des populations à risque (SAP)[14] et le Système d'information sur les prix du marché (Gabas et Egg, 1997). Au plan national, les stratégies mises en œuvre empruntent trois axes : la mise en valeur des ressources naturelles (le développement de l'irrigation), la promotion des céréales traditionnelles cultivées sous pluie et la libéralisation du marché. Dans le domaine de l'irrigation, le gouvernement du Sénégal met en place en 1977 un programme d'investissement spécifique dans le domaine alimentaire pour pallier les déséquilibres engendrés par l'arachide dans l'agriculture et les modes d'approvisionnement alimentaire. Il s'agit pour l'Etat du Sénégal de promouvoir des aménagements hydro-agricoles qui utilisent une technologie moderne pour

---

[13]Le Comité Inter-Etats de Lutte contre la Sécheresse au Sahel (CILSS) est une organisation intergouvernementale qui regroupe neuf pays sahéliens, dont le Burkina-Faso, le Cap-Vert, la Gambie, la Guinée-Bissau, le Mali, la Mauritanie, le Niger, le Sénégal et le Tchad. Son mandat est de « s'investir dans la recherche de la sécurité alimentaire, la lutte contre les effets de la sécheresse et de la désertification, et pour un nouvel ordre écologique » du Sahel.

[14] Le système d'alerte précoce

produire le riz dont la population a besoin. Dans ce programme, l'accent est mis sur la valorisation du potentiel d'irrigation offert par le fleuve Sénégal grâce à la construction des barrages de Diama et de Manantali (Dienner et Laan, 1987)[15]. Ces infrastructures lourdes, parfois controversées quant à leur efficience, portent le potentiel rizicultivable de la vallée du fleuve à 220 000 hectares, tandis qu'en Haute Casamance, ce sont 20 000 hectares rizicultivables qui sont créés par le barrage sur le fleuve de l'Anambé.

En revanche, dans le domaine de l'agriculture pluviale, la promotion des cultures de céréales n'a pas bénéficié d'investissements particuliers. L'hypothèse selon laquelle la dotation en équipements agricoles pour l'arachide allait avoir un effet d'entraînement sur les céréales n'a pas fonctionné. Comme l'attestent les statistiques agricoles, l'arachide a continué à se répandre et a colonisé de nouveaux espaces au détriment des céréales traditionnelles. Par exemple, à partir de 1971, est née la Société des terres neuves du Sénégal (STNS) dont le mandat principal était de coloniser l'est du pays, environ le tiers du territoire, pour la culture de l'arachide. En 1975, la production en arachide atteignait un niveau record de l'ordre de 1 402 000 tonnes tandis que le mil, qui est la céréale principale en milieu rural, ne dépassait pas 400 000 tonnes.

Au final, aussi bien dans le domaine de l'irrigation que dans celui des céréales sèches traditionnelles, les investissements consentis dans la période 1970 à 1980 et auparavant n'ont pas permis d'améliorer la situation alimentaire du pays. Les crises alimentaires n'ont jamais pu être évitées complètement, les politiques coloniales et gouvernementales n'ayant pas permis de pallier durablement ces risques, les aggravant même parfois (Gabas et Egg, 1997). Ainsi, au début des années 80, les besoins alimentaires se sont accrus au rythme de la croissance démographique, participant à faire passer les importations de riz de 108 000 tonnes en 1960 à plus de 300 000 tonnes en 1980[16]. Pendant ce temps, la production nationale de riz est passée de 80 000 tonnes à 90 000 tonnes, alors que pour les céréales locales traditionnelles la production n'a pas pu décoller.

3. L'ajustement structurel, une période d'intensification de l'agriculture céréalière et de promotion du « consommer local »

La Nouvelle politique agricole mise en œuvre en 1984 dans le cadre de l'ajustement structurel pour sortir l'agriculture de la crise arachidière mettait

[15] L'irrigation au Sahel.

[16] Actuellement, les importations de riz brisés dépassent les 600 000 tonnes par année.

l'accent sur le développement des céréales locales pour la réalisation de l'autosuffisance alimentaire (Seck, 2000)[17]. En même temps, l'Etat mettait en place une nouvelle politique alimentaire dont les mécanismes sont destinés à accroître la production et la consommation des céréales locales (Gaye, 2001). Cette politique s'appuyait sur les innovations technologiques et sur ce que nous appelons le « renforcement de la consommation identitaire ».

Les innovations technologiques visaient principalement à accroître la consommation en céréales traditionnelles des populations urbaines. Cet objectif partait d'un point de vue développé dans la NPA selon lequel, la production des céréales locales en grande quantité était subordonnée à une large consommation de celles-ci dans les zones urbaines et que cela passait par une amélioration des conditions culinaires (Gaye, 1994[18] ; Copans, 1989[19] ; Duruflé, 1988[20]). Dans cette perspective, il revenait donc à l'Institut de technologie alimentaire (ITA), basé à Dakar, d'inventer des recettes à base de céréales locales[21]. Pratiquées dans les centres urbains, les expériences en matière de substitution alimentaire menées par cet organisme sont restées confinées, ce qui n'a pas contribué à leur large vulgarisation. Concernant les zones rurales, l'innovation technologique et l'amélioration de la consommation des céréales avaient pour but de diffuser les moulins à mil afin de réduire la pénibilité de la préparation du mil et aussi faciliter la préparation des aliments. Ces opérations, destinées en priorité aux femmes, ont été accompagnées de la diffusion dans le marché de produits agroalimentaires issus de l'agro-industrie locale[22]. Toutefois, le prix de revient de ces aliments aux consommateurs a été un obstacle pour leur insertion dans les modes habituels de consommation alimentaire au sein de la population (Savané, 1992[23] ; ISRA, 1996[24]). Malgré tout, les moulins à mil connaîtront un certain succès aussi bien dans les zones rurales que dans les zones urbaines.

---

[17] Seck, op. cit.

[18]« Les cultures céréalières dans le Bassin arachidier : motivations et contraintes chez les producteurs ».

[19] Les marabouts de l'arachide.

[20] L'ajustement structurel en Afrique (Sénégal, Côte d'Ivoire, Madagascar).

[21] Pour aller dans ce sens, l'Institut de technologie alimentaire a inventé plusieurs recettes de substitution au riz importé sur la base du mil, du maïs, du sorgho ou encore du mil. Les plus connues à ce jour sont le riz de maïs[21] et le pamiblé[21]. Le riz de maïs est une transformation du maïs local en brisures comparables à celles du riz auxquelles elles devaient se substituer. Malheureusement, l'expérience n'a pas connu le succès espéré dans les centres urbains. Quant au pamiblé, c'est un pain à base de mil destiné à se substituer au pain à base de blé.

[22] Les industries agroalimentaires ont bénéficié de l'appui du fonds commun de contrepartie à l'aide alimentaire dont l'objectif est d'encourager les transformations post-récoltes des céréales locales.

[23] Populations et gouvernements face aux problèmes.

[24] Plan stratégique de la recherche agricole

Parallèlement à la démarche technologique qui a polarisé les stratégies de promotion des céréales traditionnelles, une autre approche basée sur la dynamisation du sens « identitaire à la consommation » du consommateur sénégalais fut également développée. Le slogan avancé par les autorités gouvernementales était « consommé sénégalais », mais en même temps, ces autorités rendaient plus difficile l'accès aux semences d'arachide dans le but de contraindre les cultivateurs à se rabattre sur les céréales locales dont les semences devenaient plus accessibles. Encore aujourd'hui, on attend de programme « consommer sénégalais »

Au final, il se dégage de cette politique la volonté des pouvoirs publics de transformer les habitudes alimentaires de la population, de faire des céréales traditionnelles la base de la consommation, notamment dans les zones urbaines. C'est dans ce sens qu'ils mettent en œuvre un Plan céréalier en 1986, avec l'objectif d'atteindre l'autosuffisance alimentaire en l'an 2000. Dans ce plan, les céréales traditionnelles sont traitées comme des produits agricoles mixtes destinés à la commercialisation et à la consommation alimentaire. Depuis cette période, on ne peut pas dire qu'il y a eu au Sénégal une politique agricole avec une dimension sécurité ou autosuffisance alimentaire affirmée.

II. L'agriculture et l'alimentation : quelle est la véritable situation de l'agriculture céréalière au Sénégal ?

L'agriculture joue un rôle essentiel dans la vie socio-économique du Sénégal. Elle procure l'alimentation de base à plus de 60 % de la population. Le secteur agricole, au sens large, regroupe à lui seul près de 70 % de la population active et constitue l'unique secteur d'activité de l'écrasante majorité des ménages en milieu rural. Malgré ce grand poids social et économique, force est de constater que l'agriculture ne contribue que peu au PIB national, environ 17 %.

Tableau 1. Indicateurs macro-économiques du Sénégal et taux de croissance des différents secteurs en pourcentage

	1960/1979	1970/1979	1980/1984	1985/1993	1994/2000
P. I. B.	2.4	3	1.8	2.2	4.9
Primaire	3.3	3.6	2.4	2.2	4.2
Agriculture	***4.9***	***9.3***	***-4.9***	***2.4***	***5.4***
Secondaire	4.3	4.3	3.6	3.1	6.5
Tertiaire	2.6	2.4	2.4	2.4	5.3
Service extérieur (% du PIB)					
Exportations	25.8	32.3	31.8	24.8	30.5
Importations	30.3	39.1	47.8	31.5	36.9
Solde commercial	-4.5	-6.8	-16	-6.7	-6.4
Taux d'inflation	8.5	9.8	11.1	1.3	6.7

Source : Cabral F. J.,[25] (d'après Diagne et Daffé, 2000)

Le poids marginal (tableau 1) du secteur agricole explique que 54 % de la population vit en dessous du seuil de pauvreté. Une situation de pauvreté qui est aggravée par une insécurité alimentaire chronique et massive, dont l'extension atteint de plein fouet les centres urbains.

Le secteur agricole présente une caractéristique double, celle d'être un secteur de rente destiné à soutenir le financement de l'économie industrielle, et aussi un secteur social appelé à accomplir un rôle vivrier, de subsistance et de sécurité alimentaire. Pour avoir fonctionné de la sorte durant plus d'un siècle, avec une tendance expansive de l'agriculture de rente au détriment de l'agriculture

---

[25] Accord agricole et redistribution des revenus en milieu rural au Sénégal : une analyse en équilibre général calculable

vivrière traditionnelle, l'agriculture sénégalaise n'en a pas pour autant perdu totalement sa fonction vivrière première. En effet, dans certains endroits du pays, elle demeure encore une véritable agriculture de subsistance, même si pour d'aucuns cette forme d'agriculture n'a plus lieu d'être citée au Sénégal. Et pourtant, le besoin vivrier apparaît comme une préoccupation fondamentale au regard du nombre de paysans qui s'adonnent aux cultures vivrières, des différentes politiques agricoles et des moyens mis en œuvre à partir des années 80 par les pouvoirs publics pour pallier les importations de riz et de blé. Même dans les zones où la monoculture arachidière ou cotonnière a fini de s'installer et de modifier les systèmes agricoles de production, le mil et les autres céréales sèches continuent d'occuper une place importante en termes de superficies cultivées et de temps de travail consentis.

Cependant, depuis plusieurs années, l'agriculture du Sénégal beigne dans une « crise structurelle et conjoncturelle dont les principales manifestations sont, plus ou moins, une stagnation des productions et surtout un accroissement de l'insécurité alimentaire »[26]. Cette crise qui a concerné principalement la filière arachidière comporte des conséquences sur les cultures vivrières. Le PNDA, élaboré en 2003 dans le sillage de la nouvelle loi d'orientation agricole, pointe la dégradation des ressources naturelles et la baisse continue des revenus des paysans pour expliquer la crise. Selon les auteurs de ce document, ces deux facteurs ont eu pour incidence « d'affaiblir les investissements privés, d'accroître la baisse de la fertilité des sols et de réduire l'intensification par suite d'un outil de production non renouvelé ou parfois archaïque... A cela s'ajoutent des investissements publics parfois mal orientés qui ont conduit à l'insuffisante maîtrise de l'eau, à l'insuffisante diversification des cultures et à la marginalisation des cultures vivrières traditionnelles ». Toutes ces contraintes se sont traduites par une évolution irrégulière des bilans céréaliers régionaux et par l'installation de l'insécurité alimentaire dans les zones rurales et dans certains centres urbains.

Donc, les transformations de l'agriculture, la croissance urbaine ainsi que les options gouvernementales pour l'alimentation du pays ont modifié la structure de la consommation alimentaire de la population. Le choix du riz comme aliment de base s'est généralisé dans les localités urbaines. Dans les zones rurales, il s'est propagé dans les endroits où la rente arachidière mettait d'importants revenus à la disposition des paysans, tandis que dans les autres zones rurales moins touchées par cette rente, ce sont les céréales sèches

[26]Sénégal : programme national de développement agricole

traditionnelles, en l'occurrence le mil et dans une moindre mesure le maïs et le sorgho, qui continuent d'être les aliments de base.

Plusieurs études et publications réalisées par les institutions de recherches (université de Dakar, université de St-Louis, l'institut sénégalais de recherches agricoles, IRD, CRDI, etc.), les services techniques de l'Etat sénégalais et les organisations internationales d'appui au développement se sont intéressés à l'agriculture sénégalaise. Généralement, leur contenu témoigne un contexte alimentaire fragile. Il ressort de cette documentation diverse, la difficulté de concilier et de développer une agriculture vivrière tout en continuant à entretenir de façon plus importante, à coût de milliards de francs le plus souvent, des cultures commerciales et des importations de riz. Il y a plus d'une trentaine d'années, l'option de développer parallèlement les cultures de rente et les cultures de céréales sèches pouvait s'avérer justifier par rapport à la demande du marché international en arachide. De nos jours, cette option ne profite pas à l'économie, encore moins aux cultures traditionnelles. L'écart qui subsiste entre les besoins nationaux en céréales et la production ne cesse de croître, alors que l'arachide a beaucoup perdu de sa rentabilité pour l'économie et pour les paysans.

L'urbanisation, par les transformations socio-économiques et alimentaires qu'elle a engendrées, n'a pas diminué significativement le poids du secteur agricole dans celui de l'alimentation, comme on pourrait s'y attendre vu la crise qui a affecté le secteur. Au contraire, quelques chiffres démontrent la prégnance croissante du secteur agricole qui concentre à lui seul 65 % de la population du pays et 12 % du PIB. Cette forte présence explique en partie que l'agriculture continue d'accomplir sa fonction nourricière traditionnelle malgré toutes les contraintes qu'elle connaît. Elle le permet parce que les systèmes de culture laissent une grande place aux cultures vivrières qui représentent plus de 60 % des surfaces cultivées annuellement, et se maintiennent à ce niveau d'une année sur l'autre. Par exemple, depuis 1960, les superficies qui ont été mises en culture ont évolué sans discontinue de l'ordre de 3 % par année jusqu'au début des années 80, avec un pic de plus de 2 000 000 hectares en 1968. A partir de cette année, les superficies cultivées ont commencé à baisser du fait de la conjugaison de plusieurs facteurs liés entre autres aux sécheresses successives, à la crise du cours mondial de l'arachide, à la démographie galopante et à l'arrêt des subventions de l'Etat. Depuis 1984, sauf quelques années comme en 2000 et en 2001, les surfaces cultivées en céréales ont augmenté annuellement de l'ordre de 0,4 %, un accroissement qu'il faut voir comme une des réponses courantes des agriculteurs face à l'augmentation de la demande en consommation de céréales (Duruflé, 1996)[27]. C'est également un comportement stratégique assez répandu dans les paysanneries de l'Afrique de l'Ouest. Toutefois, la portée est assez limitée, car les systèmes agroalimentaires similaires ne peuvent fonctionner que dans un contexte où les terres ne sont pas surexploitées, c'est-à-dire dans de faibles densités de population et des conditions écologiques favorables (Denève, 1997)[28].

La prise en compte de la fonction alimentaire de l'agriculture nationale apparaît donc davantage dans les périodes de crise pluviométriques et de désinvestissement de l'Etat. A la différence des années 60 et 70 durant lesquelles les variations des productions agricoles étaient conjoncturelles, les années 80 et 90 sont quant à elles marquées par une mutation profonde et durable de l'agriculture. Une mutation qui va dans le sens de faire retrouver à l'agriculture son rôle vivrier d'antan. Par exemple, les superficies consacrées aux céréales traditionnelles sèches (mil, sorgho et maïs) et au riz paddy ont ainsi augmenté régulièrement avant de plafonner respectivement à 1 000 000 et à 120 000 hectares au milieu des années 90. Cette évolution contraste avec celle des années antérieures, car jusqu'en 1980 la totalité des surfaces consacrées aux cultures vivrières ne dépassait guère 900 000 hectares alors que l'arachide se situait entre 1 000 000 et 1 100 000 hectares. Durant la dernière décennie (tableau 2), la part de l'arachide dans le système agraire a continué de décroître au profit des céréales.

Tableau 2. Evolution des superficies par groupe de cultures

Groupes de cultures	1998 / 1999		1993 / 1997	
	Sup. cult. (ha)	(%)	Sup. cult.(ha)	(%)
Céréales	1 115 393	59	1 187 058	54
Arachide	528 381	28	827 727	38
Autres	233 910	12	174 294	8
Total	1 877 684	100	2 189 079	100

Source : Recensement national de l'agriculture 1998-99

L'évolution vers une céréaliculture de l'agriculture s'est intensifiée depuis le début des années 2000 par la mise en œuvre des projets sectoriels pour le développement des cultures vivrières, mais aussi par le renoncement de certains paysans de la filière arachidière en réponse à l'échec de la libéralisation de la

[27] Tendances, contraintes et perspectives de l'agriculture sénégalaise.
[28] Quel développement pour la sécurité alimentaire en Afrique subsaharienne ?

commercialisation. Plusieurs études (Masselière, 1984 ; Lericollais, 1990 ; Reboul, 1970[29] ; Tringaz[30] ; Gastellu, 1981[31]) sur les systèmes de cultures enseignent une organisation des activités culturales et un agencement des cultures dans le temps et dans l'espace qui laisse transparaître une préoccupation constante de sécurité alimentaire. Ces études montrent que selon les périodes et les zones, les systèmes de cultures pluviales sont organisés de telle sorte que les céréales traditionnelles et l'arachide sont pratiquées en assolement pour que les premières profitent des intrants et de l'encadrement que reçoivent les secondes[32].

Après avoir diagnostiqué l'agriculture sénégalaise dans sa phase d'ajustement structurel, Duruflé (1997, p.3) observe que : « de façon conjoncturelle, les surfaces emblavées ont évolué en sens opposé les unes aux autres. Certaines années, ce sont les surfaces en mil et sorgho, donc les cultures vivrières, qui se sont accrues notablement au détriment des surfaces en arachide, tandis que l'inverse s'observe l'année suivante ». Bien entendu, même si ces fluctuations peuvent être interprétées comme des difficultés d'adaptation des cultures vivrières dans les systèmes de production à dominante commerciale, elles indiquent aussi la constance et la primauté de l'objectif du cultivateur de s'assurer sa sécurité alimentaire plutôt que l'accroissement de son revenu monétaire[33]. Elles révèlent également chez le paysan une certaine volonté d'avoir agriculture de subsistance (qui disparaît progressivement au profit d'une monoculture commerciale) ou une agriculture hybride dans laquelle les spéculations commerciales et les spéculations vivrières se pratiquent dans un parfait équilibre, même si elles indiquent le souci du paysan de reconstituer ses réserves en céréales consécutivement à une année ou à plusieurs années de mauvaises récoltes (Duruflé, 1997).

Dans tous les cas, ce qui semble le plus frappant dans la mutation de l'agriculture sénégalaise et la prise en compte du problème alimentaire, c'est le développement de la riziculture irriguée[34] et l'émergence d'un marché

---

[29] Modes de production et systèmes de cultures et d'élevage.

[30] Transformations sociales dans les nouvelles zones d'implantation rurale.

[31] L'égalitarisme économique des Sérer au Sénégal..

[32] On observe la même stratégie dans le Bassin cotonnier au sud du pays.

[33] Soulignons que dans la majorité des régions du Sénégal, c'est l'arachide d'huilerie ou le coton qui est les principales sources de revenus des paysans, les céréales étant que très peu commercialisées à l'exception du riz paddy de la vallée du fleuve Sénégal.

[34] Le Plan d'investissement dans le secteur agricole (P. I. S. A.) créé par l'Etat sénégalais pour la période 1987/1995, octroie 40 % des investissements à la culture irriguée du fleuve Sénégal, 27 % à la Casamance contre seulement 4,8 % au Bassin arachidier. Les investissements dans le domaine de l'agriculture vivrière vont par contre être renforcés dans le deuxième plan

céréalier[35]. Ces deux éléments qui sont des innovations dans le secteur agricole vont d'ailleurs constituer les principales pour la réalisation de la sécurité alimentaire, notamment en milieu rural. Les investissements consentis par l'Etat permettent, à partir des années 80, juste d'accroître considérablement les aménagements hydro-agricoles destinés à la riziculture. Entre 1983 et 1995, les superficies consacrées à ces aménagements passent de 20 000 hectares à 70 000 hectares en 1995. Durant la même période, la riziculture pluviale, qui était une culture peu encadrée quelques années auparavant, voit ses surfaces passer de 17 000 hectares à plus de 40 000 hectares.

Les conséquences qui sont nées de l'expansion des cultures de céréales laissent néanmoins une impression d'inachevée dans la lutte contre l'insécurité alimentaire. Si l'on rapporte la production de céréales à la population rurale, en référence à la norme de la FAO qui est de 180 kg par personne et par année, on se rend compte que celle-ci est globalement autosuffisante, malgré que toutes les régions n'affichent pas les mêmes taux de satisfaction. En revanche, si l'on tient compte de la totalité de la population du pays, urbaine et rurale, le bilan céréalier national fait apparaître une dégradation de la situation alimentaire de 150 kg à 70 kg entre 1970 et 2000. Cette baisse a représenté un besoin en céréales non couvert de l'ordre 500 0000 à 800 000 tonnes selon les années. Dans la dernière décennie, de 1991 à 2002, la production en céréales a connu une décroissance de 1,1 % par an, creusant ainsi le déficit céréalier de telle sorte que pour la seule année 2002, seuls 42 % des besoins nationaux en céréales ont été couverts par la production nationale et les stocks cumulés. Même si pour la campagne agricole de 2003/2004, les productions en céréales (1 295 000 tonnes) sont beaucoup plus importantes que celles de la campagne 2002/2003 (645 000 tonnes), le déficit céréalier persiste. L'instabilité de la production ainsi que la détérioration de la couverture céréalière au Sénégal sont à mettre en relation avec deux facteurs que sont une démographie nationale galopante, de l'ordre 3 % l'an, et une baisse de la production agricole de 40 % en l'espace de 30 ans (Seck, 1997).

Les premiers à être touchés par la crise alimentaire, ce sont les paysans. Et ce n'est que progressivement que les centres urbains vont être affectés à leur tour. Ces derniers ressentent la crise non pas à cause de la baisse de la production des cultures vivrières, mais à cause des effets de la démographie et de l'exode rural.

---

d'investissement (1997/2000) avec 35 % aux cultures irriguées, 35 % aux cultures pluviales et 10 % aux cultures horticoles. Les objectifs de l'Etat sont de se rapprocher de la recommandation de la FAO qui voudrait que pour assurer la sécurité alimentaire par l'agriculture dans un pays, il soit nécessaire que, au moins 12 % des surfaces soient consacrées aux cultures irriguées.

[35] Initiative du Plan céréalier national.

La déstructuration des systèmes productifs familiaux et la persistance de la faible productivité agricole ont poussé une bonne frange de cette population rurale à tenter la migration vers les centres urbains, lieux où elle s'adonne aux petits boulots[36]. Au niveau des centres urbains, cette population additionnelle se convertit au plan alimentaire aux modes de consommation trouvés sur place, ce qui accroît les importations de riz. Pendant ce temps, pour les zones rurales de départ, ce flux représente un manque de bras dans les activités agricoles qui contribue à creuser le déficit céréalier.

Dans les deux cas, le constat est que la crise de l'agriculture vivrière a créé une insécurité alimentaire de type structurel et territorial. Ce type d'insécurité alimentaire met en opposition la demande urbaine tournée vers l'international et le commerce et la demande rurale confrontée aux incertitudes pluviométriques et en mal d'être satisfaite par la production nationale de céréales. Le rapprochement tenté depuis quelques années par les pouvoirs publics entre les besoins alimentaires ruraux et les besoins alimentaires urbains, ainsi que les difficultés rencontrées rappellent une observation faite déjà en 1967 par Badouin (1967, p. 49)[37] selon laquelle : « l'adaptation structurelle de l'offre à la demande alimentaire pose des problèmes plus délicats encore que celui de l'adaptation en volume ». Probablement, c'est en tenant compte de toutes ces contraintes que le Programme national de développement agricole (PNDA, 2003) reconnaît que « le déficit céréalier reste une réalité chronique au Sénégal. Une réalité qui est rendue plus difficile par la baisse des revenus monétaires en milieu rural - consécutive à la désorganisation de la filière arachide - et par la chute de la production arachidière ».

---

[36] Annuellement, ils seraient 100 000 à 150 000 ruraux qui s'installent périodiquement ou définitivement dans l'agglomération dakaroise.
[37] Agriculture et accession au développement.

III. La nécessaire réflexion sur les capacités d'approvisionnement en céréales du Sénégal

La question de l'auto-approvisionnement se pose aujourd'hui avec de plus en plus de vigueur. Certes, à l'heure de la mondialisation des modes de consommation, la question peut paraître dérisoire, voire désuète. Peut-être que pour certains pays, c'est un problème qui est déjà résolu. Mais pour ce qui est des pays de l'Afrique noire, l'alimentation reste un sujet essentiel, lié aux rythmes agricoles, à l'état de la pluviométrie, à la qualité des sols, et à bien d'autres facteurs. Malgré les différences de vue qui peuvent se confronter, on s'accorde dans tous les pays du monde que l'agriculture accomplit au moins deux fonctions principales, donner les aliments de base nécessaires à la société et contribuer au développement économique et industriel de la région ou du pays concerné. Des fonctions additionnelles sont apparues ces dernières années et font oublier les autres. Ces nouvelles fonctions sont relatives à l'aménagement du territoire et à la protection de l'environnement. Toutefois, le constat est qu'elles sont presque spécifiques aux agricultures modernes et sont développées dans les pays du Nord. A l'inverse, dans les pays de l'Afrique noire, le rapport de l'agriculture à l'alimentation est encore très important. Par exemple au Sénégal, la récurrence des problèmes alimentaires (sans qu'ils soient alarmants), le poids social de l'agriculture et une dynamique territoriale discontinue[38] n'ont cessé d'irriguer la réflexion sur la transformation des systèmes de production agricole et leurs impacts sur les modes de consommation alimentaire de la population.

1. L'éclairage théorique des rapports entre agriculture et alimentation

L'analyse de la question de l'approvisionnement en céréales de base du Sénégal suppose une réflexion approfondie sur le secteur de l'agriculture et sur l'évolution des dynamiques agraires, une réflexion qui n'est pas entièrement encore faite pour le Sénégal. Elle suppose d'étudier les relations de ce secteur avec les systèmes alimentaires en vigueur et les influences qu'il véhicule sur le processus de transformation ou de consolidation des régimes alimentaires

[38] Les liens entre les zones rurales et les zones urbaines ne se font plus ou se font très peu à travers l'agriculture.

traditionnels. Un travail du genre, d'autres comme Malassis, Bairoch, Santos, Sorre, De Castro, Badouin, etc., avaient déjà tenté de le faire. Il y a au moins une trentaine d'années, ces auteurs avaient poussé la réflexion et démontré la complexité des liens qui existaient entre les deux sujets, l'agriculture et l'alimentation. La plupart de ces auteurs avaient placé leur analyse dans le cadre des rapports économiques Nord/Sud et sur le rôle croissant que prenaient l'agriculture et l'alimentation dans la construction de la géopolitique mondiale.

L'angle d'étude que nous avons choisi permet de poser la question de l'adaptabilité des systèmes agraires à la demande alimentaire nationale et de remettre l'agriculture au centre des stratégies et des systèmes alimentaires. Comme le rappelait Malassis (1979, p. 10) : « Aujourd'hui, comme hier, l'homme se nourrit à peu près exclusivement des produits agricoles et, aujourd'hui comme hier, l'homme, pour se nourrir, doit labourer, semer et récolter »[39]. Au Sénégal, les produits agricoles de base dont se nourrit la population ont été composés de céréales sèches et de produits de cueillette. Et par conséquent, l'une des questions que l'on peut se poser est de savoir si les transformations survenues dans les systèmes de production ont aidé à la résolution de la demande en céréales exprimée par la population.

La réponse est dans l'examen des statistiques agricoles. Ces dernières révèlent une production fluctuante dans ce domaine, parfois insuffisante, qui n'assure pas une sécurité alimentaire stable et durable pour le Sénégal. Cette forme de production est typique des agricultures connues dans les écosystèmes sahélo-soudaniens et dans beaucoup d'autres pays en développement. Pour les caractériser, il suffit de se référer au travail de Bairoch (1966, p. 10)[40] dans lequel il identifie deux types de seuils : un premier qu'il appelle « le seuil physiologique minimum », et un second qu'il a nommé « seuil de productivité potentiellement dégagée du risque de famine ». Donc, selon les années, la production céréalière titille l'un ou l'autre seuil. Au final, elle reste une agriculture peu performante, qui véhicule un risque permanent d'insécurité alimentaire. Comme nous en avons parlé plus haut, les chiffres de la production agricole actuelle et des décennies récentes indiquent des volumes plus proches du deuxième seuil. Autrement dit, elle fait que l'agriculture du Sénégal se situe à « un niveau où elle est sortie du niveau de productivité dans lequel les famines sont encore possibles »[41]. L'absence de famines et de pénuries pour une bonne part de la population est rendue possible par les quantités de céréales obtenues

[39] Economie agroalimentaire. Economie de la consommation et de la production agroalimentaire
[40] Economie agro-alimentaire. Economie de la consommation et de la production agro-alimentaire.
[41] Santos, op. cit.

annuellement grâce à l'agriculture pluviale et à l'agriculture irriguée. La couverture alimentaire qui est ainsi réalisée est néanmoins précaire parce qu'elle n'assure pas la quantité de nourriture nécessaire pour obtenir les 2 100 calories par jour, qui sont considérées comme le seuil physiologique minimum. Certes fragile, cette couverture alimentaire est reproduite au fil des années, parfois difficilement, avec les contraintes de la croissance démographique et de la dégradation des ressources naturelles. Elle finit ainsi par sédimenter dans l'agriculture sénégalaise une certaine récurrence du risque alimentaire. La volonté de mettre fin à ce risque d'insécurité alimentaire va inciter les gouvernants et les paysans à tenter de faire évoluer les systèmes agraires pour produire plus.

L'insécurité alimentaire n'est pas toujours alarmante, mais elle crée des catégories de populations vulnérables[42] à tous les endroits du territoire, aussi bien dans les zones rurales que dans les zones urbaines. Dans ce sens, elle est préoccupante parce que la vulnérabilité peut se traduire par des disettes, des famines, ou par la création de conditions favorables à l'éclosion de certaines maladies. Mais, déjà avant d'en arriver à ces conséquences extrêmes, une grande partie de la population dont la production agricole se situe entre les deux seuils de productivité se déplace vers les villes pour pallier les faibles productions ou vers les zones méridionales, encore plus favorables à l'agriculture. Ces populations migrantes se retrouvent ainsi dans leur nouveau milieu d'accueil, tout en étant particulièrement sensibles à toute modification de l'environnement et des revenus (Santos, 1967). Elles le sont d'autant plus que, souvent elles sont dans une situation financière qui les empêche d'accéder aux denrées alimentaires nécessaires à la satisfaction de leurs besoins nutritionnels. Les réponses apportées dans les systèmes agraires ont donc pris deux formes de mise en valeur, l'extensification des superficies cultivées et l'intensification culturale. Dans les deux cas, on retrouve l'influence, voire la confrontation des deux grandes théories du développement véhiculées dans les pays du Sud, par la thèse malthusienne et la thèse de Boserup[43].

---

[42] La vulnérabilité est une situation d'exposition à des facteurs de risque, mais aussi la difficulté de faire face à la situation, l'incapacité de se défendre. Par là même, un individu peut être considéré comme vulnérable, s'il est soumis à des risques de manque de nourriture, ou s'il subit de fortes conséquences de ce manque, ou plus encore, s'il subit la combinaison des deux éléments précédents (Azoulay et Dillon).

[43] Rappelons que, prenant le contre-pied de la thèse malthusienne, Boserup a considéré que la croissance démographique constituait le moteur de l'intensification, car elle poussait les populations rurales à accroître la production agricole alimentaire pour répondre à l'accroissement de leurs besoins alimentaires. Toutefois, du point de vue des développeurs, il faut privilégier la logique de la complémentarité, ce qui justifie le recours aux deux thèses ; parce que d'un côté, il y

Dans tous les cas, si on se replace dans le contexte des années 70, et qu'on tient compte de l'influence de ces thèses auprès des développeurs de l'époque, il semblait difficile d'envisager des modes de mise en valeur agricole qui s'écartent de l'une ou l'autre. C'était d'autant plus difficile qu'en 1962, René Dumont dans son célèbre ouvrage « *L'Afrique noire est mal partie* » soutenait l'idée que la limitation de la croissance démographique est une condition indispensable au développement de l'agriculture africaine. Dans son sillage, d'autres diront que dans les milieux sahélo-soudaniens, ces deux théories, qui sont le revers l'une de l'autre, se complètent parfaitement pour interpréter certaines évolutions agraires, et que lorsque la population augmente, la société cherche à obtenir plus de ressources d'un même espace, mais rencontre dans cette phase d'adaptation difficile des périodes instables, des blocages et des crises de subsistance qui freinent les tentatives innovatrices (Serpentié et Milleville)[44].

Les modes de mise en valeur - extension et intensification - inspirés de ces deux thèses dépassent largement le cadre de l'agriculture. Ils s'étendent au développement rural, mais apparaissent bien des années après comme des réponses temporaires en général incapables de transformer en profondeur les systèmes agraires traditionnels. Et pire, ils n'ont été que de fragiles adaptations qui n'ont fait que contribuer durant quelques années, et ce, dans le meilleur des cas, à minorer, voire retarder l'insécurité alimentaire. Leur efficacité et leur durabilité ont été limitées dans le temps et dans l'espace parce qu'ils reposaient sur l'existence de réserves foncières ou sur des bras nombreux, deux éléments qui ne permettaient que la reproduction des systèmes agricoles en vigueur. D'ailleurs, les conséquences liées à la croissance démographique, à l'exode rural et à la dégradation des ressources naturelles révéleront assez vite les limites de ses formes de mise en valeur.

Les nombreux travaux de l'Institut de recherche et développement qui ont été consacrés à l'étude des systèmes agraires et des terroirs villageois dans les pays de la zone climatique sahélo-soudanienne témoignent peu d'originalités et d'innovations agraires dans les différents pays pour faire face à la crise agricole et à l'insécurité alimentaire. Lorsqu'il y a eu des innovations, souvent elles n'ont pas aidé à résoudre le problème alimentaire, elles n'ont fait que contribuer à réduire les productions de céréales. L'exemple du Sénégal est éclairant sur ce point. La modernisation des systèmes de culture pour l'arachide et l'extension

---

a l'une qui préconise l'extension des superficies cultivées, et l'autre qui suggère l'intensification des cultures.

[44] Intensification et durabilité des systèmes agricoles en Afrique soudano-sahélienne.

de cette plante ont été d'une rapidité remarquable dans le centre du pays et aujourd'hui dans les régions méridionale et orientale. Mais, face à la croissance rapide de la population du Bassin et à la péjoration pluviométrique, la modernisation des techniques de culture a davantage précipité la saturation de l'espace agricole utile et la déstructuration des systèmes familiaux de production agricole qu'aider à trouver les solutions à l'insécurité alimentaire de la population (Pélissier, 1966 ; Garin et coll., 1990 ; Lericollais et Milleville, 1993).

Contrairement à ce qu'on croit habituellement, l'extension des surfaces n'a pas été une solution paysanne spontanée. En effet, elle a été très peu utilisée dans l'histoire des systèmes agraires sahélo-soudaniens. Dans beaucoup de circonstances, elle a été imposée aux paysans. Par exemple, dans les années 30, l'Administration coloniale avait tenté de réduire la surexploitation des zones rurales en incitant les paysans à s'installer dans des zones sauvages qui n'avaient pas encore été exploitées (Lericollais, 1999)[45]. Dans le sillage, en 1971, c'est le gouvernement du Sénégal qui crée la Société des terres neuves pour organiser la création des nouveaux villages pionniers, afin de désengorger les fortes densités de population du Bassin arachidier. De nos jours, l'extension des cultures et la conquête de nouveaux territoires agricoles, vierges et fertiles, s'orientent vers la partie méridionale du pays. Un processus laissé libre, sans aucune tentative de frein, encore moins de contrôle, voire encouragé par les pouvoirs publics. Comme d'autres[46] le prévoyaient, les terres sous-peuplées et peu encadrées de la Haute Casamance sont devenues les zones pionnières pour les populations Saloum-Saloum et Baol-Baol du centre du Sénégal et pour les agriculteurs Gambiens en mal de terres. Ce processus aurait abouti à une disparition de plus de 30 % de la forêt classée de Pata (Fanchette 1999)[47]. L'adaptation de la paysannerie du Bassin arachidier, par ailleurs décrite comme « une expansion spatiale des systèmes agraires Wolof en territoire Fouladou » (Fanchette[48] ou Ngaïdé 1998[49], 1999[50]) n'est autre qu'une stratégie agraire dans laquelle il faut voir une quête paysanne de recherche de sécurité alimentaire par l'accroissement de la production agricole vivrière et des revenus. Mais dans le futur, cette quête risque de poser dans la région les mêmes problèmes

[45] Paysans Sérer : dynamiques agraires et mobilités au Sénégal.
[46] Par exemple Serpentié et Milleville, op. cit.
[47] Migration, intégration spatiale et formation d'une société peule dans le Fouladou (Haute Casamance, Sénégal).
[48] Op. cit.
[49] Le royaume peul du Fuladu et de 1867 à 1936.
[50] Conquête de la liberté, mutations politiques, sociales et religieuses en Haute Casamance : les anciens maccube du Fulado (région de Kolda, Sénégal).

alimentaires et de production qui étaient à la base de l'extension des cultures parce qu'elle conduit inévitablement à l'homogénéisation des systèmes agraires et à l'appauvrissement des modes de consommation alimentaire.

A l'opposée des systèmes agraires extensifs et ouverts, on a vu en même temps se développer au Sénégal des systèmes agraires intensifs pour faire face à l'augmentation de la demande vivrière. D'après la définition de Couty, (1991, p. 66)[51], les systèmes agraires peuvent être classés en deux catégories, les systèmes agraires intensifs agro-pastoraux et les systèmes agraires rentiers. Plus modernes que les premiers, les systèmes agraires rentiers sont localisés dans le Bassin cotonnier en Haute Casamance et au Sénégal Oriental. Ils se caractérisent par l'établissement d'une rotation systématique des cultures. Cette rotation permet aux cultures céréalières de profiter des intrants utilisés pour le coton dans un premier temps. Ce type d'intensification présente l'avantage de retarder la saturation de l'espace, mais ne l'arrête pas. Les actions entreprises ne visent pas à intensifier, elles ne font que contribuer à maintenir des niveaux de rendement sans limiter les risques encourus ou le travail nécessaire pour arrêter les dynamiques de dégradation (Serpentié et Milleville, 1994).

Dans le Bassin arachidier, l'évolution des systèmes agraires vers l'intensification culturale a été observée principalement dans les terroirs Sérer (Lericollais, 1972 ; Lericollais et Milleville, 1993). Ici, c'est une évolution en deux phases : une première phase marquée par l'association de l'arbre et l'animal dans les systèmes de production et une deuxième phase au cours de laquelle on a assisté à une diminution des temps de jachère, sans pour autant réduire les surfaces vides de cultures qui sont considérées dans les systèmes agro-pastoraux comme des réserves foncières. Au niveau du Bassin, les systèmes productifs intensifs ont pu fonctionner pendant plusieurs décennies grâce à une division en plusieurs couronnes de l'espace agricole des terroirs villageois[52]. La mise en culture progressive des couronnes, l'une après l'autre, rejoint l'idée de « complémentarité » dont parlent Serpentié et Milleville quand ils interprètent les thèses de Malthus et de Boserup dans le domaine agricole. Chez les Sérer, l'investissement en travail et en intrants dans les deux premières couronnes était proportionnel à l'importance vitale que les deux couronnes représentaient dans les systèmes et les régimes alimentaires. Le système alimentaire développé dans cette organisation spatiale de l'agriculture a pu perdurer grâce à l'association d'un système d'élevage et de jachère. Mais, au fil

[51] L'intensification culturale signifie que pour une quantité de terre donnée, correspond un accroissement des quantités de travail ou de capital (moyen et technique).
[52] Cf. Transformations du monde rural au Sénégal. Université de Genève, 2001.

des années, l'accroissement de la pression anthropique sur les ressources naturelles et l'évolution dans un environnement politique peu favorable aux cultures vivrières vont obliger la population à grignoter ses jachères, jusqu'à presque leur disparition pure et simple. Ce phénomène a contribué à perturber les systèmes productifs traditionnels et les conditions d'autosubsistance en milieu Sérer (Pièri, 1989). Déjà, en 1970, dans le village de Sob, Lericollais mettait l'accent sur l'inadaptabilité des systèmes agraires et les problèmes alimentaires qui en découlaient. Il observait que le système agraire Sérer était un système intégré et intensif qui permettait l'autosuffisance alimentaire. Il soulignait aussi que la saturation de l'espace - une conséquence de la croissance démographique - était la cause des pénuries de terres, de l'extension de la culture de l'arachide et de l'adoption de la charrue.

Devenus dévoreurs d'espaces et destructeurs de ressources naturelles, à la suite de la pénétration des cultures d'exportation, les systèmes agraires traditionnels ont été souvent transformés, voire peu valorisés par les pouvoirs publics et les paysans, pour fournir la réponse à la baisse des productions. Leur disparition progressive n'a pas signifié leur modernisation, malgré une politique dans ce sens. Au contraire, cette disparition a véhiculé un affaiblissement de la fonction de subsistance dont ils étaient porteurs et garants. Et c'est à juste raison que les formes modernes de mise en culture qui ont été promues pour remplacer les systèmes traditionnels ont été décriées par la plupart des analystes des dynamiques rurales africaines (Gastellu, 1988[53] ; Couty, 1991[54] ; Piéri, 1989[55]). En effet pour ces spécialistes, beaucoup de ces transformations ont abouti à des recompositions spatiales incontrôlées, sans rapport avec les besoins vitaux de la population. Pire, elles ont perturbé les régimes alimentaires qui étaient historiquement construits dans des cadres naturels bien spécifiques[56]. A son tour, la Banque mondiale, au début des années 90 après avoir constaté « le déclin du produit agricole par habitant, la baisse de la production alimentaire par tête, l'accroissement rapide des importations alimentaires et la dégradation de l'environnement »[57] a recommandé au gouvernement du Sénégal « d'adopter une stratégie visant à amener la croissance agricole à 4 % »[58], soit un taux supérieur à la croissance démographique (Griffon et coll., 1993)[59]. Cette

[53] Le paysan, l'Etat et la sécheresse : Ngohé, Sénégal, 1972 et 1982.
[54] L'agriculture africaine en réserve. Réflexions sur l'innovation et l'intensification agricole en Afrique tropicale.
[55] Fertilité des terres de savanes. Bilans de 30 ans de recherche et de développement agricole au sud du Sahara.
[56] Pièri, op. cit.
[57] Griffon et coll. Al, op. cit.
[58] Idem
[59] Quelles stratégies pour les agricultures en Afrique subsaharienne ?

recommandation aux contours malthusiens ne prend pas en compte que « l'ambition de répondre à l'expansion des besoins alimentaires et à leur diversification place le secteur agricole devant des objectifs élevés et des contraintes gênantes. L'ajustement s'il est réalisé, constitue une prouesse méritoire »[60]. En attendant que ces recommandations se concrétisent, les problèmes alimentaires nés de la crise de l'agriculture persistent et inspirent des interrogations multiples.

2. Les chiffres et la persistance du spectre alimentaire

Les populations rurales font face fréquemment à des périodes de soudure, parfois longues et qui leur rendent la vie difficile. Ces périodes ne sont pas nouvelles. Elles se posaient dans un passé récent, mais elles étaient souvent moins longues et elles étaient résolues par les « vivres de soudure[61] » ou par les stocks familiaux. Aujourd'hui en revanche, du fait de la péjoration pluviométrique, les greniers sont vides dès les mois de mars et d'avril dans la zone sahélienne et savanienne et un peu plus tard dans la zone soudano-guinéenne du pays. Certains villages situés dans le Bassin arachidier et la zone sylvo-pastorale sont obligés ainsi de recourir à l'aide alimentaire de l'Etat ou à celle des bailleurs de fonds ou à des bonnes volontés pour compléter leurs besoins en céréales de base. Le même phénomène se pose également dans des zones (Sénégal Oriental, Haute Casamance, Moyenne Casamance et Basse Casamance) qui étaient autosuffisantes jusqu'à une période récente. L'extension des zones affectées par la soudure régulière, ainsi que la récurrence des déficits dans ces nouvelles zones posent une question de fond pour l'agriculture sénégalaise. Les filières céréalières en vigueur dans l'agriculture sénégalaise sont-elles capables d'offrir la production nécessaire toute l'année pour atteindre l'autonomie céréalière et réaliser la sécurité alimentaire tant recherchée ?

En effet, en voyant l'extension temporelle et spatiale des périodes de soudure et la multiplication des déficits en céréales, mais aussi en tenant compte de l'arachidisation des espaces cultivés, l'on serait tenté dans un premier temps de répondre par la négative. Et pourtant depuis quelques années, notamment depuis 1995, il y a eu une remontée spectaculaire de la production céréalière et d'autres cultures vivrières, comme le maïs et le manioc. La presse nationale rapporte régulièrement les paroles de responsables des pouvoirs publics ou des

[60] Badouin, op. cit.
[61] Les « vivres de soudure » sont des stocks réalisés par le gouvernement et redistribués gratuitement ou à crédit aux populations pendant la soudure.

organisations paysannes qui expliquent que ce sont le marché national et l'organisation du système alimentaire qui ne sont pas préparés, voire qui ne sont adaptés pour absorber les productions de céréales obtenues. Ce point de vue est corroboré par quelques études réalisées durant les années d'ajustement structurel. Dans ces études, l'exemple qui revient le plus souvent est celui qui concerne l'augmentation spectaculaire de plus de 200 000 tonnes de la production céréalière à la fin des années 80. Cette production n'a pas été injectée dans le réseau des systèmes alimentaires et des circuits de commercialisation des denrées de base au Sénégal (Freud et coll., 1997)[62]. En 2004, la production de riz blanc de 200 000 tonnes, réalisée dans la Vallée du fleuve Sénégal n'a pas bénéficié, d'un système de commercialisation adapté. Cette situation est d'autant plus déplorable que la vente d'une telle production sur le marché national aurait permis, selon le Dr Fall[63], « de baisser le prix du sac de 50 kilogrammes de riz de 11 500 FCFA à 9 900 FCFA ». Ces bons résultats en production de riz confortent l'idée soutenue par les organisations de producteurs et les professionnels du riz au Sénégal dans le cadre de l'étude publiée en 2003[64], où ils affirment que « les raisons sont là pour que les prix baissent si l'Etat le veut et la preuve est faite que les producteurs ont les capacités, avec des rendements de 5 à 10 tonnes à l'hectare, de faire face à la question globale de la sécurité alimentaire, car en matière de productivité, la Vallée du fleuve Sénégal se situe juste derrière les pays de l'Asie du Sud comme le Vietnam, la Thaïlande et l'Inde »[65].

Les performances ainsi notées, certes irrégulières, conduisent à penser que la thèse des « faibles productions de céréales » ne suffit pas pour expliquer les déficits céréaliers chroniques qui sont observés dans certaines régions, et surtout l'insécurité alimentaire, devenue chronique, contre laquelle fait face le Sénégal durant toutes ces années. Certes, les productions actuelles de riz et de mil ne couvrent pas la totalité des besoins en céréales de base du pays, mais bien distribuées, elles peuvent aider à « réduire considérablement les importations (de vingt à vingt-cinq milliards) et contribuer à garantir une sécurité alimentaire convenable à la population »[66]. Ce constat inspire quelques questions.

Pourquoi les productions de céréales locales, notamment le riz, mais aussi les céréales milicoles, s'intègrent-elles difficilement ou ne s'intègrent-elles pas

[62] L'arachide du Sénégal : un moteur en panne.
[63] Présidant des rizeries du Nord du Sénégal, dans le journal Sud Quotidien du 16 décembre 2004
[64] Evaluation intégrée de la libéralisation des échanges et des politiques liées au commerce : le cas de la filière riz au Sénégal.
[65] Idem
[66] Idem

dans le réseau de commercialisation des denrées alimentaires issues des importations ? Cette contrainte serait-elle liée à l'extraversion des habitudes alimentaires en vigueur dans les centres urbains ou au faible pouvoir d'achat des populations rurales, ou encore s'agirait-il de la manifestation d'une absence de stratégies alimentaires endogènes ? D'autres questions liées à la politique agricole se posent.

Est-ce qu'il faut voir dans l'absence de valorisation des productions locales, les incohérences du système d'aménagement du territoire, le manque de voie de communication entre régions productrices et régions non productrices ? Quelle place doit revenir à la Vallée du fleuve Sénégal et quelle utilisation faut-il faire des 220 000 hectares de terres rizicultivables disponibles dans cette région pour accroître la production de céréales ? Faudrait-il, à l'image de la filière arachidière, créer une filière des céréales nationales avec un système marchand efficace pour donner aux populations un accès et un approvisionnement facilité à ces céréales ?

Les questions sont donc multiples et diverses. Dans tous les cas, les réponses, que nous suggérerons, ou qui le seront par d'autres, devront tenir compte de la nécessité de la régulation des territoires agricoles. Nous le disons d'autant plus que la coexistence et la persistance de zones structurellement déficitaires et de zones structurellement excédentaires sont une constante dans le paysage agricole du Sénégal, qu'il faut effacer. Ce type de paysage ne fait que renforcer les problèmes de consommation alimentaire et donc entretenir un cadre propice à l'insécurité alimentaire. D'ailleurs, pour le ministère du Développement rural (1992, p. 16)[67], « les déséquilibres territoriaux en matière de production expliquent les distorsions importantes sur le marché des céréales ; distorsions qui se traduisent par des prix élevés à la consommation en zones déficitaires même lorsque la récolte est bonne ». Pour arriver à une diffusion territoriale[68], il importe de porter la réflexion sur des mécanismes de régulation territoriale à l'échelle nationale pour faciliter l'approvisionnement à toute la population. Dans le sens de cet objectif, il convient de s'interroger sur un certain nombre de points.

Est-ce que les déficits céréaliers et l'insécurité alimentaire chronique ne sont pas finalement les résultats logiques d'une orientation économique plus globale de l'Etat du Sénégal ou encore sont-ils les reflets de systèmes alimentaires incapables d'intégrer la production agricole locale pour répondre durablement

---

[67] Sécurité alimentaire au Sénégal : éléments de stratégies, politiques et programmes.
[68] Parce que le contraire accroît et entretient les poches d'insécurité alimentaire.

aux besoins en consommation de céréales de la population ? Quels sont les types de systèmes alimentaires qui existent au Sénégal ? Sont-ils suffisants pour absorber les productions en céréales et pour lutter contre l'insécurité alimentaire ? Quels sont leurs avantages et leurs inconvénients dans la politique de sécurité alimentaire ? Pourquoi les modes de consommation sont-ils différents selon qu'on se situe dans les centres urbains ou dans les zones rurales ?

Par ailleurs, la mise en place d'un projet qui vise l'autonomie céréalière, qui met l'accent sur la valorisation des aptitudes naturelles et socio-économiques locales, voire régionales, participe d'une stratégie durable de sécurité alimentaire. Mais là également, des questions se posent. Ne serait-il pas illusoire de parler d'autonomie céréalière pour un pays confronté à un retour régulier des déficits vivriers et dont les besoins en nourriture de base sont satisfaits depuis plusieurs décennies par le recours systématique aux importations ? Quelles sont les ressources agronomiques disponibles pour répondre à un tel objectif ? Comment retravailler, reterritorialiser l'agriculture sénégalaise pour accroître les productions de céréales ? Quelles sont les céréales à privilégier et dans quelles régions administratives ou zones agro-écologiques faut-il les localiser ? Est-ce qu'il faut revenir à l'approche par filière comme le suggérait la Nouvelle politique agricole en 1984 ou faut-il renforcer « l'approche par projet » actuellement en cours et initié dans la nouvelle loi d'orientation agricole ou encore faut-il définir une autre approche fonctionnant selon un emboîtement, une complémentarité des lieux de production et de consommation, le village, le département et la région et le national ? Les questions ainsi posées confirment au moins deux choses au sujet de l'autonomie céréalière : d'un côté, le caractère chronique de l'insécurité alimentaire au Sénégal, et de l'autre, des transformations non adaptées de l'agriculture. Elles prouvent aussi que le sujet était traité le plus souvent dans un domaine exclusivement économique alors que la diversité et la complexité des problèmes qu'il pose, les acteurs et les catégories socioprofessionnelles qu'il mobilise, suffisent pour l'appréhender différemment. Certes, la dimension économique, les échanges et le marché sont une composante principale dans les systèmes agricoles et alimentaires, mais elle ne devrait pas exclure de l'analyse et des solutions les lieux et les territoires de production et de consommation. C'est le sens des objectifs que nous préconisons et l'approche territoriale[69] que nous avons développée pour comprendre les phénomènes agroalimentaires au Sénégal.

---

[69] cf. chapitre sur la méthodologie.

IV. Pour de nouveaux objectifs

Bien évidemment, la question de l'agriculture et ses rapports avec l'alimentation ouvre un champ de réflexion plus vaste qu'on en a l'habitude, avec cet avantage particulier de titiller le concret, et d'aller vers l'utile, autrement dit la souveraineté alimentaire. Ainsi permet-elle de centrer l'analyse sur les contraintes spécifiques auxquelles sont confrontées quotidiennement les populations rurales des pays sahéliens et soudaniens, les autorités publiques, ainsi que les partenaires au développement. En effet, le problème de la place des cultures de céréales dans les politiques agricoles voire dans les politiques alimentaires est l'un des sujets probablement les plus discutés en Afrique. En Afrique de l'Ouest, les zones sahéliennes et sahélo-soudaniennes sont probablement les endroits où les conditions alimentaires sont les plus difficiles. Les nombreuses années de sécheresse (1968, 1973, 1983 et 1985) qui ont perturbé les systèmes traditionnels de production agricole ont contribué à rendre inefficaces les systèmes alimentaires et à contraindre les populations à développer d'autres stratégies de survie. Ce contexte particulier explique certainement le nombre important de projets dont les objectifs sont axés sur la sécurité alimentaire. Au Sénégal, pour atténuer les conséquences de ces déséquilibres, les organismes locaux et internationaux ont investi le champ de la sécurité alimentaire, avec cependant des cibles bien différenciées : l'UNICEF pour la protection des enfants et des femmes à travers les groupements de femmes spécialisés dans le maraîchage, le PNUD et l'USAID pour la lutte de la pauvreté et pour la protection de l'environnement, l'OMS pour l'amélioration des conditions sanitaires de la nutrition et de l'alimentation, etc. Toutes ces interventions ont en commun un objectif de production et de survie des populations dans des milieux écologiquement ou socialement défavorables et aussi d'avoir été souvent conduites dans l'urgence (Miskc-Talbot, 1987)[70]. Dans le sillage de ces organismes, le CILSS a adopté une approche de rupture. Ainsi en 1986, l'organisation sous-régionale met en place la première Stratégie d'investissement alimentaire d'ampleur internationale qui fit de l'autosuffisance alimentaire un objectif national prioritaire[71] pour les pays membres. En 1988, le

[70] Enfants et femmes d'Afrique occidentale et centrale : sécurité alimentaire, familiale et rôles des femmes en Afrique sahélienne.
[71] Sécurité alimentaire au Sénégal : éléments de stratégies.

gouvernement du Sénégal crée à son tour le premier Plan céréalier national[72] destiné à combattre l'insécurité alimentaire et à réduire les importations massives de riz. Dans le même temps, il lance plusieurs programmes de vulgarisation des céréales locales auprès de la population.

1. Exemple d'objectifs généraux

Les objectifs pour réconcilier l'agriculture et la sécurité alimentaire au Sénégal ne sont pas à réinventer. Globalement, ils doivent être ceux du CILSS et des plans céréaliers nationaux, à savoir contribuer à mieux connaître, pour les utiliser, les potentialités naturelles et les systèmes d'approvisionnement alimentaire, dans le but d'accroître les productions agricoles des pays sahéliens et leur permettre ainsi de lutter contre l'insécurité alimentaire. Dans le cas de l'espace sénégalais, l'observation du paysage rural suffit pour se convaincre de la nécessité de mettre en relation les zones de culture les unes et les autres pour rechercher des opportunités complémentaires de production de céréales susceptibles d'assurer une sécurité alimentaire durable, pour qu'en période de perturbation (sécheresses, invasions de criquets ou crises du marché, etc.), les populations puissent satisfaire leurs besoins en nourriture de base. Pour atteindre ces objectifs, sans occulter les paramètres économiques et autres, il est nécessaire de réaliser une étude géographique (au sens large) de l'agriculture sénégalaise, des systèmes alimentaires et d'approvisionnement. La finalité de cette initiative serait d'aboutir à trouver une sorte de cohérence spatiale entre les activités agricoles, le milieu naturel et les besoins de consommation céréalière de la population. Ce point de cohérence n'est pas un objet tangible, c'est plutôt un point dont la particularité sera d'être dynamique dans le temps et dans l'espace, une adaptation perpétuelle des besoins alimentaires à la population et aux ressources naturelles. C'est l'une des ambitions de cet ouvrage qui, par ailleurs, propose de partir des spécificités régionales pour aider à l'élaboration des politiques et stratégies d'accroissement des productions agricoles vivrières au Sénégal. Pour ce faire, il invite à porter l'analyse sur un certain nombre d'objectifs particuliers à atteindre.

[72] L'objectif principal du Plan céréalier national c'était d'assurer un taux de couverture de la demande en céréales à partir de la production locale à hauteur de 80 % en l'an 2000. Il sera suivi en 1998 par le Programme spécial de sécurité alimentaire (PSSA) avec l'appui de la FAO et en 2003 par la mise en place de la Stratégie nationale de sécurité alimentaire avec l'appui du CILSS pour un montant global de 880 milliards F. CFA.

2. Des objectifs spécifiques

- Une analyse approfondie de l'espace rural actuel du Sénégal en partant (pour mieux mesurer leurs limites) des principales unités agro-écologiques. Une telle analyse permet une meilleure prise en compte de la diversité de l'espace rural, les mutations de l'agriculture depuis l'indépendance du pays et le traitement marginalisant qui est réservé aux cultures céréalières par rapport aux cultures commerciales et industrielles ;
- Une analyse quantitative (superficies, rendements et productions) des principales cultures à l'échelle nationale, régionale et départementale, et apporter une réflexion sur les filières agricoles en mettant l'accent sur les céréales ;
- Identifier les systèmes alimentaires et analyser leurs impacts sur les choix de production agricole des paysans, les modes d'approvisionnement en céréales de base dans les centres urbains et dans les zones rurales ;
- Analyser les différentes politiques agricoles, notamment celles appliquées à partir des années 80, en insistant sur les stratégies de production céréalière mises en place par les pouvoirs publics ;
- Analyser les disparités entre les productions et les besoins selon les départements ;
- Identifier les paramètres essentiels pour mettre en place un système marchand efficient pour les céréales locales.

V. Constats initiaux

L'insécurité alimentaire qui sévit au Sénégal et les difficultés du secteur agricole sont deux phénomènes caractéristiques du développement économique du pays et qui durent depuis plusieurs années. Evidemment, pour étudier cette crise, on peut partir de quelques constats qui se chevauchent. Principalement, on n'en retient deux : un premier sur la cohérence spatiale, l'articulation des stratégies alimentaires aux ressources naturelles locales ou régionales, et un deuxième sur cette non prise en compte de certaines composantes des territoires de production qui déterminent les capacités du pays à satisfaire la demande alimentaire en céréales de base.

1. Premier constat : l'absence de cohérence spatiale

Le découpage territorial du Sénégal en régions agro-écologiques qui a servi pendant longtemps à l'élaboration de la carte agricole n'a pas permis d'atteindre l'autosuffisance alimentaire. Aujourd'hui, on ne peut pas dire que les réformes territoriales et foncières de 1964, 1972 et 1996, qui ont donné les entités administratives et les zones agricoles actuelles, aient permis de créer des cadres socio-économiques et spatiaux performants pour l'agriculture céréalière nationale. Pour autant, et malgré les échecs, il est difficile de récuser l'idée selon laquelle, une bonne production agricole est liée étroitement à la pertinence, à l'efficience de l'aménagement du territoire. Autrement dit, la couverture des besoins en céréales de la population est fondamentalement liée à la construction d'un espace pertinent de production, un espace qui cohère les supports écologiques, sociaux et économiques. Dans cette perspective, le redécoupage territorial doit d'être perçu d'abord comme un moyen parmi d'autres de sécurisation et de stimulation de la production de céréales avant d'être une approche stratégique dans le cadre de la politique alimentaire voire plus large de l'aménagement du territoire. Dans l'hypothèse que cette approche soit mise en pratique, il serait illusoire (à cause des conditions de culture) de penser atteindre actuellement l'autosuffisance en céréales dans toutes les régions du Sénégal. Cela ne signifie pas que l'autonomie en céréales de la population sur l'ensemble du territoire soit un projet impossible.

En fait, tout suggère dans le cas du Sénégal que le déséquilibre entre la production de céréales et la couverture alimentaire provient d'une mauvaise interprétation du territoire et d'une affectation inappropriée des capacités de production des régions. La carte agro-écologique qui est actuellement utilisée et qui inspire la répartition des cultures sur l'étendue du territoire semble pour le moins dépassée. Elle était établie dans les années 50, corrigée au milieu des années 70, mais elle faisait chaque fois la part belle à la culture arachidière. La seule innovation apportée dans cette carte est l'ouverture du front pionnier en 1971 au Sénégal Oriental et ce, dans une zone prédestinée aux cultures vivrières. Aujourd'hui, de grandes zones[73] de cette carte agro-écologique ne coïncident plus avec les exigences hydriques et pédologiques des plantes cultivées. Les conséquences de cette incohérence sont un exode rural, des tensions sociales urbaines et une baisse des productions de céréales et d'arachide. Les désarticulations qui en sont ressortent témoignent l'intérêt de refaire une carte agro-écologique dont l'objectif et l'utilité ne seront pas seulement d'effectuer des zonages, mais de concilier les besoins céréaliers et les spécificités régionales dans une perspective d'aménagement global et durable du territoire. Ces nouvelles zones agro-écologiques seraient en quelque sorte les noyaux sociaux et spatiaux à partir desquels seront pensées les stratégies de production céréalière et d'approvisionnement.

2. Deuxième constat : l'insuffisante valorisation des ressources naturelles

L'alimentation et la production de céréales présentent la commune particularité d'être des phénomènes socio-spatiaux dynamiques. Pour cette raison, leur repérage dans le temps et dans l'espace peut s'avérer une nécessité pour lutter contre des situations de déficits. Dans l'exemple du Sénégal, on peut supposer que cet aspect du lien entre la production agricole et la consommation a été négligé, et que cela explique le caractère chronique de l'insécurité alimentaire qui frappe le pays. Pendant longtemps, la satisfaction des besoins en céréales de base de la population suivait une logique déterministe, tant sur le plan de la pratique agricole que sur le plan des mécanismes de subsistance. Ce faisant, elle était basée sur l'abondance de la pluviométrie et sur le pragmatisme paysan, qui, on le pensait, s'assurerait toujours la culture de quelques parcelles de céréales et des semences pour sa subsistance. Par conséquent, cela lui permettrait de s'adonner aux cultures de rentes, qui elles, étaient hautement encadrées. Cependant, on oubliait que l'alimentation et l'agriculture évoluaient sur des supports environnementaux et sociaux dynamiques. Pour preuve, aujourd'hui, cette idée aux contours déterministes ne permet pas d'éviter l'insécurité alimentaire, au contraire on pourrait dire qu'elle y contribue. Il ne pouvait en

[73] Le Bassin arachidier, une partie du Sénégal Oriental et le Fouladou.

être autrement parce qu'elle négligeait la connaissance des productions agricoles obtenues sur le terrain, les possibilités d'anticipation, d'estimation de la production, la maîtrise démographique. Tous ces éléments, qui aujourd'hui, se trouvent au cœur des dispositifs de sécurité alimentaire et permettent par ailleurs de repousser tout déterminisme dans le fonctionnement des systèmes agroalimentaires. Il est vrai que dans une agriculture de type pluviale, comme celle du Sénégal, où l'outillage est rudimentaire, l'argument de la péjoration des conditions naturelles n'est pas négligeable, car il affecte les rendements. Pour autant, il ne dispense pas de porter la réflexion sur d'autres facteurs tels que le marché, le réseau de distribution et d'échange des céréales, le rôle des décideurs, les moyens d'aide à la décision pour répondre à des questions essentielles comme les choix des spéculations à cultiver et les lieux de production.

VI. Méthodologie

Selon le Larousse, une méthodologie est « une manière de faire, de procéder, une marche rationnelle de l'esprit pour arriver à la connaissance ou à la démonstration d'une vérité ». Elle est donc une démarche intellectuelle qui implique la mise œuvre de moyens, parfois divers, pour atteindre un objectif, répondre à une ou plusieurs questions. Toutefois, il n'est pas toujours aisé de choisir une méthode, car dans ce domaine, il peut en exister une multitude pour une seule question. Dans cet ouvrage, la méthode utilisée est une méthode globalement qualitative, qui emprunte diverses autres sources de données quantitatives. C'est pourquoi, dans un premier temps, nous avons choisi la démarche territoriale comme méthode de recherche et d'analyse qui structure notre cheminement. Dans un deuxième temps, nous avons recouru aux enquêtes sur le terrain pour recueillir les données et les informations nécessaires.

1. L'approche territoriale systémique comme moyen d'analyse de la question agricole et alimentaire au Sénégal

Agriculture et alimentation sont des sujets largement étudiés au Sénégal. Mais comme le prouve la documentation disponible, ces sujets sont présentés le plus souvent dans les études soit de façon extrêmement globale ou très éparse. Dans les deux cas, c'est une façon de faire qui n'aide pas à mettre en évidence les liens essentiels qui existent entre les deux sujets et ce en quoi ils déterminent ou contribuent à l'état d'insécurité alimentaire dans lequel beigne le Sénégal depuis plusieurs années. Jusque-là, les analyses produites parlent en majeure partie de la crise du secteur agricole, des problèmes de production, du poids de l'arachide, des contraintes rencontrées par les cultures de rentes et des difficultés que posent celles-ci aux cultures vivrières. Et quand les analystes abordent la consommation alimentaire, le plus souvent c'est pour faire référence à la faiblesse des disponibilités ou aux déficits agricoles et pour aussi mettre l'accent sur l'extraversion des régimes alimentaires, donc le poids des importations. Aucune étude (sauf des études de cas du CILSS) n'a tenté à notre connaissance d'appréhender les problèmes dans leur globalité. C'est pourquoi il est apparu nécessaire de pallier ce manque en étudiant ensemble les deux sujets, agriculture céréalière et alimentation, en décrivant et en expliquant comment fonctionnent les systèmes agricoles et alimentaires, et pour finir en démontrant comment la bonne tenue des uns influençait les autres. Pour y arriver, il a fallu donc penser à une approche géographique qui ne soit ni locale, ni globale et ni sectorielle, d'où donc le choix d'une approche que l'on a nommée « démarche territoriale systémique » en référence aux notions de système territorial, de territorialité et de production territoriale (Raffestin, 1980)[74].

Cela étant précisé, que faut-il entendre par la démarche territoriale ? Il faut souligner qu'elle représente une façon de faire assez récente d'approcher les problèmes du développement. En général, elle est considérée comme le moyen d'étudier les phénomènes en se rapprochant le plus possible de leur lieu de réalisation. Elle a pris naissance dans les pays du nord à économie de marché et elle a pu se développer grâce à la pression de la société civile et des consommateurs pour une alimentation ou un environnement plus sain, et grâce aussi au développement des moyens de communication. Ainsi, elle s'est traduite par une sorte de retour aux produits alimentaires régionaux et locaux plus connus sous le vocable de « produits de terroirs ». Mais bien entendu, dans ce qui nous concerne, ce n'est pas sous cet angle que notre sujet est posé. Nous y reviendrons plus loin.

L'approche territoriale, très usitée de nos jours, s'applique presque indifféremment selon les domaines et les objets. Par exemple, dans le domaine économique, la gestion territoriale des affaires est une manifestation de la mondialisation ; les entreprises internationales n'hésitent plus à localiser, délocaliser ou relocaliser leurs activités malgré les conséquences sociales qui en découlent. Dans le domaine politique, les gouvernements recourent à cette approche pour réguler ou contrôler (déconcentration et décentralisation) les tensions qui découlent des dynamiques urbaines, économiques, rurales ou encore pour transférer aux collectivités locales les charges pour lesquelles ils ne trouvent pas de solutions.

En Afrique de l'Ouest, la plupart des partenaires au développement privilégient depuis la fin des années 80 « l'approche Terroir » ou « l'approche territoire communautaire » dans la mise en œuvre de leurs activités de développement. La diversité des utilisateurs de l'approche territoriale fait donc qu'il est difficile d'en donner une définition, d'autant plus qu'il n'existe pas un seul type de territoire, encore moins un seul type d'acteurs. C'est pourquoi il est fréquent de définir cette méthode par opposition à l'approche spatiale, car les terroirs en question sont des entités socio-spatiales fixes, complexes et diverses, multiples et multiformes. Si l'on interroge la morphogenèse et la fonctionnalité des terroirs, on peut en déduire que les terroirs représentent toujours des espaces

[74] Pour une géographie du pouvoir.

construits, délimités, dont la particularité est qu'ils tirent leur définition des fonctions qu'ils accomplissent.

La référence à la morphogenèse et à la dynamique territoriale est nécessaire pour se donner une idée de ce que représente une démarche territoriale. En effet, ces deux dimensions du territoire permettent de définir la démarche territoriale comme une analyse géographique d'un ou de plusieurs phénomènes qui se déroulent dans une unité spatiale, aux contours connus. Appliquée à l'espace sénégalais, la mise en œuvre de cette approche débouche sur une division de l'espace national en plusieurs unités territoriales séparées les unes des autres par des limites correspondant aux frontières de distribution et de diffusion des phénomènes étudiés. En revanche, malgré qu'elle soit une intelligente approche, elle véhicule le risque de considérer le territoire comme une entité complètement disjointe d'un ensemble spatial et sociétal. Une inclination analytique qui pourrait amener l'analyste à être tenté par une étude thématique des phénomènes qui s'y déroulent en les détachant de leur ensemble, plus vaste.

C'est pour éviter ce genre d'application que nous conférons à la démarche territoriale une dimension systémique. Par ce moyen, nous appliquons une vision transversale sur les phénomènes sociaux, économiques et culturels qui se passent dans le territoire et qui participent à la production et à la consommation, bref à la construction d'une identité alimentaire. Considérée ainsi, l'approche territoriale systémique représente une démarche synthétique qui permet d'étudier les phénomènes agricoles et de consommation alimentaire dans leur complexité, non pas en les séparant, mais en les intégrant dans un ensemble dont les différents éléments entretiennent des relations mutuelles de dépendance. Par cette démarche systémique, nous arrivons à mettre en évidence les distorsions qui existent entre l'organisation du secteur de l'agriculture et celui de la demande alimentaire ou l'impact des deux sur la dynamique des territoires. En même temps, parce qu'elle est une démarche complexe qui se rapproche des réalités du terrain, à savoir le terroir ou le village sans y être cloisonnée, elle permet de donner plus de poids aux acteurs locaux dans la connaissance des problèmes qu'ils vivent et la prise de décisions sur les solutions qu'ils jugent appropriées. Dans ce sens, elle s'offre comme une approche endogène, mais ouverte.

Cette volonté de lier et de relier les phénomènes agricoles et alimentaires locaux ou régionaux à un espace national et international amène à considérer que l'approche territoriale systémique est tout à fait indiquée pour qui souhaite étudier la question de l'approvisionnement en céréales au Sénégal. De nos jours, il est rare, voire inexistant, de trouver une localité sénégalaise dont les systèmes agricoles, les modes de consommation, les moyens et les stratégies alimentaires sont autarciques et ne subissent aucune altérité ; d'où l'intérêt de prendre en compte le fait qu'il existe d'autres mécanismes, qui dépassent les territoires locaux et régionaux, qui participent aux choix des cultures et des stratégies d'approvisionnement alimentaire. Cette déterritorialité est considérée par l'approche territoriale, en ce sens que celle-ci est plus large et plus ouverte, et dépasse le caractère localisant (le terroir) à ses débuts. Comprendre ces relations, c'est aussi comprendre les changements de stratégies alimentaires au Sénégal, le glissement conceptuel de l'autosubsistance à la sécurité alimentaire en passant par l'autosuffisance alimentaire. Nous avons essayé de délimiter des territoires homogènes qui tiennent compte des influences de l'extérieur et qui s'intègrent dans un espace physique ou virtuel plus large, le pays et au-delà. Pour obtenir des territoires homogènes d'étude dans le domaine agricole et alimentaire, nous avons été amenés à privilégier des éléments dynamiques communs à tous les territoires comme l'espace naturel, les systèmes agricoles et de consommation, la population locale et ses héritages, les institutions locales et celles qui ne le sont pas. Ce sont les interactions entre ses différents éléments qui aboutissent à la délimitation de zones différenciées en matière de production agricole et de consommation alimentaire.

Figure 2. Exemple de composition et du fonctionnement de l'approche territoriale systémique

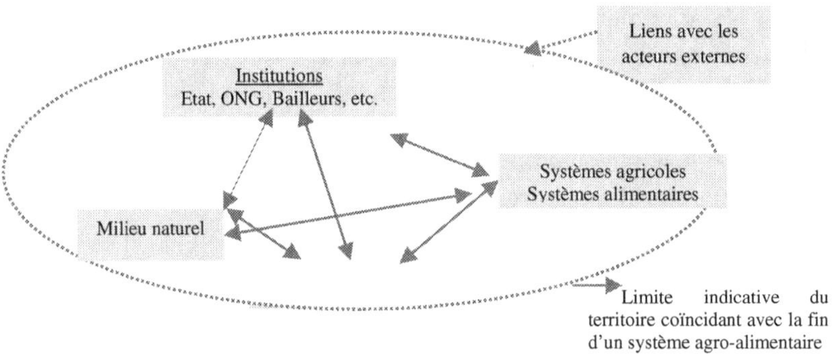

Par ce schéma, nous avons tenté une simplification du système territorial qui préside aux activités agricoles et de consommation alimentaire en milieu rural au Sénégal. Nous pouvons constater que les éléments qui composent le système territorial (figure 2) entrent en action les uns et les autres pour aboutir à l'objectif de consommation alimentaire que fixe l'Etat ou la population d'une zone donnée. Nous découvrons par le jeu des relations que ce système n'est pas seulement endogène, car chacun des éléments qui le composent comporte un important rapport à l'altérité. Et que c'est la synergie d'ensemble qui a abouti, selon les territoires, soit à une production agricole locale suffisante pour l'alimentation, soit à la mise en place d'un système d'approvisionnement alimentaire fondé par exemple sur le commerce ou encore à un système combinant les deux pour faire face à la demande. Par conséquent, l'analyse des processus de territorialisation de ces éléments pris ensemble contribue à démontrer la duplication, l'émergence ou la transformation des systèmes agricoles, des modes et des systèmes de consommation dans une zone et plus largement dans le pays. Pour mettre en œuvre notre approche, nous avons choisi d'axer nos questions de recherche sur des niveaux d'analyse et non les éléments du territoire. Les niveaux d'analyse sont au nombre de trois.

- *Niveau 1.* Il concerne l'analyse systémique des lieux de production, des systèmes d'approvisionnement en céréales par le canal des systèmes agricoles et des systèmes alimentaires dans leurs composantes productions, diffusion, consommation, politiques agricoles, etc. ;

- *Niveau 2.* Il porte sur l'élaboration des cadres agro-écologiques pertinents d'analyse pouvant refléter la diversité de l'agriculture sénégalaise et les principales structures de consommation alimentaire que l'on retrouve dans le pays, tout en tenant compte de l'impact des politiques agricoles et économiques sur les transformations de cette agriculture et sur la différenciation des modes de consommation entre les zones urbaines et les zones rurales, et entre les zones rurales ;

- *Niveau 3.* Il porte sur les interrelations entre les processus de territorialisation (économique, démographique, sociologiques, historiques) des systèmes agricoles et des systèmes alimentaires selon les zones et les milieux de résidence pour en dernier démontrer les stratégies mises en œuvre par les populations ou par les pouvoirs publics pour répondre à la demande de consommation en céréales.

2. Les principales unités spatiales de référence

Les unités spatiales de référence, ce sont des territoires choisis pour leur représentativité pour mener les analyses. Elles sont de deux sortes : la zone agro-écologique et la région. Ces deux entités, ces deux concepts seront régulièrement cités dans ce travail. C'est pourquoi, dans le but d'éviter des confusions, il est utile d'en préciser les significations.

2. 1. La zone agro-écologique

Une zone est définie souvent comme une portion d'espace, spécifiée et délimitée par son contenu[75]. Pour ce qui est des zones agro-écologiques, leurs limites sont souvent floues et imprécises parce qu'elles doivent leur existence aux phénomènes naturels qui les ont façonnés ou aux matériels (mises en valeur) qu'elles contiennent. La charge sémantique du concept renvoie à celle de la région naturelle qui est définie par ses caractéristiques physiques. D'ailleurs, au Sénégal, les régions naturelles portent le nom de « zones écologiques » et c'est dans une perspective de développement agricole et rural assez déterministe qu'elles ont été définies (carte n° 1).

Carte 1. Répartition des zones agro-écologiques au Sénégal

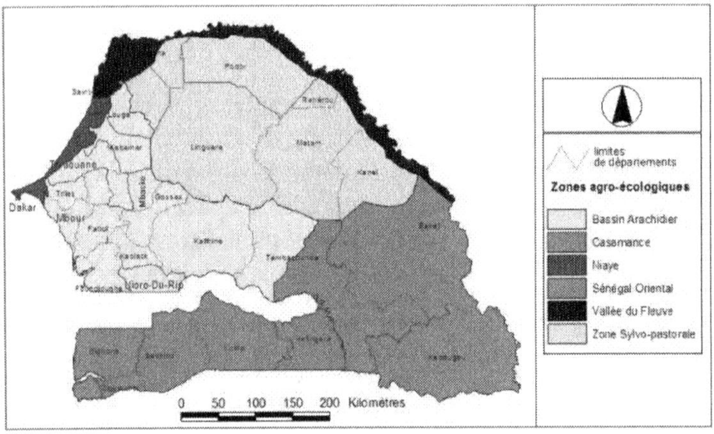

La notion de zone agro-écologique apparaît au Sénégal pour la première fois en 1974. Les six zones que compte le pays ont été définies dans cette période (carte 1). Il s'agit de la vallée du fleuve Sénégal, de la zone sylvo-pastorale, du Bassin arachidier, de la zone du littoral et des Niayes, du Sénégal Oriental et de la Casamance. Encore aujourd'hui, malgré leur évolution et le fait qu'elles sont extrêmement péjorées, les zones agro-écologiques représentent de vastes surfaces avec des caractères physiques et humains plus ou moins spécifiques qui les distinguent les unes par rapport aux autres. Autrement dit, chaque zone est une véritable région naturelle au sens de Claval (1984, p.63), c'est-à-dire « une

[75] Par exemple les zones industrielles, des zones marécageuses, des zones balnéaires, des zones touristiques, etc.

portion d'espace où la nature du sol, le climat et le relief influent sur les paysages végétaux et les ressources agricoles »[76]. Mais plus que les éléments de la nature, la zone agro-écologique sénégalaise se définit par sa fonction et son histoire. C'est pourquoi, durant plusieurs années, chacune d'elles a été souvent confondue avec une région politique et administrative. Les potentialités et les spécificités écologiques en avaient fait des lieux de création de richesses, donc de pouvoirs, à partir desquels l'Administration coloniale organisait l'exploitation économique du pays et le contrôle des hommes. Les villes qui y ont été créées et développées étaient considérées comme des comptoirs de commerce dont les rôles étaient de servir de lieux de dépôts des produits agricoles, d'échange et de transfert vers la métropole.

Après l'indépendance, le gouvernement du Sénégal n'a pas remis en question cette organisation du territoire. Mieux, il l'a renforcée en créant dans chaque zone agro-écologique au moins une société régionale de développement rural (SRDR) et en adoptant une loi qui nationalise les terres et accroît le contrôle étatique des terres. Chaque SRDR, selon les richesses de sa région, devait promouvoir les cultures adaptées, encadrer et former les paysans aux nouveaux systèmes de cultures, leur apporter les crédits pour l'exploitation des ressources et créer des systèmes de commercialisation. Par ses nouvelles fonctions, la zone agro-écologique devient alors un « territoire de développement » au sens de Raffestin (1980, p. 129)[77] : « le résultat d'une action conduite par un acteur syntagmatique (acteur réalisant un programme) à quelque niveau que ce soit ».

Aujourd'hui, la question qui vient à l'esprit, c'est celle de savoir si les zones agro-écologiques remplissent leurs fonctions de développement régional ou plutôt s'achemine-t-on vers la fin de la zone agro-écologique. On peut constater que l'efficacité économique, tant recherchée, de cette forme de gestion territoriale est remise en cause dans le sens où toutes les dimensions d'une synergie territoriale ne sont pas remplies dans les zones écologiques. Fondée essentiellement sur le prélèvement des ressources naturelles, cette forme de territorialité bute sur les problèmes d'instabilité, car les limites spatiales fluctuent au gré de l'évolution des conditions naturelles. Nous verrons que les réformes territoriales et les transformations des systèmes agraires font que la zone écologique, en tant qu'entités spatiales de référence pour le développement, cède progressivement la place à une polarisation en réseau et système où les rapports aux ressources naturelles et ressources agricoles comptent moins que les liens entre les différents nœuds du réseau.

---

[76] Claval : géographie humaine et économique contemporaine.
[77] Op. cit.

2.1.1. Présentation des zones agro-écologiques

Les limites des zones agro-écologiques sont variables dans le temps et dans l'espace. Le centre de suivi écologique (CSE), dont les travaux inspirent un grand nombre d'acteurs, parle de sept zones agro-écologiques et non de six, en revanche la direction de l'aménagement du territoire (DAT), reste fidèle aux six zones écologiques habituelles. Dans cet ouvrage, c'est le découpage de la DAT qui est utilisé, parce qu'en se référant aux zones écologiques, on évite la polémique et mieux on reste dans le découpage qui a servi jusqu'ici de base d'élaboration des activités agricoles et pastorales du Sénégal. Les zones écologiques sont bien connues et repérables par leurs spécificités physiques. Leurs limites spatiales posent moins de problèmes que d'autres découpages.

2.1.1.1. La zone de la Vallée du fleuve Sénégal

Elle occupe la position la plus septentrionale du Sénégal et couvre une bande de 10 à 15 km. Elle est composée par un ensemble de plaines alluviales et de hautes terres sableuses sur la rive gauche du fleuve, de Bakel à l'embouchure. Cet ensemble se décompose en trois sous-zones distinctes.

- Le *Walo*[78] : c'est la partie inondable caractérisée par des sols lourds aux rendements très élevés. C'est ici qu'on trouve une partie des grands aménagements hydro-agricoles en riz réalisés dans les années 70 et 80 par la Société d'aménagement des terres du Delta (SAED).
- Le *Delta* : cette partie porte les marques du climat marin et des transgressions marines qui y ont eu lieu durant les périodes du pluvial tchadien et du nouakchottien. C'est donc une zone particulièrement salée, mais curieusement qui avait été très prisée par la SAED lorsqu'elle avait en charge d'aménager des périmètres hydro-agricoles. Avec le Walo, ces deux sous-zones étaient supposées être les principales zones de production de riz pour le Sénégal.
- Le *Diéri*[79] : c'est la partie la moins agricole de la Vallée. Traditionnellement et jusqu'à la mise en place des barrages de Diama et de Manantali, le Diéri est une zone d'élevage et de repli du bétail pendant les périodes de crue. La régularisation du débit du fleuve a transformé en zone

[78] Mot de langue wolof qui désigne la zone dépressionnaire de la vallée
[79] Mot wolof désignant la zone du plateau.

hydro-agricole cette zone qui faisait partie du domaine sylvo-pastoral.

2.1.1.2. La zone sylvo-pastorale

Elle se situe au sud de la Vallée. Elle couvre une superficie d'environ 7 000 hectares, caractérisée par la présence d'une végétation pseudo-steppique et arbustive. Peuplée en majorité de populations peuls nomades, elle est la principale zone d'élevage du Sénégal jusqu'au milieu des années 70. L'activité perd de son élan du fait de la conjonction de nombreuses années de sécheresse et des feux de brousse répétitifs, mais également de la mutation des activités de la Vallée du fleuve et l'extension du Bassin arachidier.

2.1.1.3. Le Bassin arachidier

Le Bassin arachidier est de nos jours la zone la plus difficile à délimiter en raison de la dynamique de la culture arachidière. Pendant que d'aucuns parlent de disparition du Bassin arachidier, d'autres parlent plutôt d'extension et de glissement du Bassin vers le sud du pays. Si l'on reprend la classification de la DAT, le Bassin arachidier c'est à la fois le Centre du pays, le Centre-ouest et le Saloum méridional, qui correspondent aux régions institutionnelles et administratives de Diourbel, Thiès, Fatick et Kaolack. L'intensité de la culture de l'arachide et les densités de la population (50 à 140 habitants au km^2) ont fortement entamé le paysage arboré. Actuellement la zone du Bassin est difficile à délimiter, car au plan physique les repères pluviométriques et pédologiques utilisés naguère ne sont plus opérationnels.

2.1.1.3. La zone des Niayes

La zone du littoral et des Niayes est une bande d'environ 5 à 10 km de large. Elle longe la grande côte sur une distance de 180 km jusqu'à l'embouchure du fleuve Sénégal. A la différence des autres zones agro-écologiques, elle est plus facile à appréhender, car en plus d'un climat doux et humide et une végétation subguinéenne par endroits, cette zone est constituée d'un chapelet de dunes blanches et de dépressions interdunaires au fond desquelles apparaissent des mares ou une nappe phréatique. Elle représente la principale zone de cultures maraîchères du Sénégal et offre de bonnes conditions pour l'arboriculture.

2.1.1.4. Le Sénégal Oriental

C'est la zone qui s'étend du centre-est au sud-est du pays, entre les domaines climatiques soudanien et soudano-guinéen. Riche en ressources ligneuses et en sols fertiles, le Sénégal Oriental est l'une des rares régions naturelles du Sénégal où on retrouve en même temps l'agriculture, l'élevage et l'exploitation de bois. Jusqu'au début des années 70, elle n'était que très peu concernée par la culture arachidière, car elle était considérée par les pouvoirs publics comme le Bassin cotonnier du pays. C'est la création des villages pionniers qui a ouvert la zone à l'arachide. Aujourd'hui, du fait de l'extension du Bassin arachidier, le Sénégal Oriental est devenu, à l'instar de la Casamance, le siège d'une compétition entre l'arachide et le coton, une compétition d'autant plus vive qu'un tiers de la superficie du Sénégal Oriental est occupé par le parc national du Niokolo-Koba.

2.11.5. La Casamance

Le contraste écologique et la richesse floristique sont les caractéristiques de la Casamance. Cette zone, qui subit les influences des climats guinéen et soudanien humide, se subdivise en trois sous-zones agro-écologiques : la Basse Casamance, la Moyenne Casamance et la Haute Casamance.

- La Basse Casamance : les limites spatiales de la Basse Casamance coïncident avec celles de la région administrative de Ziguinchor. Elle est constituée par le bassin versant inférieur et par l'estuaire du fleuve Casamance. Les sols de nature hydromorphe et ferralitique sont le siège d'une végétation de type forêt sèche à humide dans laquelle prédominent les espèces guinéennes et subguinéennes. Le système agricole en vigueur est dominé par la riziculture.
- La Moyenne Casamance : elle coïncide avec le département de Sédhiou, et tire sa particularité plus par son homogénéité ethnique (population mandingue) parce que sur le plan physique, elle présente les mêmes caractéristiques que la Basse Casamance sauf qu'ici les sols ferrugineux sont plus répandus. Les activités sont à peu près les mêmes qu'en Basse Casamance avec un cheptel plus important et des cultures pluviales (arachide, sorgho, maïs, mil, etc.) plus variées et plus extensives.
- La Haute Casamance : elle correspond aux départements de Kolda et Vélingara. Elle est peuplée essentiellement de Peuls (plus de 82 %), d'où son nom de *Fouladou,* le pays des Peuls. Au plan physique, on est dans le domaine de la savane arborée et des sols ferrugineux tropicaux bien prisés pour les cultures de rente et pour les cultures milicoles. La zone est considérée comme le

second Bassin arachidier du Sénégal compte tenu de l'expansion des superficies qui y sont consacrées à cette culture.

2. 2. La région

L'entité « région » de référence correspond à la région administrative et politique. Le Sénégal en compte onze[80] : Dakar, Diourbel, Kaolack, Louga, Fatick, Kolda, Tambacounda, St-Louis, Thiès, Ziguinchor et Matam. La création des régions administratives telles que nous les connaissons actuellement peut être considérée comme la volonté de l'Etat du Sénégal postcolonial d'assurer « une autorité territoriale sur un espace reconnu, à l'intérieur par toute la population, à l'extérieur par les autres Etats, et borné par des limites bien définies »[81]. Et vis-à-vis des populations locales, cette création agit comme une véritable « imposition territoriale »[82]. En effet, les régions créées sont des territoires dans le sens où ce sont des espaces, délimités, au sein desquels différentes formes de relations (sociales, économiques, institutionnelles, etc.) se construisent et se déconstruisent. Depuis la fin des années 70, période à laquelle Raffestin a donné au concept de territoire une signification géographique, la région tel qu'elle existe au Sénégal se substitue aisément au territoire étant donné que son but ultime c'est le contrôle (des hommes et des ressources) et la mise en valeur (développement économique et social).

Décrivant le territoire, Raffestin (1980) invite à veiller sur l'aspect relationnel de ce morceau de terre, car au sein de celui-ci existe « un système de relations entretenues par une collectivité, partant par un homme avec l'extériorité ». Pour lui, « le territoire est un espace dans lequel on a projeté du travail, soit de l'énergie et de l'information, et qui, par conséquent, révèle des relations toutes marquées par le pouvoir » (p.129). A la lumière de cette conception du territoire et de l'espace, l'entité régionale, à la différence des zones agro-écologiques, est donc non seulement un lieu de prélèvement des ressources, mais il est un espace de projets et de régulation au sein duquel la population est liée à un ou plusieurs objectifs par un système de fonctionnement politico-administratif. Les rapports

---

[80] Dans ce travail, Matam est considéré comme un département et non comme la onzième région administrative. Ce choix procède du fait que Matam est érigé en région depuis seulement 2001 et que par conséquent il n'existe pas de données spécifiques suffisamment importantes dans le cadre d'une analyse.
[81] Philippe Vidal, 1997 : Territoire, environnement et aménagement.
In http://www.globenet.org/horizon-local/perso/dea1.html. Article consulté le 24 juin 2003.
[82] Raffestin, op. cit.

de la population aux objectifs sont mis en œuvre à travers le découpage de chaque entité régionale en plusieurs unités (tableau 3), reliées les unes aux autres par des relations hiérarchiques.

Tableau 3. La hiérarchie administrative et spatiale selon le découpage du territoire du Sénégal

<table>
<tr><th>1e niveau</th><th>2e niveau</th><th>3e niveau</th><th>4e niveau</th><th>5e niveau</th><th>6e niveau</th></tr>
<tr><td rowspan="2">Régions</td><td rowspan="2">Départements</td><td>Arrondissements ou zones rurales</td><td>Communautés rurales</td><td>Villages</td><td>hameaux</td></tr>
<tr><td>zones urbaines</td><td>localités urbaines</td><td>quartiers</td><td></td></tr>
</table>

Tableau 4. Hiérarchie territoriale, statuts et résumé des compétences

<table>
<tr><th>Découpage
Dénomination</th><th>Collectivité territoriale</th><th>Circonscription Administrative</th><th>Organe exécutif</th><th>Organe déconcentré</th><th>Compétences</th></tr>
<tr><td>Région</td><td>Oui</td><td>Oui</td><td>Président du conseil</td><td>Gouverneur</td><td rowspan="6">- Gestion et utilisation du domaine privé de l'Etat, du domaine public et du domaine national,
- Environnement et gestion des Ressources Naturelles,
-Santé, Population et Action sociale,
- Jeunesse Sport et Loisirs,
-Culture
-Education et Formation professionnelle,
-Planification, Aménagement du territoire, Urbanisme et Habitat.</td></tr>
<tr><td>Département</td><td>Non</td><td>Oui</td><td></td><td>Préfet</td></tr>
<tr><td>Commune</td><td>Oui</td><td>Non</td><td>Maire</td><td>Préfet</td></tr>
<tr><td>Ville</td><td>Oui</td><td>Non</td><td>Maire de la Ville</td><td>Préfet</td></tr>
<tr><td>Arrondissement</td><td>Non</td><td>Oui</td><td></td><td>Sous-préfet</td></tr>
<tr><td>Communauté rurale</td><td>Oui</td><td>Non</td><td>Président du conseil</td><td>Sous-préfet</td></tr>
</table>

Le fonctionnement politico-administratif (tableau 4), parce qu'il s'appuie sur le contrôle de l'espace et des hommes, aboutit à un maillage qui n'est pas seulement une simple division hiérarchique ni la répartition des compétences hiérarchique (Tizon, 1996 : 20). Chaque subdivision, du département à la communauté rurale en passant par l'arrondissement, correspond en fait à un lieu de pouvoirs, qui est la manifestation de la volonté de l'Etat sénégalais de la période post-indépendance de s'approprier le territoire et d'y exercer la gestion de ses ressources. Toutefois, le legs de l'Administration coloniale dans ce domaine semblait inadapté pour un gouvernement dont l'ambition dépassait le simple objectif de l'exploitation de ses ressources naturelles. En effet, le découpage du territoire qui est mis en place à cette époque s'inspire de la politique française l'organisation de l'espace en réseau de villes. Il va falloir attendre les années 90, avec la régionalisation et la décentralisation, pour qu'il soit mis une véritable hiérarchie dans le réseau de villes avec un transfert de compétences et de ressources. Même s'il est impossible de parler de résultats satisfaisants, on peut voir dans cette hiérarchisation une volonté de créer des complémentarités entre les villes, et entre les villes et leur arrière-pays rural.

La nouvelle configuration territoriale du Sénégal prend naissance réellement à partir de 1972, avec la réforme administrative et territoriale. Le modèle de gestion par « zone agro-écologique » qui mettait l'accent sur le fonctionnel et au besoin générait une ou deux petites ou moyennes villes aux vocations purement commerciales, laisse place, comme dit Di Meo (1996, p. 115) en parlant de la France, à « un réseau de pôles hiérarchisés construisant, grâce à la fluidité des courants circulant entre eux, une organisation territoriale spécifique ».

Cette armature en réseau, par ailleurs fort critiquée par Brunet[83] dans le cas de la France, s'avère inappropriée pour le Sénégal, pour organiser et faire fonctionner les régions de développement du pays. En effet, la fluidité, dont parle Di Meo, et qui agit en quelque sorte comme le moteur du territoire, est bloquée par les règles et les rigidités liées à la déconcentration du pouvoir exécutif. Ainsi, la région, le département et l'arrondissement, malgré leur emboîtement, ne génèrent pas et ne facilitent pas des flux économiques et sociaux notables. Chaque entité territoriale campe sur les prérogatives conférées par la loi, et il en résulte une inertie qui s'explique en partie le fait qu'à la tête de chaque entité se trouve un Gouverneur ou un Préfet de la République dont la fonction principale se réduit à représenter le pouvoir central et très peu à promouvoir les fonctions économiques, qui malheureusement, sont reléguées au second plan. La conséquence de cette forme d'administration territoriale, c'est le blocage des activités de développement et un mauvais fonctionnement en réseau des trois grands pôles territoriaux.

3. Identification des zones d'analyse

La mise en œuvre de l'approche territoriale implique une délimitation, visible ou invisible, d'unités spatiales homogènes, qui permettent d'étudier les liens et

[83] Le territoire dans les turbulences.

les distorsions qui existent entre les systèmes agricoles et les systèmes alimentaires. Mais pour arriver à la production des zones d'étude, il fallait dans un premier temps résoudre le problème de l'échelle territoriale d'observation, ce qui est loin d'être un exercice aisé. Faudrait-il se contenter des découpages officiels existants ou fallait-il en créer un autre pour chaque région administrative ? Il existe des particularités importantes dans le domaine agroalimentaire qui mériteraient une analyse à part, et la faire serait une tâche lourde et fastidieuse compte tenu du nombre de régions, mais également compte tenu du fait que les critères qui ont présidé au découpage des régions répondaient à des objectifs particuliers de gestion du territoire national.

Pour nous affranchir de ce découpage, nous avons adopté dans un premier temps une approche binaire du territoire sénégalais, approche par laquelle nous avons opposé l'espace rural et l'espace urbain. Mais étant donné qu'une telle approche cachait forcément des diversités de situations rurales autant qu'elle révélait les oppositions entre les zones rurales et les zones urbaines, nous avons préféré dans un deuxième temps diviser l'espace rural en zones homogènes. Pour ce faire, nous avons repris les principaux éléments du système territorial dans le domaine de l'agriculture vivrière et de la consommation (les systèmes agricoles de production, la culture dominante, le climat, la sociologie dominante et les régimes alimentaires traditionnels) pour aboutir à la distinction de trois grandes zones rurales correspondant à la diversité agraire et alimentaire au Sénégal.

- La zone des systèmes agricoles du Bassin arachidier, très ouverte au marché, caractérisée par un système alimentaire diversifié, en transition entre le système de marché que l'on retrouve dans les centres urbains et le système d'autosubsistance en disparition du fait de l'expansion des cultures de rente (arachide et coton) ;
- La zone des systèmes agricoles irrigués au niveau de la Vallée du fleuve Sénégal, dominée par la riziculture du paddy ;
- La zone des systèmes agricoles soudaniens dans la partie méridionale du pays. Ici, il s'agit d'une sorte de zone agroalimentaire intermédiaire, caractérisée par une forte présence des céréales traditionnelles, par une expansion des cultures cotonnière et arachidière. Elle est aussi caractérisée par une tendance à l'autoconsommation de céréales sèches traditionnelles que dans la zone du Bassin arachidier ;
- Quant aux zones urbaines, elles sont caractérisées par des systèmes de consommation extravertis, fondés davantage sur le commerce, sur les importations de riz et la production horticole de la zone des Niayes.

4. Données utilisées

Les données utilisées sont classées en deux catégories : les données primaires constituées par les enquêtes réalisées auprès des ménages et les données secondaires constituées par des données officielles et des bureaux d'études.

4. 1. Système de collecte de données

Le système de collecte de données est constitué de deux systèmes d'observation alliant deux moyens d'approche, l'une quantitative et l'autre qualitative..

4. 1. 1. Approche quantitative et définition d'un guide d'entretien

Elle capitalise également les nombreuses activités de recherche, pour des besoins professionnels, que nous avons menées il y a quelques années dans les zones rurales du Sénégal. Les suggestions et remarques nous ont permis de fixer le cadre conceptuel de l'enquête et l'élaboration du guide définitif. Les discussions ont permis de reprendre des constats de départ facilitant et permettant le recours à des questions d'approfondissement. Le questionnaire s'articulait autour de quelques axes principaux dont la situation agricole du ménage, la consommation alimentaire et la place des céréales (autoconsommation, vente, achat) dans le système vivrier du ménage, les contraintes et les stratégies d'approvisionnement en céréales. Quant au guide d'entretien, il comportait trois volets et reprenait les thèmes du questionnaire.

Le premier volet : il a concerné les activités agricoles et est axé sur deux thèmes majeurs, les systèmes de cultures et les systèmes de production. L'accent mis sur ces deux thèmes s'explique par le fait qu'ils donnent une idée sur les performances des systèmes de production et les niveaux de satisfaction des besoins en céréales de la population. Leur évolution renseigne sur l'état de l'agriculture et les conditions alimentaires des ménages, mais aussi sur les contraintes (baisse des productions, épuisement des sols et exode rural) rencontrées par les ménages. Mieux, à travers les choix sur les espèces cultivées, leur agencement dans le temps et dans l'espace, ils informent sur la place, importante ou pas, de céréales sèches traditionnelles dans les systèmes alimentaires.

Le deuxième volet a concerné les systèmes alimentaires, les modes de consommation alimentaire et leurs rapports avec la production agricole (notamment les céréales) du ménage. L'idée poursuivie ici était d'étudier le processus de transformation des systèmes alimentaires traditionnels, mais aussi d'analyser les conséquences de politiques agricoles sur les systèmes alimentaires et les modes de consommation dans les zones rurales. Nous avons accordé une attention particulière au riz importé. L'objectif consistait surtout à analyser son impact sur la transformation des habitudes alimentaires en milieu rural, et comment il concurrence la production céréalière, en l'occurrence le riz irrigué.

Le troisième volet a concerné les contraintes rencontrées en milieu rural au Sénégal en matière de production agricole (céréales traditionnelles sèches, riz pluvial et riz irrigué), de commercialisation et de stockage, etc. C'est en abordant ce volet que nous nous sommes intéressés aux stratégies traditionnelles et récentes mises en œuvre par les paysans ou par les pouvoirs publics pour pallier les déficits céréaliers et l'insécurité alimentaire.

4. 2. Autres données utilisées et leur qualité

Les autres données utilisées dans ce travail constituent dans la plupart des cas des séries qui se déroulent au moins sur une trentaine d'années. Elles concernent :

- Les données agricoles (surfaces cultivées, production, rendements) selon les départements du Sénégal entre 1970 et 2003 ;
- Le recensement national de l'agriculture : Rapport général du recensement de l'agriculture pluviale, 1998/1999 ;
- Le recensement national de la population et de l'habitat de 1976 et 1988 ;
- L'enquête sénégalaise auprès des ménages (ESA M), 1994/1995 ;
- L'enquête sur les priorités (ESP), 1992 ;
- L'enquête sur la pauvreté urbaine dans l'agglomération dakaroise, 1996 ;
- L'enquête socio-économique dans le département de Thiès, 1995 ;
- Les importations nationales de riz brisé ;
- Les données pluviométriques ;
- La banque de données de la FAO, FAOSTAT.

Concernant la qualité des données, nous avons privilégié à chaque fois que cela était possible celles issues des institutions spécialisées. Il semblerait qu'à ce niveau, selon les institutions internationales, le Sénégal dispose de bases de données fiables. Les données démographiques et socio-économiques sont produites par l'agence nationale de la statistique et de la démographie (ANSD). Les données agricoles proviennent de la direction des statistiques agricoles. Cette démarche vise à éviter les données de « seconde main » d'autant plus que les institutions spécialisées dans ces domaines recourent à ces mêmes données issues des services nationaux. La qualité des données est attestée par les utilisateurs. Ainsi, pour ce qui est des données agricoles (mil, sorgho, arachide, riz, maïs et coton) leur fiabilité, sur le plan de la méthode de collecte et de la couverture spatiale, est reconnue par le CILSS, comme le démontrent (tableau 5) les indices synthétiques d'évaluation de la qualité des données par spéculation.

Tableau 5. Degré de couverture des données par type de cultures pour la période 1986-2000 au Sénégal

	Mil	Sorgho	Mais	Riz	Manioc	Arachide	Coton	Niébé -	Fonio	Patata douce	Oseille	Sésame	Tomate	Aubergine	Gombo	Pastèque
Nbre de départements	29	29	26	21	20	30	11	30	8	5	21	12	2	1	20	24
Nb. années	15	15	15	15	15	15	15	15	15	15	15	15	15	15	15	15
Degré de couverture Superficie (en %)	91	82	67	72	44	89	48	80	25	16	11	19	10	7	11	20
Degré de couverture Production (en %)	91	82	67	72	44	89	48	80	25	16	11	19	10	7	11	20
Moyenne (en %)	*91*	*82*	*67*	*72*	*44*	*89*	*48*	*80*	*25*	*16*	*11*	*19*	*10*	*7*	*11*	*20*

Source : Banque des données tabulaires du Système intégré de l'alerte précoce. AGRHYMET, CILSS, 2001

Partie 2. Les systèmes alimentaires : sémantique, présentation et analyse

Section I. Les systèmes alimentaires

L'alimentation dans ses dimensions, productions (agro-industrielle ou de subsistance) et stratégies, véhicule des enjeux à caractère économique, social et politique pour tous les pays du monde. Ces enjeux qui témoignent l'intérêt croissant de la question se manifestent tout à la fois dans l'évolution ou la transformation des modes de consommation, dans la recherche scientifique et dans la diversité de l'industrie agroalimentaire, mais également dans les variantes institutionnelles dont se dotent les Etats, les organisations internationales, ou les ONG, pour prendre en charge la question. Cette préoccupation partagée fait partie des sujets que la communauté internationale a tenté de maîtriser à travers la mise en place d'organisations de dimension planétaire, aux plans technique, politique et humanitaire. Si cette prise de conscience est louable, il convient néanmoins de souligner qu'elle résulte malheureusement des nombreux malheurs sociaux (famines, disettes, malnutrition, etc.) et des problèmes politiques qui ont jalonné l'évolution de l'humanité. Dans cette dynamique, on peut d'ailleurs le souligner pour le regretter, le déséquilibre qui s'installe de plus en plus entre l'agriculture et l'alimentation, et qui à terme pourrait créer la crise sociale la plus aiguë dans les prochaines décennies.

L'agriculture et l'alimentation sont donc des sujets essentiels et mobilisateurs dans la vie de toutes les sociétés. Cette importance s'apprécie dans les politiques nationales et internationales, mais elle parait ne pas avoir été suffisamment intégrée dans les études scientifiques. Certes, les sciences sociales se sont souvent intéressées à la question, mais elles ne l'ont fait que de façon parcellaire et partielle. Aucune branche n'en a fait un domaine d'étude spécifique comme l'espace l'est à la géographie, la société à la sociologie ou l'Etat à la science politique. Il faut attendre le XXe siècle, particulièrement après la Deuxième Guerre mondiale, pour que l'évolution de la pensée géographique s'ouvre sur la question. Elle le fera sous l'angle des rapports politiques et économiques entre les pays du tiers-monde et les pays développés, et plus tard sous l'angle des études de terroirs. Un certain nombre de géographes vont faire du sujet le point focal et le préalable au développement des pays du Sud. Avaient-ils raison ou avaient-ils tort ? Il est difficile de répondre. En revanche, en agissant sur la question, ils ont eu le mérite de poser une question essentielle et surtout de démontrer la complexité des liens entre agriculture et alimentation et d'attirer l'attention sur la fragilité des équilibres qui se sont ainsi créés.

1. L'agriculture et l'alimentation dans la pensée géographique

Pour les géographes, il est légitime de s'étonner qu'il n'existe pas une Géographe de l'alimentation vu le caractère « carrefour » de la discipline et la fertilité des déclinaisons[84] auxquelles elle conduit en matière de recherche. Si tel n'est pas le cas, on peut néanmoins se contenter de quelques brillantes contributions. En effet, lorsqu'on parcourt l'évolution de la science géographique, on remarque que la question de l'alimentation n'a pas été aussi absente. Quelques géographes ont en effet saisi assez tôt l'enjeu que représentait la question dans le « nouveau monde » issu de la Deuxième Guerre mondiale. Cette prise de conscience se retrouve distillée dans les différents courants de la géographie (régionale, rurale, politique, économique, etc.), qui ont intégré le sujet dans leur objet d'étude, que ce soit à l'échelle mondiale, régionale ou nationale. Parmi les plus connus, Santos[85], De Castro[86] et Sorre[87], peuvent être considérés comme des précurseurs de la « géographie alimentaire », même s'ils ont développé des approches différentes et parfois divergentes.

Sorre[88] a placé son propos dans le cadre de la Géographie humaine régionale[89]. Il a mis l'accent sur les conditions de la vie humaine et les facteurs qui participent à l'influence de celles-ci sur la terre. Partant de là, il a considéré que la géographie se doit dans son analyse des phénomènes (humains) de « prendre en compte la dimension écologique humaine et le problème de l'alimentation » qu'elle étudie. Mieux, il postule que « la géographie est en possession de méthodes souples et fécondes pour prendre une vue d'ensemble des rapports complexes et mouvants ». Sans qu'il le dise explicitement, on ressent chez Sorre cette idée que la géographie doit appréhender les phénomènes de façon systémique, et ce, dans leur « complexité ». De ce point de vue, on peut le

---

[84] Géographie économique, géographie de la population, géographie de la santé, géographie urbaine, géographie rurale, etc.

[85] Croissance démographique et consommation alimentaire dans les pays sous-développés : milieux géographiques et alimentation.

[86] Géographie de la faim.

[87] Les fondements biologiques de la géographie humaine. Le milieu vivant et l'alimentation humaine de l'homme.

[88] Op. cit.

[89] Cf. De La Blache : Principes de géographie humaine.

considérer comme le précurseur de la démarche systémique dans le domaine alimentaire. Il est intéressant de le souligner parce que cette approche sera remise au goût du jour par la Banque mondiale au début des années 90 quand elle préconise une prise en charge de la question alimentaire non plus par la seule production de céréales, mais par l'approche de la « sécurité alimentaire »[90]. Toutefois, en préconisant une approche systémique en géographie, Sorre se rapproche et diverge en même temps de Castro dont la réflexion dans la série d'ouvrages intitulée *Géographie de la faim* reconnaît la dimension globale (dimension écologique) de la question alimentaire, mais suggère une lecture politique d'inspiration socialiste, de rapports de classes, de domination et d'opposition Nord/Sud[91]. Ce faisant, Castro récuse les analyses géographiques qui ont privilégié les rapports écologiques « homme-nature » dans le domaine de l'alimentation. Classé le plus souvent dans la catégorie des auteurs de la géographie du développement, Castro tire son originalité par une analyse fondée sur les impacts d'une territorialité déséquilibrée (la surexploitation des ressources naturelles, la famine, l'exode), d'une forme d'alimentation dominante et ne néglige aucun facteur qu'il soit d'ordre politique, économique, écologique ou social[92].

A partir des années 50 et 60, l'alimentation se retrouve au cœur des préoccupations des responsables politiques notamment en Europe et en Asie. A leur tour, les géographes s'emparent à nouveau du sujet et conçoivent de nouvelles approches. Successivement, seront développées trois approches en fonction des courants dominants de la pensée géographique : l'approche tropicaliste développée par l'école de la géographie rurale, l'approche culturelle par l'école de la géographie humaine et l'approche par filière par l'école économique. Un tel foisonnement de méthodes et de concepts est à la mesure de

---

[90] Nous reviendrons plus loin sur la notion de sécurité alimentaire et ses implications.

[91] Sur les pays occidentaux industrialisés, Castro (1949) dira que « La science et la technique occidentales, orgueilleuses de leurs brillantes conquêtes dans le domaine des forces naturelles, auraient été fort humiliés s'il leur avait fallu confesser ouvertement leur échec presque total quant à l'amélioration des conditions de vie humaine sur notre planète. Leur silence réticent les rendit, consciemment ou non, complices des intérêts politiques qui avaient pour but de cacher la véritable situation d'énormes masses humaines que l'étau de fer de la faim enserrait en permanence ».

[92] Castro professe la méthode géographique pour étudier le problème alimentaire mondial. Selon lui : « la plupart des études scientifiques qui s'attachent à ce sujet se bornent à examiner l'un de ses aspects seulement, projetant ainsi une vision unilatérale sur les problèmes d'ordre général...c'est cet état de choses qui nous poussé à examiner le problème sous un angle différent et d'un point de vue plus distant, qui nous permettrait d'obtenir une vision plus étendue...voilà pourquoi nous baserons notre étude sur la méthode géographique. Selon nous, c'est la seule méthode qui permet d'étudier le problème de la faim dans toute sa réalité... il ne s'agit pas de la méthode descriptive de l'ancienne géographie, mais bien de la méthode interprétative de la science géographique moderne (Ritter, Humboldt, Vidal De La Blache, etc.) ».

l'intérêt que les géographes accordent au sujet et à sa place centrale dans la société moderne industrielle. Dans le fond, si l'on observe les régions de déploiement et les thématiques abordées, on se rend compte qu'elles s'intègrent bien dans les politiques et les stratégies mises en œuvre ici et là pour répondre à la demande alimentaire. De ce point de vue, elles sont un véritable baromètre pour saisir la perception et la représentation, qui ne sont pas identiques selon les continents et les pays, que les populations et les pouvoirs politiques et économiques ont avec l'alimentation.

La géographie rurale en soumettant l'approche tropicaliste pour comprendre les problèmes alimentaires dans les pays du Sud, appelle à l'analyse du milieu, à l'étude des rapports entre les hommes et leur milieu naturel. Il s'agit d'une approche assez déterministe qui fait du milieu naturel (sols, climat, hydrographie, etc.) une contrainte ou une potentialité selon les aptitudes de la population et qui considère que l'agriculture représente l'activité dominante du système alimentaire. Dans les pays où encore cette forme d'agriculture est en vigueur, on estime que l'autosuffisance alimentaire est la condition mère du développement économique et social.

Développée dans les années 60, l'approche tropicaliste, en se préoccupant d'établir une typologie des ressources[93] en fonction des aptitudes et des contraintes pour l'activité agricole dans une région donnée, au service d'une population, a véhiculé de façon sous-jacente l'idée des limites qui existeraient et qui rendraient contraignante l'utilisation de ces mêmes ressources. Cette idée est actuellement intensément reprise dans les milieux écologistes. Poussée plus loin, elle suggérerait la fin de l'agriculture sous sa forme classique, et avec elle celle de l'alimentation basée sur l'agriculture. Mais, Raffestin (1980)[94] éloigne un tel scénario lorsqu'il dit que ces ressources qui sont supposées « finies » un jour sont en fait des « ressources renouvelables qui nécessitent de la part de l'homme une gestion précise et correctement régulée pour que fonctionnent les écosystèmes agricoles ».

La complexification de l'alimentation et des modes de consommation conduit donc la science géographique à s'intéresser non plus aux produits alimentaires

[93] Précisons que la notion de ressource en agriculture dans les sens dont l'entendent les tropicalistes est assez discutée. Les développements les plus récents sur la notion sont de Claude Raffestin (1980) qui préfère à la place des ressources parler de « facteurs » ou de « ressources renouvelables s'agissant du sol et de l'eau ». Il démontre que : « les ressources ne préexistent pas aux sociétés, elles ne sont pas naturelles, car leurs propriétés sont inventées par les sociétés et variables dans temps, selon les valeurs d'usage et d'échange que les sociétés leur attribuent ».

[94] Pour une géographie du pouvoir.

en tant qu'objets spatiaux, mais aux informations et aux énergies par lesquelles les formes d'alimentation se construisent à travers le monde. On peut dire que l'approche géographique s'est tertiarisée parce qu'elle ne se focalise plus sur les objets (productions) qui faisaient la diversité des régimes alimentaires. En agissant de la sorte, la géographie pose l'alimentation comme un objet socio-spatial d'étude qu'il faut relier à un territoire et qui ainsi se transforme en fonction des dynamiques sociales[95]. Dans cette perspective, la pratique agricole et alimentaire, en tant que forme de régulation pour satisfaire la demande de la population, devient le produit des rapports socio-économiques qui se déroulent dans un territoire. Donc, pour l'étudier, la géographie s'affranchit de ses outils classiques et s'ouvre aux éléments sociaux, culturels et historiques qui influent sur une population et qui la conduisent à préférer et à organiser sa consommation alimentaire d'une façon et d'une autre. Cette façon d'appréhender l'alimentation s'intègre dans ce qu'on désigne par la géographie de la représentation et de la perception. Il s'agit d'une approche culturaliste de l'alimentation qui a utilisé des méthodes quantitative et qualitative de recherches, méthodes empruntées à d'autres disciplines comme les statistiques, la sociologie et la psychologie.

Autre vision de la géographie de l'alimentation, c'est l'approche par filière. Développée par la géographie économique, elle s'intéresse davantage à l'accroissement de la production agricole et à l'efficacité de la production de l'agro-industrie. Elle dépasse ou réduit les approches initiées par la géographie rurale et par la géographie humaine. Elle considère l'alimentation comme un objectif économique, un marché qu'il faut réaliser ou atteindre grâce au développement d'une ou de plusieurs filières du secteur agricole en s'appuyant sur les avancées technico-scientifiques. C'est une vision qui tend à spécialiser l'agriculture, dont le développement a abouti dans beaucoup de pays à l'uniformisation de l'alimentation et des modes de consommation. Les tenants de cette approche perçoivent le monde comme un grand territoire qui est fait d'échanges et de commerces, et au sein duquel l'agriculture représente un secteur économique avec ses filières et sous-filières au même titre que l'industrie et les services.

[95] Une telle approche voudrait que l'alimentation soit un fait culturel et de civilisation spécifique à un territoire, à une population donnée. Ainsi, elle a contribué à conforter un certain discours qui consiste à défendre les habitudes alimentaires et à dénoncer l'acculturation alimentaire. Cette vision statique de l'alimentation est inacceptable à nos yeux, car elle refuse la redistribution des disponibilités alimentaires vers les zones déficitaires sous prétexte qu'il faut promouvoir des solutions endogènes, cohérentes, par rapport aux héritages culturels et sociaux des populations des dites zones.

Dans tous les cas, de nos jours, quelle que soit l'approche préconisée, il est extrêmement difficile de réduire l'étude de la question alimentaire et ses rapports à l'agriculture à une seule grille de lecture. Les différents angles d'analyse que la géographie propose, sans compter celles des autres disciplines, témoignent le caractère complexe et global du sujet. Probablement, c'est cette difficulté à cerner le sujet dans sa pluridisciplinarité et dans la diversité de ses impacts qui a fait évoluer la notion de l'alimentation à celles de systèmes alimentaires et de politiques alimentaires.

2. Politiques alimentaires et systèmes alimentaires

Quel sens faudrait-il donner aux systèmes alimentaires ? A quelle échelle spatiale faudrait-il les définir ? Jusqu'à quelle taille démographique et quel niveau de consommation d'un ou de plusieurs produits par une société peut-on considérer qu'un système alimentaire existe réellement ou n'existe pas ? Peut-on définir le système alimentaire par les aliments qui le composent ? Difficile d'apporter une réponse définitive et affirmative parce que les systèmes alimentaires n'ont jamais été posés ainsi, même si l'expression est usitée couramment depuis la fin de la Deuxième Guerre. Sorre[96] aurait aujourd'hui, probablement, après avoir établi en 1943 sa typologie des régimes alimentaires régionaux, identifié les systèmes alimentaires dominants si le problème était d'actualité. A la place, ce sont pour la plupart du temps des auteurs engagés comme George[97], Ziegler[98], Lacoste[99] et Pisani[100], qui ont tenté d'expliquer les systèmes alimentaires mondiaux. Ses auteurs ont compris que si de nos jours l'alimentation d'un grand nombre de population ou de pays passe par un seul pays, cette position dominante entraînait un déséquilibre dans l'approvisionnement alimentaire des pays dépendants et conférait une influence économique et culturelle aux pays dominateurs.

La mondialisation des produits alimentaires et des modes de consommation donne aux systèmes alimentaires qui les véhiculent un sens de pouvoir et de moteur d'expansion économique aux pays qui en sont les porteurs. A cet effet,

---

[96] Les fondements biologiques de la géographie humaine.
[97] Comment meurt l'autre moitié du monde ?
[98] La faim dans le monde expliqué à mon fils.
Main basse sur l'Afrique.
Le droit à l'alimentation.
[99] Unité et diversité du Tiers-monde : des représentations planétaires aux stratégies sur le terrain.
[100] La sécurité alimentaire à l'échelle mondiale.

Raffestin (1980)[101] a montré comment le contrôle et la gestion de vastes quantités des ressources alimentaires pouvaient constituer les fondements d'un pouvoir fabuleux. Comme exemple, il cite (p. 234) : « la position quasi monopolistique des Etats-Unis sur le marché céréalier comme étant l'instrument de pouvoir d'une très grande efficacité dans la sphère de domination américaine ; ce d'autant que les marchés gagnés en préparent d'autres pour des produits industriels. Les systèmes alimentaires ont alors une vocation internationale ».

Ainsi expliquée, l'alimentation apparaît comme un outil qui est mis au service des autres secteurs de l'économie ou à la politique. Elle n'est plus cantonnée à satisfaire des besoins biologiques, elle participe plus d'une politique économique de domination plurisectorielle. Et à cet effet, elle est source de « relations dissymétriques »[102] entre les pays exportateurs et les pays importateurs comme du reste l'ont été et le sont encore les matières premières dans quelques pays du Sud. Pire encore, elle engendre une fragilisation des territoires dominés en enlevant aux populations locales, acculturées au plan alimentaire, les raisons de développer leur agriculture traditionnelle de subsistance[103]. Du coup, elle fait disparaître le lien séculaire entre l'agriculture, l'alimentation et le terroir, un lien fondamental pour la durabilité des territoires. A supposer que ce scénario se réalise, il reviendra donc au pays du Sud de réinventer d'autres systèmes alimentaires, car jusque-là les leurs étaient naturellement intégrés dans des politiques agricoles contestables.

Au final, quel que soit le versant sémantique qu'on voudrait privilégier, les systèmes alimentaires indiquent comment un pays ou un groupe de personnes s'organise pour se nourrir. C'est donc une stratégie locale, régionale ou nationale qui peut ou non concerner l'ensemble des activités qui participent à l'alimentation de la population. Dans ce sens, le système alimentaire se confond avec la politique alimentaire[104] dont un pays se dote pour nourrir sa population.

---

[101] Op. cit.

[102] Raffestin, op. cit.

[103] cf. les systèmes alimentaires milicoles de transition.

[104] L'interprétation de la notion de politique alimentaire s'est beaucoup modifiée au cours des années. Elle est passée de l'expression générique « produits alimentaires » qui désignait les produits finis utilisés pour s'alimenter à celle des « produits alimentaires de base » qui désigne les produits agricoles plus ou moins universellement reconnus essentiels à l'alimentation des populations dans le monde. A partir de là, c'est la dimension planétaire de l'alimentation qui est mise en évidence par les organisations internationales. C'est dans ce sens qu'il faut comprendre qu'au début des années 80, l'OCDE mette l'accent sur les dimensions purement économiques de la politique alimentaire en considérant celle-ci comme une stratégie qui envisage globalement le secteur agro-alimentaire et les mesures s'y rapportant en les plaçant dans une vaste perspective

De ce point de vue, on peut considérer qu'un système alimentaire existe dès l'instant qu'une politique alimentaire se présente avec les dimensions suivantes :

- d'abord, elle a une envergure spatiale et est inscrite dans un système économique, national, régional ou planétaire ;
- ensuite, elle englobe plusieurs activités, dont une ou quelques-unes sont dominantes et se rapportent directement ou indirectement à la consommation de la population ;
- et enfin, elle peut se reproduire grâce aux relations qui la relient avec les autres sphères économiques.

A travers ces trois dimensions, on comprend l'acharnement pays développés, en l'occurrence ceux de l'OCDE, pour la défense de systèmes qui vont d'abord dans le sens de leurs intérêts économiques. Aujourd'hui, les exportations (figure 3 et 4) ont atteint des quantités tellement importantes qu'elles ont besoin d'un système alimentaire de plus en plus homogène, mondialisé ou régionalisé, et moins des systèmes alimentaires locaux.

Figure 3. Evolution en pourcentage des exportations de produits agro-alimentaires par des pays de l'OCDE

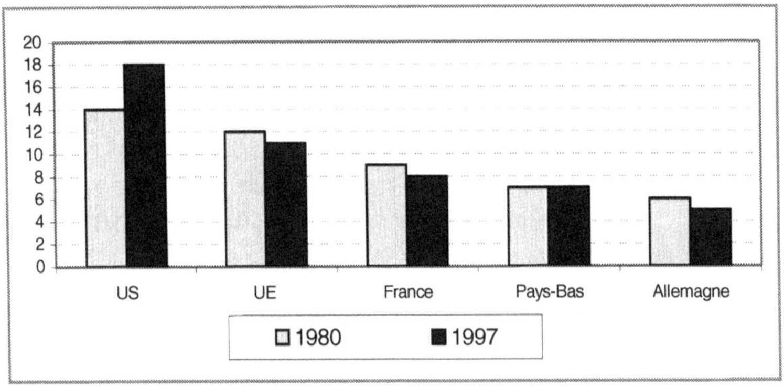

économique et politique. L'organisation estime aussi que lors de l'élaboration d'une politique alimentaire il est nécessaire de dépasser les considérations immédiates pour adopter une optique à moyen terme et qu'il vaut mieux éviter de recourir à des mesures ponctuelles, de portée limitée, essentiellement destinées à résoudre des crises à court terme.

Figure 4. Répartition en pourcentage des importations de produits agroalimentaires dans le monde

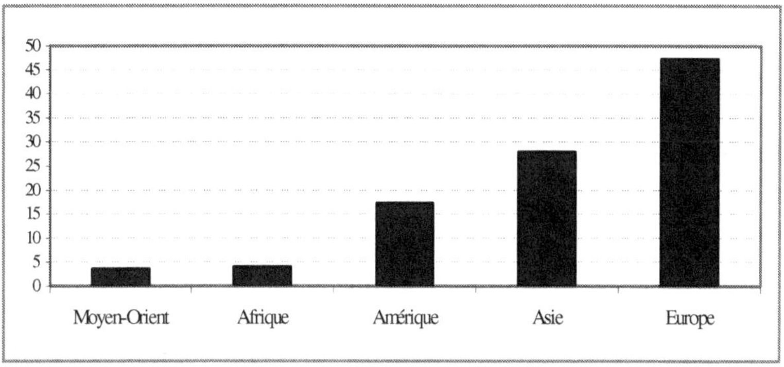

Figure 5. Les flux mondiaux de l'aide alimentaire (Source : adaptée de Erard et Mounier, 1984)

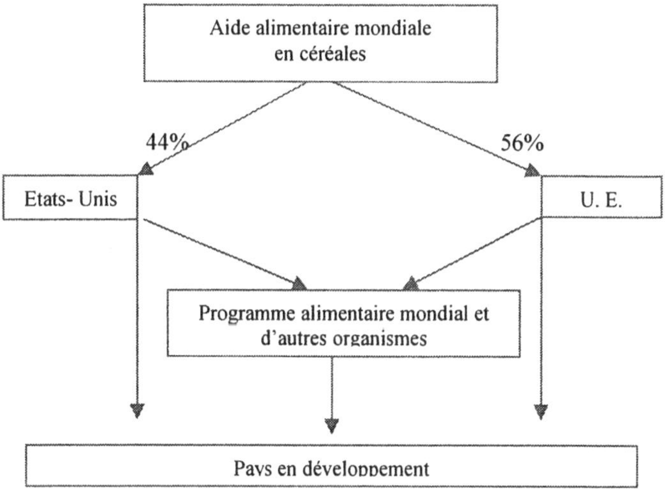

Les systèmes alimentaires sont donc un outil de domination aux mains des pouvoirs politiques des pays développés (figure 5). Ces derniers, par ce moyen, transforment et reterritorialisent, économiquement et culturellement, les pays du

Sud dans le but de répondre à des besoins extérieurs aux zones de production. Cette dissymétrie des rapports entre le Nord et le Sud ressemble à une version moderne de la politique canonnière des vieux pays colonialistes (Raffestin, 1980). D'ailleurs, Churchill ne s'y trompait pas. Cité par Erard et Mounier (1984), il disait en 1941 que l'importation de produits alimentaires dans les territoires allemands occupés était un faux humanisme et que le résultat de tels agissements ne pouvait aboutir qu'au prolongement de la guerre et à l'aggravation de la misère humaine.

A l'intérieur des pays du Sud, mais également entre les pays du Sud, il est arrivé que les produits alimentaires soient utilisés par des gouvernements pour imposer leur pouvoir. C'est par exemple le cas au Mali en 1993 lorsque le gouvernement, en conflit avec les rebelles touaregs, décida de bloquer l'aide alimentaire internationale destinée aux populations sinistrées de la région. Mais plus récemment encore, on a vu le gouvernement du Soudan interdire aux ONG d'acheminer de l'aide alimentaire aux populations dites rebelles du Darfour.

L'autre dimension, c'est la place qui est acquise par les organisations internationales dans l'expansion des systèmes alimentaires[105]. Ces dernières appréhendent l'alimentation en termes de droit humain fondamental. Une position qui leur permet de mettre en place des mécanismes transnationaux de diffusion des produits alimentaires de base sous forme de programmes d'aide ou de programmes d'urgence. Sans qu'on puisse leur imputer la responsabilité entière, elles ont néanmoins servi à entretenir l'agriculture productiviste des pays du Nord, à créer des habitudes alimentaires et à consolider la dépendance du Sud au Nord. D'ailleurs, ce n'est pas peut-être fortuit que la vulgarisation de l'approche sécurité alimentaire soit davantage le fait des organismes internationaux de développement du Nord comme la Banque mondiale et les Nations Unies à travers la FAO et le PAM qu'une initiative des pays du Sud.

L'évolution de la notion de politique alimentaire à celle de système alimentaire se traduit par un rapprochement des modes de production et de consommation. C'est ainsi qu'au niveau des pays de l'OCDE et des pays d'Amérique du Nord, l'homogénéisation des modes de consommation et le confiage de la production

---

[105] Au cours des années 60, la Banque Mondiale et des Fondations Privées, Rockefeller et Ford, ont mis l'accent sur la nécessité de financer la recherche agricole dans les pays du Sud. Plusieurs centres de recherches internationaux ont été créés, parmi eux : l'Institut international de recherche sur le riz (IIRI en 1959), et le Centre pour l'amélioration du maïs et du blé au Mexique en 1963. Ces instituts ont élaboré de nouvelles variétés de céréales à haut rendement qui devaient assurer les besoins alimentaires croissants des pays du Sud du fait de la démographie galopante et les faire décoller au plan industriel.

d'aliments à l'agriculture productiviste et à l'industrie agroalimentaire ont conduit à l'effacement des systèmes alimentaires locaux d'antan et à l'uniformisation des modes de consommation des zones urbaine et rurale. En revanche, au niveau des pays du Sud, plus particulièrement en Afrique subsaharienne, le phénomène est beaucoup plus complexe. Les systèmes alimentaires traditionnels locaux n'ont pas toujours disparu, mais la diffusion des modes et des produits de consommation de types occidentaux tend à créer des systèmes alimentaires déséquilibrés[106]. Déjà, on observe la coexistence et le mélange de différents modes de consommation au détriment de la promotion locale.

L'emprise des systèmes alimentaires dominants est telle que dans certains pays du Sud, dont le Sénégal est un exemple, il est difficile de parler de l'existence d'une politique alimentaire au sens dont l'entend l'OCDE. En fait, dans ce pays, il existe surtout des stratégies d'approvisionnement qui sont reconduites, transformées, réajustées une année sur l'autre en fonction des aléas climatiques, mais surtout en fonction du marché international. C'est pourquoi chaque année, le gouvernement réunit les professionnels du riz lors d'un comité interministériel pour fixer avec eux les quotas d'importation de riz nécessaires à la consommation du pays. Ainsi, il s'assure de l'approvisionnement régulier des ménages urbains, tandis que pour ce qui est du milieu rural, la stratégie consiste à laisser les paysans s'adonner à leurs cultures vivrières traditionnelles et durant la phase de soudure ou de pénuries, faire appel à des mécanismes d'urgence.

3. Les systèmes alimentaires au fil des années

Les systèmes alimentaires mondiaux, ou mondialisés témoignent le résultat d'un long processus de transformation des ressources naturelles. Un bref aperçu historique permet d'en différencier trois principales phases : d'abord, la phase préagricole durant laquelle les systèmes alimentaires correspondaient à des systèmes de prélèvements des ressources naturelles, cueillette, chasse et pêche. Ensuite, il y a la phase agricole, qui remonte à 10 000 ans avant notre ère et qui marque une évolution humaine notable, en ce qu'elle est le début de la production comme stratégie alimentaire. C'est au cours de cette phase qu'ont commencé les changements des rapports entre l'homme et la nature. Et enfin, il y a la phase agro-industrielle. Elle a démarré avec les révolutions scientifiques et industrielles du XVIIIe et du XIXe siècle et se poursuit encore aujourd'hui. Elle marque la fin du système alimentaire apparu sous l'âge agricole, en ayant

[106] Cf. chapitre sur les systèmes alimentaires dans les centres urbains.

notamment contribué à accroître les variétés et les productions agricoles, et à améliorer la productivité des semences. Au cours de cette période, les produits agricoles sont insérés dans un processus économique et dans certains cas ils sont considérés comme des matières premières destinées à la transformation. Ainsi se sont créés des réseaux et des systèmes de relations entre l'industrie, l'agriculture et les gouvernants dans le but de subvenir aux besoins des uns et des autres, mais également de répondre aux besoins en alimentation de la population.

La consommation qui est vécue actuellement a été inaugurée par la révolution industrielle grâce d'une part à la mise en place d'un système agroalimentaire mondial et d'autre part à la quasi-disparition de l'autoconsommation du fait de la réduction des masses rurales, de la généralisation du revenu monétaire et en même temps de la transformation des cultures traditionnelles vivrières. C'est dans cet élan qu'à partir des années 50, le système agroalimentaire américain s'affirme comme un des principaux modèles alimentaires à vocation planétaire. Trois facteurs vont faciliter son exportation et son expansion. Premièrement, il y a l'état économique de la période postguerre de l'Europe qui a permis une facile duplication du modèle agricole américain. Deuxièmement, c'est l'alignement de l'agriculture sur le système de production industrielle et la création de conglomérats agroalimentaires utilisant tous les secteurs de l'économie. Et troisièmement, c'est la « Révolution verte » dans les pays du Sud, en Asie, au Moyen-Orient, en Amérique latine et en Afrique. De nos jours, l'exportation du modèle agroalimentaire américain se fait grâce à une position d'avant-garde des Etats-Unis au plan scientifique (organismes génétiques modifiés, la bio-alimentation) et de la communication alimentaire.

Section II. Les systèmes alimentaires au Sénégal

Avant d'aborder les systèmes alimentaires sénégalais, il est nécessaire de préciser quelques notions très souvent utilisées et dont l'évidence apparente de leur signification cache quelques confusions. Ces notions sont au nombre de trois : l'autosuffisance alimentaire, la sécurité alimentaire et l'auto-approvisionnement. Apparues à des périodes distinctes, les deux premières notions témoignent la recherche constante à travers le monde pour trouver une solution à la consommation alimentaire. Leur évolution sémantique révèle une volonté de prendre en compte d'autres dimensions, plus économiques et politiques.

1. Evolution sémantique et stratégique

1. 1. La notion d'autosuffisance alimentaire

La définition communément admise considère qu'un pays est autosuffisant lorsque les besoins alimentaires de sa population sont satisfaits par les approvisionnements nationaux. C'est pourquoi, pendant très longtemps, l'agriculture a été considérée comme le secteur d'activité par lequel l'objectif d'autosuffisance pouvait se réaliser, d'où la notion d'agriculture de subsistance[107] ou d'agriculture vivrière. Jusqu'à la fin des années 80, le concept d'autosuffisance alimentaire, qui prolongeait plus ou moins celui du développement autocentré, fut le concept dominant dans les différentes politiques agricoles mises en œuvre au Sénégal.

Il est vrai que, dans l'évolution des systèmes alimentaires, traditionnellement la fonction de l'agriculture était seulement de nourrir la population. Cette perception est restée ancrée dans les esprits et selon Santos (1967, p.163) « elle serait à l'origine de beaucoup de confusions dans les régions sous-développées entre des expressions comme milieu fermé et agriculture de subsistance, économie fermée et économie de subsistance ». De son point de vue, « l'agriculture de subsistance est une activité agricole spécifique ». Et que, plus qu'une perception, « elle correspond à un niveau de développement et traduis

[107] Santos, op. cit.

les capacités techniques d'une société à utiliser ou à s'affranchir de son environnement pour se nourrir ».

Ainsi passé le stade agricole des systèmes alimentaires, stade durant lequel l'autosuffisance était presque l'objectif naturel de l'agriculture, la notion revient en force à partir du XIXe dans les pays industrialisés pour servir de stratégie de développement aux autres secteurs de l'économie. En 1957, dans le cadre de la reconstruction, les pays européens membres du Marché Commun inscrivent l'autosuffisance alimentaire parmi leurs premiers objectifs à atteindre, et un peu plus tard ils adoptent la Politique agricole commune (PAC) sans compter la dimension agroalimentaire du plan Marshall. La Chine de Mao fera de même ainsi qu'un bon nombre des pays du Sud. Cette conception progressiste de l'autosuffisance alimentaire qui est axée sur l'idée que la nature doit être transformée et adaptée aux besoins des populations, s'inspire des stratégies agroalimentaires et industrielles développées avec succès par les Américains sur un arrière plan idéologique[108].

Avec le recul, on se rend compte qu'il y a eu deux façons de faire pour réaliser l'autosuffisance alimentaire. Dans un premier temps, il y a eu l'agriculture d'autosubsistance de terroir et dans un deuxième temps, il y a eu l'agriculture moderne productiviste sur de grands espaces. Cette dernière forme d'agriculture s'est répandue dans de nombreux pays. A travers les exportations, elle a répandu sa production dans les pays à agriculture de rente (faisant disparaître ces derniers), entraînant la marginalisation ou l'abandon pur et simple des agricultures vivrières locales qui y étaient pratiquées auparavant. Malgré ses performances et sa contribution à l'accroissement des disponibilités alimentaires mondiales, l'agriculture productiviste n'en a pas résolu pour autant le problème alimentaire au niveau planétaire. Mieux, les expériences de la révolution verte dans les années 60 et 70 ont démonté que l'accroissement de la production agricole n'est pas une condition suffisante pour réaliser l'autosuffisance alimentaire dans un pays. Il y a eu de véritables paradoxes dans des pays comme l'Inde, l'Ethiopie ou le Brésil. Par exemple, la FAO estime que la production agroalimentaire dépasse de 25 % les besoins en nourriture de la population totale, mais en même temps 10 % de cette population est en situation de sous-nutrition (encadré ci-dessous).

[108] En référence aux visions taylorienne et fordiste, les pays du Marché Commun, notamment la France, se lancent dans une politique d'intensification de la production agricole céréalière pour l'importation et l'appui du processus d'industrialisation.

L'autosuffisance nationale en produits de base contribue-t-elle à la sécurité alimentaire ?

L'autosuffisance nationale en aliments de base n'est pas nécessairement favorable à la sécurité alimentaire. L'Inde est parvenue à cette autosuffisance et cela n'empêche qu'il y subsiste une malnutrition massive : l'autosuffisance a été obtenue non seulement grâce au fait que la révolution verte a permis d'accroître les rendements et la production du riz et du blé, mais aussi grâce à la persistance d'une pauvreté importante, quoiqu'en déclin. C'est en partie parce que les pauvres ne peuvent pas acheter suffisamment d'aliments de base, c'est-à-dire à cause de l'insuffisance de la sécurité alimentaire des ménages, que la production vivrière est « suffisante».

Lorsqu'ils se développent, de nombreux pays abandonnent progressivement la production vivrière pour exploiter leur avantage comparatif dans le secteur des cultures de rente ou dans la production industrielle, qui permettent d'exporter pour acheter davantage de nourriture. Si, comme c'est le cas en Malaisie, ces exportations accroissent le revenu salarié des pauvres, la diminution du taux d'autosuffisance peut améliorer la sécurité alimentaire des familles. En Amérique latine et dans les Caraïbes, les importations d'aliments de base ne représentaient que 0,9 % du commerce mondial de ces produits en 1962-1970 et cette proportion est montée jusqu'à 5,7 % en 1989-1997, parallèlement à de grands progrès en matière de nutrition. En revanche, l'évolution similaire observée durant la même période en Afrique subsaharienne (de 2,7 à 4,7 %) ne s'est pas accompagnée de progrès comparables, car peu des pays concernés ont réussi à accroître notablement l'emploi dans les secteurs autres que la production vivrière et leurs exportations, et en conséquence la capacité du pays ou des particuliers d'acheter des aliments de base importés ne s'est guère améliorée.

Dans le processus de développement, l'évolution du degré d'autosuffisance en aliments de base passe généralement par deux phases. Dans la première phase, les importations nettes de ces aliments diminuent, car la production nationale augmente et est absorbée par la population, dont l'état nutritionnel s'améliore en conséquence. Dans la deuxième phase, les importations nettes augmentent, car lorsque le pays atteint un stade de développement plus avancé, les travailleurs quittent l'agriculture et la consommation alimentaire évolue (à mesure que la population est mieux nourrie et moins pauvre) au profit des produits animaux, dont la production nécessite deux à six fois plus de céréales par 1 000 calories de consommation humaine, que la consommation directe de céréales ou de pain. En Extrême-Orient, le déficit est tombé de 8,4 % dans la première phase (1962-1970) à 4,7 pour cent en 1983-1988. Dans la deuxième phase, il est remonté jusqu'à 10,3 % en 1995-1997. Durant les deux phases, la malnutrition a beaucoup reculé. Dans ces conditions, il faut se demander si l'accroissement du taux d'autosuffisance pour les aliments de base est un moyen efficient d'améliorer la sécurité alimentaire des familles.

Source : www.fao.org/docrep/x4400f/x4400f11.htm#p1471_100096

En Afrique subsaharienne, l'autosuffisance alimentaire complète n'a jamais été réalisée même dans les pays qui sont les mieux dotés en ressources naturelles. Des situations contrastées ont accrédité l'idée assez répandue auprès des organismes internationaux (FAO, Banque mondiale) que le principe de l'autosuffisance alimentaire complète ne doit pas être un objectif à atteindre pour tous les pays, car ce sont les spécificités agro-écologiques et politico-économiques qui doivent commander le niveau d'autosuffisance que chaque pays devrait tenter de réaliser (Azoulay et Dillon, 1993). C'est en tenant compte de toutes ces contraintes que beaucoup de pays ont considéré que l'objectif de l'autosuffisance n'est pas suffisamment opérant pour résoudre leurs problèmes alimentaires, et que par conséquent il était nécessaire de lui adjoindre la notion de sécurité alimentaire. Il s'agit là d'une autre façon de répondre à la demande de consommation, notamment en l'intégrant dans une stratégie de sécurité alimentaire et nutritionnelle, elle-même faisant partie d'une stratégie agricole et plus globalement d'une stratégie de développement. L'autosuffisance ne peut être écartée, mais elle doit être incluse au sein d'une stratégie alimentaire globale et donc modulée suivant les conditions agroclimatiques, les structures socio-économiques de la production et les différentes filières de production (Azoulay et Dillon, 1993).

1.2. La sécurité alimentaire : une solution par l'altérité

L'expression « sécurité alimentaire » a commencé à entrer dans le langage courant au lendemain de la Première Guerre après que, au niveau des Etats, le contrôle des ressources naturelles équivalait à un contrôle du pouvoir. L'alimentation qui était jusque-là perçue comme un produit agricole, voire industriel, devenait un moyen de domination, une arme « soft » que des pays utilisent dans les relations internationales. C'est à cette époque que l'alimentation a acquis une signification de sécurité nationale, impliquant au niveau des pays la constitution de stocks d'aliments dits stocks stratégiques et de sécurité et, mais aussi la mise en place de politiques de soutien à l'agriculture. A ses débuts, la sécurité alimentaire suggérait la préservation des souverainetés nationales en matière alimentaire, d'où son rapprochement avec les principes qui commandent l'autosuffisance alimentaire. Cette vision faisait de l'agriculture et de la production les deux piliers de la sécurité alimentaire.

Quelques années plus tard, force est de constater que le concept a beaucoup évolué que de nos jours, la sécurité alimentaire en Afrique fait penser forcément à la FAO, à la Banque mondiale, ou encore au marché. En effet, ces deux institutions ont développé des approches assez similaires pour faire face aux problèmes alimentaires rencontrés en Afrique. C'est ainsi qu'au niveau de la FAO (1983), on considère que la sécurité alimentaire existe dans un pays « lorsque tous les êtres humains ont, à tout moment et en tous lieux, un accès physique et économique à une nourriture suffisante, saine et nutritive pour mener une vie saine et active »[109].

Quant à la Banque mondiale (1986), elle définit la sécurité alimentaire comme étant « l'accès de tous les individus à tous les moments à suffisamment de

[109] Rapport général sur la sécurité alimentaire mondiale.

nourriture pour mener une vie saine et active »[110]. Ces deux définitions sont à la fois proches et complémentaires. Elles mettent l'accent sur l'offre de produits alimentaires (figure 6), sur les capacités financières des populations à les acheter et sur la disponibilité de ces produits sur le marché.

Figure 6. Les composantes de la sécurité alimentaire au niveau des ménages

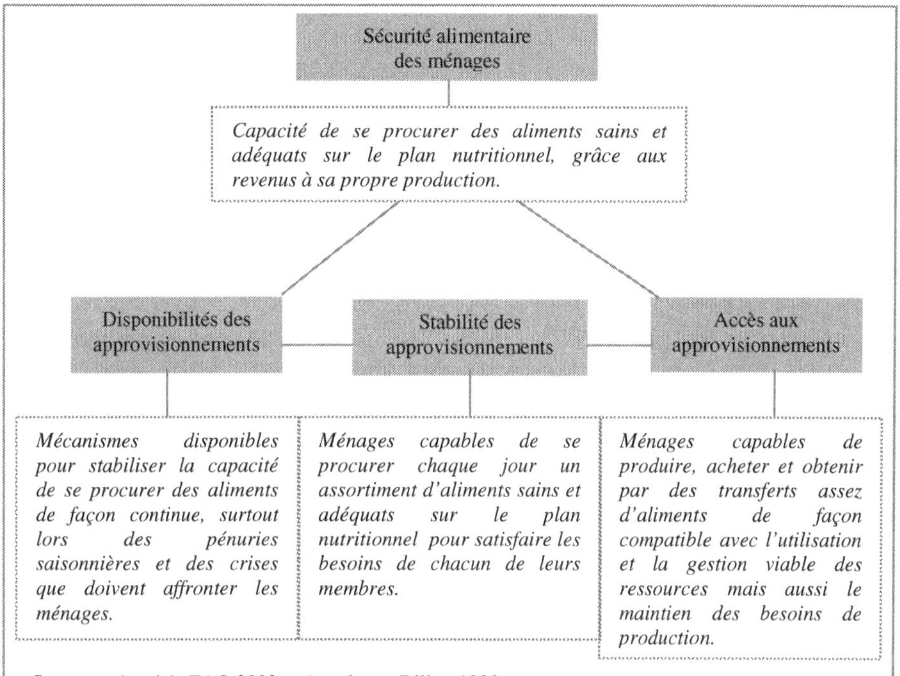

Source : adapté de FAO 2002 et Azoulay et Dillon 1993

La perspective qui consistait à fonder les stratégies alimentaires non plus sur l'augmentation de la production céréalière dans chaque pays, mais sur l'amélioration des revenus des paysans, convergeait parfaitement avec les principes fondamentaux des politiques d'ajustement structurel qui commençaient à se mettre en place à cette époque dans beaucoup de pays de l'Afrique subsaharienne. Ce n'est pas un hasard si « certaines dimensions du concept de sécurité alimentaire s'intégraient parfaitement dans le paradigme de

110 La pauvreté et la faim, la sécurité alimentaire dans les pays en développement : problèmes et options.

l'ajustement et autorisent cette adéquation » (Azoulay et Dillon, 1993)[111]. Pour ces deux auteurs, appliquée en Afrique, « la place accordée aux importations commerciales et à l'aide alimentaire dans les disponibilités alimentaires correspondait aux politiques de libéralisation du commerce extérieur, au processus d'intégration croissant dans le commerce international et à la spécialisation internationale dans les productions traditionnelles d'exportation proposée aux pays d'Afrique subsaharienne par le FMI et la Banque mondiale »[112]. La sécurité alimentaire semblait alors parfaitement adaptée au contexte macro-économique, et par conséquent elle s'insérait assez bien dans cette orientation économique libérale. Elle marque ainsi l'émergence au niveau international d'une nouvelle approche face aux multiples problèmes qui sont posés par l'alimentation mondiale. Cette approche globale et planétaire du fait alimentaire est une approche humaniste dans sa définition. Elle se fonde sur le droit à la nourriture pour tous, mais demeure en cohérence parfaite avec la logique du marché ouvert selon lequel les principes de base sont la disponibilité des produits et les échanges qui en découlent.

Cette conception qui privilégie le commerce planétaire des produits alimentaires est apparue seulement à la fin des années 70, à la suite de plusieurs échecs. C'est en 1974, à la conférence mondiale sur la sécurité alimentaire, au moment où les stocks mondiaux de produits agroalimentaires étaient insuffisants à cause des pertes de récoltes dans de grands pays producteurs, l'idée qu'une alimentation humaine appropriée dépendait de la production agricole était acceptée par tous. Ce qui signifiait pour la communauté internationale que les fléaux liés à la faim et à la malnutrition dans le monde allaient disparaître grâce à une augmentation significative de la production agricole mondiale. A la fin des années 70, la production agricole mondiale s'était considérablement redressée sans pour autant que les problèmes alimentaires (faim, pénurie, soudure, etc.) ne disparaissent. Au contraire, ils continuent à atteindre des proportions importantes et inquiétantes comme lors de la famine dans le Sahel et plus récemment au Niger. C'est donc la persistance de ces problèmes qui a convaincu la communauté internationale a considéré que, plus que la disponibilité des aliments, c'est la capacité d'accéder aux aliments, donc de les acheter, par toutes les catégories de la population qui représente la question cruciale pour réaliser la sécurité alimentaire. En Afrique, cette prise de conscience ou plutôt cette prise de position s'est traduite par la création d'organisations régionales (CILSS, RPCAS[113]) dont la vocation est de

[111] Op. cit.
[112] Idem
[113] Réseau de prévention des crises alimentaires au Sahel.

contribuer aux échanges des produits agricoles, mais également d'avoir des dispositifs d'alerte pour éviter les catastrophes.

Après avoir brièvement rappelé l'historique de la notion de sécurité alimentaire et sa traduction en politique alimentaire en Afrique subsaharienne, il apparaît une analyse géographique, qu'elle ne se réduit pas uniquement une approche institutionnelle ou politique de l'alimentation. En tant qu'objectif à atteindre dans un pays, dans un territoire donné, elle convoque trois notions à fortes connotations spatiales : la disponibilité des aliments, la stabilité spatiale et l'accès à ces aliments[114]. Une telle approche envisage l'alimentation d'une façon transnationale et sous-entend une différenciation entre les échelles spatiales de production, les échelles de stockage et les échelles de consommation. L'alimentation est alors perçue comme un produit intégré au commerce international, qui subit au même titre que d'autres produits (en l'occurrence le textile et le pétrole) les fluctuations du marché international. Le mécanisme des aides alimentaires mis en œuvre pour éviter les conséquences fâcheuses inhérentes au fonctionnement du marché apparaît davantage comme un moyen de régulation au service du marché, car les aides font partie du système alimentaire et commercial mondial, qu'un stimulateur pour le développement agricole dans les pays déficitaires.

1. 2. 1. Des limites de la sécurité alimentaire

Après quelques années de mise en œuvre, l'une des critiques qu'on pourrait faire à la sécurité alimentaire en tant que voie stratégique, c'est le fait qu'elle ne semble pas se soucier du développement agricole des pays faiblement producteurs. En effet, en privilégiant les échanges, la disponibilité sur le marché et l'achat pour combattre la faim dans le monde, elle participe aussi à entretenir la précarité des agricultures et des agriculteurs dans les pays faiblement producteurs et la dégradation de leurs ressources naturelles, utilisées principalement pour les cultures d'exportation.

---

[114] La FAO explique les notions de disponibilité, de stabilité et d'accès de la façon suivante : « la disponibilité d'aliments signifie qu'en moyenne l'offre doit être suffisante pour répondre aux besoins de consommation. La stabilité suppose de réduire au minimum le risque que, pendant les années ou les saisons difficiles, la consommation alimentaire puisse tomber en dessous du seuil de consommation requis. Quant à la notion d'accès, elle vise à attirer l'attention sur le fait que, même en cas de disponibilités abondantes, de nombreuses personnes connaissent encore la faim parce qu'elles sont trop pauvres pour produire ou acheter la nourriture dont elles ont besoin. En outre, si la satisfaction des besoins alimentaires implique l'exploitation de ressources naturelles non renouvelables ou la dégradation de l'environnement, il n'y a aucune garantie que la sécurité alimentaire se maintienne à long terme.

Si l'on s'inscrit dans la logique de la sécurité alimentaire et si l'on suppose que celle-ci fonctionne, il ne devrait pas y avoir de problèmes alimentaires dans le monde. Car, les pays déficitaires sont censés s'approvisionner sur un marché régulièrement approvisionné par les pays grands producteurs ; ce qui est loin d'être le cas. Finalement, la réalité est qu'après des années de mise en application des principes de la sécurité alimentaire et de l'ajustement structurel, l'approche sécurité alimentaire n'a pas permis d'enrayer les problèmes alimentaires. Le système imaginé par la FAO et la Banque mondiale fonctionne assez bien dans les pays développés, entre ces pays développés ou entre eux et quelques autres pays où les infrastructures, la logistique et le pouvoir d'achat existent pour permettre les échanges. En revanche, dans les pays en développement, l'exemple du Sénégal est édifiant. On y observe que ce type de politique alimentaire n'aide pas à satisfaire les besoins en alimentation des populations. Elle ne peut le faire d'autant plus que par son fonctionnement, elle repose sur le commerce, ce qui implique l'exclusion d'un bon nombre de la population rurale dont les revenus monétaires sont faibles. Et si éventuellement elle arrive à concerner les populations rurales, elle conduit plus à déstabiliser les agricultures locales, car les populations locales ne trouvent que peu d'intérêts à produire leurs cultures vivrières traditionnelles dans la mesure où ces dernières sont fortement concurrencées par les importations, en plus de nouvelles habitudes alimentaires qui se créent chez elles. Donc finalement, compte tenu de la croissance de la population urbaine dans les pays africains, la politique de sécurité alimentaire n'a fait que renforcer l'altérité des régimes alimentaires et affaiblir les productions agricoles nationales.

En ayant fondé la base de sa politique alimentaire sur le commerce depuis des décennies, notamment sur l'importation du riz, le Sénégal n'arrive pas à modifier les habitudes alimentaires pour les faire correspondre aux productions agricoles nationales. L'analyse des systèmes alimentaires du Sénégal et des modes de consommation montre que l'ouverture du pays sur le modèle alimentaire occidental et le choix d'une agriculture fondée sur le modèle de l'agro-exportation ont représenté des façons de faire qui ont contribué à mettre en crise les agricultures vivrières locales et poussé vers de nouveaux régimes alimentaires.

En termes de politiques alimentaires, les exemples des pays comme l'Inde, le Brésil, et le Sénégal dans une bonne mesure pour le continent africain, démontrent les limites inhérentes à l'autosuffisance alimentaire et à la sécurité alimentaire comme formes d'approches stratégiques. Même si l'une et l'autre ont contribué à améliorer l'accès aux aliments de base dans le monde, il n'en reste pas moins que dans beaucoup de pays, les problèmes alimentaires ou les problèmes liés à la disponibilité et à l'accès aux aliments restent non résolus. Donc, dans ce contexte, envisager la sécurité alimentaire à l'échelle planétaire reste une intention honorable, mais peu réaliste. Elle est d'autant irréaliste, qu'en rendant opérationnel le concept et en faisant de l'alimentation un commerce au même titre que les armes et les chaussures, il se produit des conséquences sociales et environnementales qui témoignent la destruction des équilibres autrefois constitués au plan alimentaire dans les pays du Sud. Ces problèmes obligent à repenser le sens et l'analyse qui étaient jusqu'ici portés sur les concepts d'autosuffisance et de sécurité alimentaire, ainsi que sur les stratégies alimentaires qui en découlaient.

Désormais, à moins d'inventer quelque chose d'autre, l'autosuffisance et la sécurité alimentaire s'avèrent plutôt complémentaires[115] et efficaces quand elles sont traduites en politiques agricoles ou en politiques alimentaires. Et dans un tel cas, il faut les appréhender sur deux échelles : à l'échelle nationale avec les notions de politiques et de stratégies alimentaires, et à l'échelle des ménages (Azoulay et Dillon, 1993). La prise en compte de ces deux niveaux paraît bien nécessaire, car elle permet d'intégrer la composante sociale de l'agriculture familiale qui concentre plus 60 % de la population au Sénégal et qui était marginalisée dans la conception des politiques agricoles et alimentaires. La marginalisation de cette catégorie de la population - dont les revenus sont également parmi les plus faibles du pays - dans la définition des stratégies alimentaires a contribué sans aucun doute à entretenir le caractère chronique et durable de l'insécurité alimentaire au Sénégal. Donc, remettre l'agriculture au centre des stratégies alimentaires est une voie nouvelle pour développer des mécanismes locaux d'auto-approvisionnement et d'autonomie alimentaire fondés sur la production agricole locale.

1. 3. De l'auto-approvisionnement en céréales pour l'autonomie alimentaire à l'émergence du territoire alimentaire fonctionnel

Le concept de l'auto-approvisionnement alimentaire est une approche de rupture par rapport aux méthodes utilisées jusque-là au Sénégal. Il s'oppose à cette approche qui veut toujours que l'alimentation, urbaine et de plus en plus rurale, s'accomplisse par une forte relation à l'altérité. L'idée est simple, elle

[115] En effet, le concept de sécurité alimentaire inclut deux composantes qui manquent à l'autosuffisance alimentaire : la stabilité des produits alimentaires et l'accès aux denrées alimentaires. Quant à l'autosuffisance, elle met l'accent sur la production.

suppose que la base alimentaire soit assurée par des ressources et des productions agricoles endogènes. Elle repose sur le développement des cultures céréalières qui sont considérées comme la base du régime alimentaire dans une zone précise pour la satisfaction de la demande de consommation de la population. En ce sens, elle est un processus endogène qui peut se dérouler à plusieurs niveaux de l'organisation socio-spatiale, un processus qui intègre les logiques culturelles et les rationalités économiques propres à chaque catégorie socio-ethnique dans le domaine de la production agroalimentaire. L'auto-approvisionnent, ou l'autonomie céréalière, semble mieux approprié pour le Sénégal du fait de la faible densité du réseau routier du pays, des difficultés liées à la conservation, au transport et à la diffusion des produits agricoles. Certains y verront une approche moins ambitieuse, mais il s'agit d'une approche qui présente l'avantage d'être plus opérationnelle, qui vise et incite les personnes qui ont des revenus faibles à produire pour se nourrir en premier.

L'élargissement de la notion d'autosuffisance à celle de sécurité alimentaire n'a pas suffi pour régler les problèmes alimentaires, même si ce passage traduisait le souci de la communauté internationale de trouver la solution face aux besoins alimentaires des populations des pays en développement. A la place, il a induit un déplacement de l'échelle des solutions, qui sont passées du national au mondial par le biais du commerce, sans pour autant déplacer l'échelle d'observation du problème, qui reste local et villageois. Ce changement d'approche a fait que les pays en développement ont adapté leurs politiques alimentaires à l'économie de marché à travers les programmes d'ajustement structurel, mais sans finalement réussir à résoudre leurs problèmes alimentaires.

1. 3. 1. De l'émergence du territoire alimentaire fonctionnel et viable

L'auto-approvisionnement alimentaire suppose l'existence d'une base territoriale pertinente pour des activités agricoles adaptées à la demande de consommation et qui soit en adéquation avec la population dans son histoire et sa culture, et dans le respect des équilibres naturels. Dans le cas du Sénégal, cette base territoriale est forcément l'espace rural départemental et régional, qu'on pourrait assimiler à « l'espace de développement » dont parlait Brunet (1994) ou mieux à un espace alimentaire[116]. Cet espace alimentaire est défini au double plan économique et politique. Au plan économique, il s'agit d'un espace intermédiaire que l'on peut situer entre l'exploitation agricole familiale,

[116] Dans nos recommandations à la fin du texte, nous suggérons des espaces alimentaires, cf. la nouvelle carte agricole du Sénégal.

villageoise et l'exploitation de type agro-industriel, tandis qu'au plan politique, on considère que cet espace correspond au territoire décentralisé qui a été créé en 1996[117] (les collectivités locales) pour servir de base de développement local. Autrement dit, c'est un espace à partir duquel les décisions qui sont prises au plan agricole ont plus de chances d'être en cohérence avec les spécificités agroclimatiques et les attentes alimentaires de la population qui l'habite que si elles provenaient du pouvoir central ou de l'étranger.

La base territoriale dans laquelle s'effectue la politique d'auto-approvisionnement céréalière rappelle à bien des égards la notion d'espace alimentaire dont parlait Sawadogo (1995) au Burkina Faso et qu'il définissait comme « l'étendue territoriale sur laquelle le paysan se fournit en aliments, qui dépasse l'aire de production et touche la flore et la faune entourant ce lieu »[118]. Bien entendu, la base territoriale, donc « l'espace alimentaire », dont on parle ici, est beaucoup plus étendue que l'espace de production réelle dont le village est la parfaite reproduction. L'identification de cadres territoriaux fonctionnels dans le domaine agroalimentaire est un moment clé de la définition de la stratégie. Elle participe des réponses à la demande alimentaire que pose une population au même titre que peuvent l'être d'autres réponses comme la création de marchés céréaliers, le soutien des prix à l'importation ou à la consommation, etc. L'efficacité du système alimentaire (production agricole, importations de denrées, marchés, politique de revenu, etc.) dépend en grande partie de l'encrage et de l'adéquation de celui-ci dans un cadre territorial adapté. Ce qui signifie en d'autres termes qu'il faut tenir compte des traditions alimentaires et de la culture locale, car manger est un événement social et culturellement codifié (Tollens, 1995)[119].

Les difficultés rencontrées dans les pays en développement pour satisfaire la demande alimentaire selon la notion de sécurité alimentaire confortent ce point de vue et illustrent l'intérêt de penser local et régional dans ce domaine. Lorsque des systèmes agricoles et alimentaires souffrent de l'insuffisance des voies de communication ou de transport comme c'est le cas au Sénégal et dans beaucoup d'autres pays en développement, la définition d'une base territoriale limitée de production, de diffusion et de consommation peut représenter une alternative efficace. Car pour les populations, en même temps qu'elles privilégient la proximité, la base territoriale agroalimentaire s'avère le lieu de

---

[117] Cf. Transformations du monde rural sénégalais. Le cas de la communauté rurale de Ngoundiane. Université de Genève, 2001.

[118] *Evolution de la production et de la consommation en milieu rural au Burkina Faso.* (le site internet est introuvable).

[119] *Réflexions d'un agroéconomiste.*

l'auto-organisation pour produire prioritairement non pour l'extérieur, mais dans le but d'assurer de la façon la plus autonome possible la satisfaction de leurs besoins fondamentaux (Campagne, 1995)[120]. C'est aussi une approche par l'espace qui permet de réhabiliter les cultures vivrières traditionnelles (mil, sorgho et maïs) délaissées au profit des cultures de rente (arachide et coton), mais aussi de réhabiliter les systèmes alimentaires traditionnels et en même temps de remettre l'agriculture familiale au cœur des systèmes de sécurité alimentaire. Et comme le soutiennent certains auteurs, dont Pisani (1995) et Badouin (1987), la sécurité alimentaire n'a pas jamais cessé d'être une affaire familiale malgré le développement du marché des aliments.

1. 3. 2. Des composantes d'un territoire alimentaire fonctionnel, viable et durable

Le processus qui conduit à l'auto-approvisionnement et à l'autonomie alimentaire associe trois étapes. Dans un premier temps, la revalorisation de l'agriculture vivrière familiale, car l'objectif premier de l'agriculture est d'assurer la sécurité alimentaire de la famille. Ensuite, il s'agit d'identifier les bases territoriales pertinentes pour une mise en valeur efficace des potentialités agroalimentaires locales et proposer un système marchand efficace pour l'écoulement de la production agricole et sa diffusion sur le territoire national. La troisième étape est relative à une gestion territoriale différenciée des problèmes alimentaires à l'échelle nationale, autrement dit à privilégier une approche territorialisée des solutions. Ce dernier point est essentiel à prendre en compte, car la demande alimentaire céréalière et les problèmes qui en découlent ne sont pas les mêmes dans les villes et dans les campagnes. Donc, préconiser une autonomie alimentaire nécessite de prendre en compte ces différences. Il est possible au niveau des zones rurales du Sénégal de mettre en œuvre une agriculture capable de satisfaire la demande alimentaire. Cependant, en l'état actuel, ces zones rurales, compte tenu de l'état de leurs écosystèmes et de l'accès aux facteurs de production, ne peuvent pas produire ce « surplus agricole » nécessaire pour couvrir à la fois la demande céréalière (Badouin, 1979)[121]. Face à cette contrainte majeure, la mise en œuvre de l'approche de

[120] Sécurité alimentaire, une approche méso-économique.

[121] Du point de vue de Badouin, le surplus agricole représente la différence entre la production et la consommation de la famille. Sauf en période d'aléas pluviométrique, on peut considérer que le surplus agricole existe toujours dans les systèmes agricoles de subsistance en vigueur au Sénégal. Il est même essentiel dans les systèmes alimentaires traditionnels. Car c'est sa création qui permet d'assurer la sécurité alimentaire de la famille et celle d'autres familles situées dans une aire territoriale relativement limitée (village). En fonction de la quantité qu'il représente, il peut être

l'auto-approvisionnement céréalier implique l'identification d'aires territoriales pertinentes au sein desquelles seront implémentées des stratégies de production[122], qui ne seront pas forcément les mêmes dans toutes les aires. C'est pourquoi il faut faire la différence entre les zones rurales elles-mêmes, et entre les zones rurales et les zones urbaines.

Figure 7. Schéma descriptif du processus de l'auto-approvisionnement alimentaire (adapté de Savané, 1992)

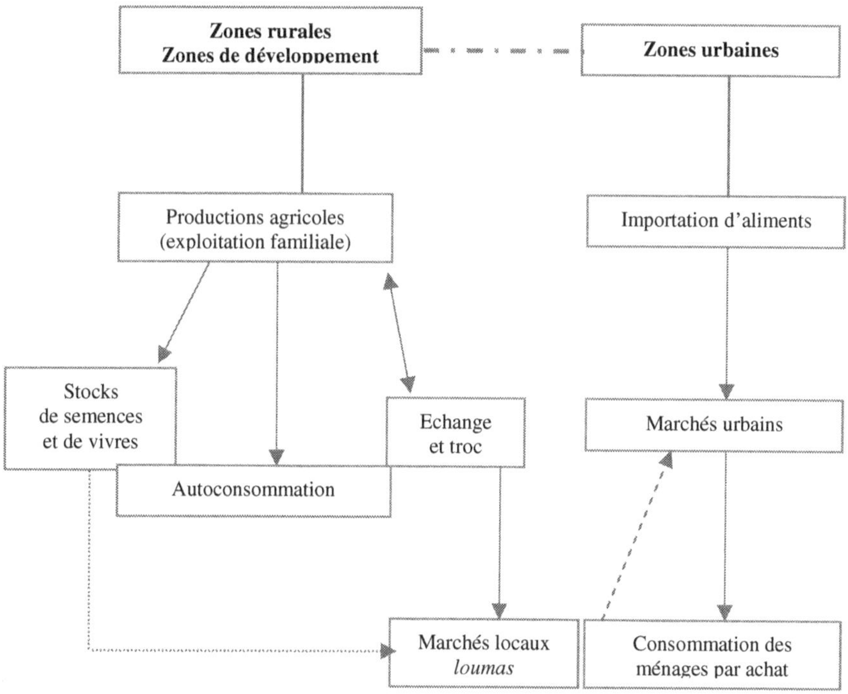

Par exemple, dans les zones urbaines sénégalaises, on voit mal, voire impossible à l'heure actuelle, de substituer le riz importé par les céréales locales (mil, sorgho, maïs) ou voire par le riz paddy produit localement. A ce problème, il y a trois éléments explicatifs : le premier élément, c'est le fait que les céréales traditionnelles ne suffisent pas pour répondre à la demande rurale et à la demande urbaine. Le deuxième, c'est l'obstacle des habitudes alimentaires

---

utilisé pour servir de stocks de semences et d'échange pour l'acquisition d'autres biens alimentaires et matériels complémentaires.

[122] Cf. la nouvelle carte agricole du Sénégal.

urbaines et le coût relativement faible du riz importé qui ne facilitent pas le développement de la production nationale de paddy. Quant au troisième élément explicatif, même s'il est contestable, c'est la situation côtière des grandes villes du Sénégal, une position qui participe à rendre le coût de revient des denrées importées aux ménages beaucoup moins cher que le riz local

2. Les systèmes alimentaires traditionnels sénégalais

L'étude des systèmes alimentaires en vigueur au Sénégal pose un double problème d'approches : celui de savoir s'il faut privilégier la dimension socioculturelle et économique pour analyser tous les modes de consommation et les régimes alimentaires, ou s'il faut se référer aux unités agro-écologiques homogènes. Même si les deux approches ne sont pas forcément identiques, on constate néanmoins qu'à chaque région agro-écologique homogène a correspondu un type d'agriculture, un régime alimentaire dominant, avec une céréale de base et parfois une population culturellement homogène. Cependant, dans certaines régions, l'expansion des cultures commerciales a changé les habitudes alimentaires et a considérablement transformé les systèmes agro-vivriers traditionnels, de telle sorte qu'il est de plus en plus difficile de les identifier.

Dans un premier temps, on va établir la typologie des systèmes agro-vivriers traditionnels qui existent au Sénégal et dans un deuxième temps on analysera les facteurs qui sont à la base de la disparition ou de la transformation de chacun de ces systèmes.

A la différence de la plupart des pays du Sahel, le Sénégal est l'un des pays rarement affectés durablement par les famines et les pénuries alimentaires. Toutefois dans la mémoire collective récente, quelques dates (figure 8) sont citées comme étant des années au cours desquelles la famine a sévi dans le pays. Manifestement, il apparaît que les crises sont plus fréquentes que ne le disent les populations quand on les interroge (figure 8). On constate que le pays a dû régulièrement faire face à des pénuries alimentaires résiduelles et ponctuelles, sans grandes conséquences sociales. Mais, malgré ces nombreuses années de turbulence alimentaire, la situation est plus stable comparativement à d'autres pays. Cette stabilité, toutefois relative, trouve son origine dans une sorte de gestion différenciée et complémentaire des espaces de consommation. Au niveau des zones rurales, les systèmes alimentaires traditionnels sont basés sur les productions de céréales locales, tandis qu'au niveau des zones urbaines la solution reposait, et repose encore, sur un système d'approvisionnement et de consommation alimentaire extravertie indépendant de la production nationale. Cette forme de gestion a fait que les systèmes alimentaires traditionnels, qui sont au nombre de trois (tableau 6), se retrouvent de nos jours presque exclusivement dans les zones rurales.

Figure 8. Profil historique des crises alimentaires au Sénégal

Années	1891-93	1893-95	1897-99	1899-00	1899-02	1903-04	1905-07	1907-09
Type de crise		O						
Années	1909-11	1911-13	1913-15	1917-18	1919-21	1926-28	1930-32	1932-33
Type de crise	O							
Années	1937-38	1940-44	1944-46	1972-73	1973-74	1983-84	1996/97	
Type de crise	O							

Source : adapté de Chastanet (1983) et actualisé

Déficits céréaliers entraînant une disette
Déficits céréaliers entraînant une famine de 3 à 8 mois
Déficits céréaliers entraînant une famine durant au moins une année
Grande famine
O Crises de subsistance signalées par les sources orales

- Les systèmes alimentaires milicoles ou de subsistance : ce sont probablement les plus anciens et sont fondés sur la reproduction des cultures de subsistance ;
- Les systèmes alimentaires à base de riz : ils sont fondés sur les systèmes traditionnels de production de riz. Ils sont localisés principalement en Casamance, dans le sud-est du Sénégal, et quelques années au niveau de la vallée du fleuve Sénégal.
- Les systèmes alimentaires en transition, qui se développent dans les zones rurales où prédominaient les systèmes de production des cultures commerciales. On les retrouve principalement au niveau du Bassin arachidier, des terres neuves, et aujourd'hui en Haute Casamance.

Tableau 6. Les principaux systèmes alimentaires en milieu rural sénégalais

Catégorie de systèmes alimentaires	Localisation		Céréales principales et autres aliments dominants		
	Zone agro-écologique	Départements administratifs	1er aliment	2e aliment	3e aliment
Systèmes à base de riz	Basse Casamance	Bignona, Oussouye, Ziguinchor	Riz	Sorgho	Maïs
	Moy. Casamance	Sédhiou	Riz	Maïs	Sorgho
	Vallée du fleuve	Dagana, Podor	Riz	maïs	niébé
	Sénégal Oriental	Kédougou	maïs	Sorgho	riz
Systèmes à base de mil	Bassin arachidier	Kaffrine, Kaolack Foundiougne, Nioro	mil/sorgho	arachide	maïs
	Sénégal Oriental	Kédougou, Bakel Tambacounda	maïs	coton (sauf Bakel)	sorgho
Systèmes à base de mil en transition	Bassin arachidier	Mbour, Thiès, Louga Tivaoune, Fatick, Gossas, Linguère, Kébémer, Bambey, Diourbel, Mbacké, Foundiougne,	niébé	mil	arachide

2. 1. Les systèmes alimentaires milicoles en transition

Les systèmes alimentaires milicoles en transition existent dans les endroits du Sénégal où il y a une forte présence d'arachide dans les systèmes agricoles. Ce sont des systèmes qui répondent aux modes de consommation basés sur l'achat et sur une faible autoconsommation des produits cultivés localement. C'est pourquoi on les définit comme étant des systèmes vivriers de transition, dans lesquels les cultures commerciales représentent le principal moyen d'approvisionnement dont dispose le paysan et sans lequel, il se trouverait en situation de déficit vivrier voire de famine. Cette catégorie de systèmes alimentaires exprime une des phases du long processus concurrentiel qui caractérise les liens entre les cultures vivrières traditionnelles et les cultures de rente dans l'espace rural sénégalais. Pour autant, il n'est pas facile de délimiter avec précision les zones où existent ces systèmes de transition, car de plus en plus, dans certaines zones rurales, la consommation alimentaire n'est plus uniquement basée sur la production de mil, les populations ayant surtout tendance à combiner les mils, les cultures commerciales et le riz importé.

Dans d'autres zones, comme le nord du Bassin arachidier, se développe un autre mode de consommation alimentaire fondé sur les cultures de substitution à l'arachide, du fait de la péjoration des pluies et de l'épuisement des sols. La mutation est intéressante dans cette partie du Bassin, car souvent on pense que, quand les habitudes changent, c'est pour faire place au riz, ce qui n'est pas le cas ici. Marginales dans les systèmes de cultures il y a quelques années, les cultures de substitution deviennent de plus en plus dominantes dans les systèmes agricoles, au détriment du mil, de l'arachide et du sorgho, parce qu'elles s'insèrent parfaitement dans le système alimentaire.

Tableau 7. Dépenses alimentaires moyennes (en FCFA) dans le Bassin de l'arachide du Sénégal

Bassin arachidier	Villages	Mil	Riz	Total	Par actif	Par personne
nord et centre du Bassin	Godagen	135 000	17 400	152 400	5 445	2 460
	Dioffior	10 000	59 200	69 200	2 885	1 260
	Gangeck	9 000	21 780	30 780	1 140	655
	Diaoulé	15 750	277 850	293 600	14 680	14 680
sud du Bassin	Bondjié	48 750	58 800	107 550	1 855	1 015
	Mbenda	121 400	120 000	241 500	4 930	2 195
	Djiguimar	17 000	45 950	62 950	2 335	1 070

Source : document adapté de Savané., 1992

Carte 2. Répartition des principaux systèmes alimentaires à base de céréales au Sénégal

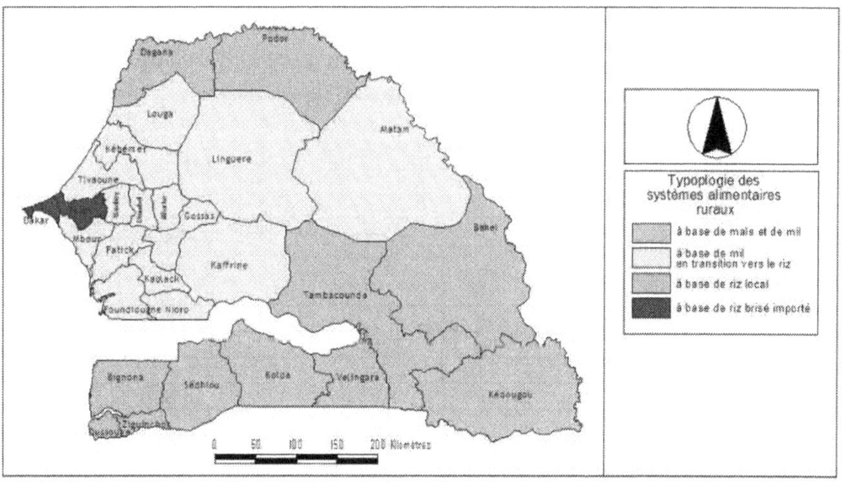

La mutation des systèmes agricoles et alimentaires s'imprime manifestement sur le territoire par un découpage assez net (cf. la carte n° 2). On voit que les systèmes alimentaires de transition recouvrent tout le Bassin arachidier du Sénégal. Au niveau administratif et territorial, ils correspondent aux départements administratifs de Thiès, Tivaoune, Bambey, Kébémer, Linguère,

Louga, Diourbel, Gossas, Mbacké, Foundiougne, Kaffrine, Kaolack, Fatick et Nioro, qui sont principalement peuplés par des populations wolof et dans une faible proportion, par des sérer. Mais le dénominateur commun entre tous ces départements, reste le rôle central que désormais jouent le commerce, les cultures de substitution et les échanges dans les systèmes vivriers de la population (tableau 7).

On observe (tableau 7) que dans les villages du Bassin arachidier, les dépenses en riz sont aussi importantes que les dépenses qui sont consacrées au mil. Le contraste est cependant saisissant entre les villages du centre et du nord du Bassin où les dépenses par personne pour acquérir du mil et du riz sont deux fois plus élevées que dans les villages situés dans la partie sud du Bassin. Cette situation témoigne un double changement : un changement des modes de consommation alimentaire, et un changement des stratégies alimentaires suite à la modification des systèmes de cultures. Pour mesurer ces changements, il faut se rappeler que l'espace alimentaire du Bassin arachidier fut traditionnellement un domaine de consommation de céréales sèches, et que ces dernières provenaient des cultures pluviales et des produits issus de la cueillette. Les céréales qui y étaient cultivées étaient constituées de deux graminées, le mil et le sorgho, connues pour être extrêmement adaptées aux conditions naturelles du Bassin arachidier. C'est pourquoi, pendant très longtemps, elles avaient représenté (aujourd'hui dans une moindre mesure) dans cette région du Sénégal la base des systèmes alimentaires, et que tous les repas étaient à base de mil et d'arachide, sont agrémentés d'aliments issus de la cueillette.

Tableau 8. Bilan vivrier dans le Bassin arachidier du Sénégal

Zone agro-écologique	Département administratif	Population en 1997	Besoins en céréales (t)	Production agricole disponible		
				Riz (t)	Mil/sorgho (t)	% satisfaction
centre du Bassin	Bambey	257 613	46 370	0	28 199	61 %
	Diourbel	237 989	42 838	0	3 260	8 %
	Thiès	473 602	85 248	0	5 325	6 %
sud du Bassin	Fatick	269 589	48 526	493	18 350	38 %
	Kaolack	383 321	68 998	117	49 545	72 %
	Nioro	238 040	42 847	154	61 087	143 %
nord du Bassin	Kébémer	209 685	37 743	0	2 565	7 %
	Linguère	171 509	30 872	0	7 142	23 %
	Louga	252 565	45 462	0	2 654	6 %

Source : Agence nationale de la statistique et de la démographie du Sénégal.

Aujourd'hui, les modes de consommation ont beaucoup évolué et ce sont de nouvelles habitudes alimentaires qui se sont mises en place. Le riz d'origine asiatique est devenu une composante privilégiée dans les régimes alimentaires. Il est même consommé comme plat principal, contribuant ainsi à rendre secondaires les spéculations locales ou à les cantonner au rôle de condiments. L'introduction du riz importé, ainsi que d'autres aliments cultivés ou acquis sur le marché, a réduit la place du mil dans la consommation alimentaire quotidienne des populations du Bassin arachidier. Ces changements s'expliquent en partie par le développement des échanges, la proximité des grandes villes, par la sécheresse persistante et l'épuisement des sols, mais également par l'image de modernité que véhiculait le riz importé aux yeux des populations. Face à toutes ces contraintes et attractions, les populations se sont retrouvées dans un premier temps obligées de trouver des aliments de substitution aux céréales traditionnelles et dans un deuxième temps de faire face à la baisse de revenu engendrée par la crise de l'arachide.

Tableau 9. Taux moyens d'occupation des trois principales cultures dans le Bassin arachidier du Sénégal entre 1986 et 1994

Bassin arachide	Département	1e culture		2e culture		3e culture		Tot. surf. cultivée
		Espèce	Surface	Espèce	Surface	Espèce	Surface	
nord	Kébémer	Mil	46.1 %	Arachide	37.7 %	Niébé	16.1 %	99.9 %
	Linguère	Mil	58.8 %	Arachide	36.2 %	Niébé	4.9 %	99.9 %
	Louga	Mil	43.7 %	Arachide	38.3 %	Niébé	18 %	100 %
centre	Bambey	Mil	58.1 %	Arachide	32.4 %	Niébé	6.8 %	97.3 %
	Diourbel	Mil	57.7 %	Arachide	34.8 %	Niébé	6.9 %	99.4 %
	Thiès	Mil	47.8 %	Arachide	38.5 %	Niébé	4.8 %	91.1 %
sud	Kaolack	Mil	46.5 %	Arachide	32 %	Ar. bouche	9.1 %	87.6 %
	Nioro	Arachide	46.1 %	Mil	42.5 %	Maïs	5.7 %	94.3 %
	Fatick	Mil	61.1 %	Arachide	34.3 %	Sorgho	2.2 %	97.6 %

Source : Direction des statistiques agricoles du Sénégal et CILSS

Il apparaît dans ce tableau qu'à la place du sorgho, c'est le *niébé*, une légumineuse traditionnelle, qui se répand de plus en plus (carte n° 3). C'est une plante, qui en plus d'être un aliment traditionnel, présente l'avantage d'être moins exigeante en eau et évolue avec un cycle végétatif très court, d'un à deux mois. Ces caractéristiques en font une culture extrêmement adaptée au contexte climatique du Bassin arachidier, et expliquent son essor. Les autorités ne s'y sont pas trompées en faisant d'elle la plante de substitution alimentaire et monétaire au mil et à l'arachide. Toutefois, que les populations recourent aussi massivement à cette plante est assez révélateur du désarroi et l'ampleur de la crise si l'on sait que dans leur imaginaire et leur représentation, cette plante symbolisait l'aliment du pauvre en milieu rural. Mais, dans le cadre d'une grande plus grande insertion des niébé dans les systèmes alimentaires et du « Consommer local », l'institut sénégalais de recherche agricole (ISRA) a mis à la disposition des cultivateurs quelques variétés de niébé, apparemment avec quelques succès au plan alimentaire. Depuis 1985, année de l'introduction des variétés de niébé *CB5*, puis des *Mélakh* qui sont plus précoces que les variétés locales traditionnelles, des quantités considérables de niébé sont consommées en vert durant les mois d'août et septembre, jusqu'à 30 % de la récolte (Cissé, 2004)[123]. Aujourd'hui, dans certains villages situés dans la partie sahélienne du Bassin (Louga), les récoltes de niébé constituent la seule nourriture qui provient des activités agricoles et qui est consommée durant la période de soudure.

Carte 3. Superficies moyennes en pourcentage consacrées à la culture de niébé entre 1990 et 2001

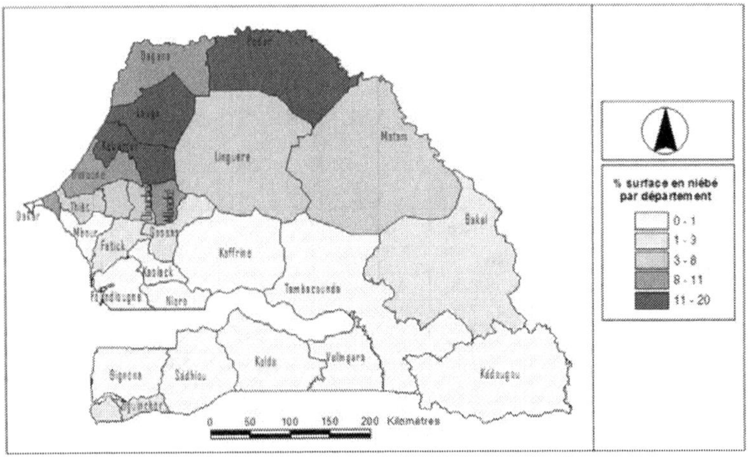

Manifestement, l'insertion du niébé dans les systèmes de cultures, dans les modes de consommation alimentaire des ménages du Bassin arachidier, ainsi que le recours aux produits de cueillettes se sont opérés à un rythme plus rapide qu'on ne s'y attendait (PREVINOBA, 1996). Cette dynamique est attestée par les résultats du dernier recensement de l'agriculture pluviale en 1998, résultats qui consacrent le Bassin arachidier comme un nouveau Bassin de niébé avec plus de 80 % de la production nationale, dont 47 % dans la région de Louga, 19 % de Diourbel et 15,1 % de Thiès. Au final, on peut considérer comme naguère l'accomplissait le sorgho à côté du mil et de l'arachide dans le régime

[123] La culture traditionnelle du niébé au Sénégal. Etude de cas. Consulté le 12 juillet 2004 dans http://www.fao.org/ag/AGP/AGPC/doc/publicat/cowpea_cisse/cowpea_cisse_f.htm

alimentaire, aujourd'hui ce sont les niébé qui assurent ce rôle stratégique dans les systèmes alimentaires des populations du Bassin arachidier.

Tableau 10. Compléments alimentaires issus des activités de cueillette dans le Bassin arachidier

Noms	Période d'utilisation	Destination
déstructuration nduur	juillet à octobre	sauce couscous
Dimb (Cordyla)	mai	Fruits verts utilisés pour la sauce couscous
	juin - juillet	fruits mûrs
contraindraient (Baobab)	janvier - février	fruits mûrs, utilisés comme lait ou sauce
	septembre	feuilles pour préparation du couscous
Nété (Néré)	avril - mai	Condiments
Newedaay (Moringacées)	toute l'année	sauce pour couscous
Daxaar (Tamarindus)	mai - juillet	feuilles utilisées comme condiments
	octobre - novembre	Fruits verts utilisés comme condiments
	janvier	fruits mûrs utilisés comme condiments
Sotogang	mai - juin	feuilles pour sauce couscous
	novembre - décembre	feuilles pour sauce couscous
Mbum (Asclépiadacées)	juillet - octobre	sauce pour couscous

Source : PREVINOBA, ARDIS, 1996

Mieux, en plus d'être un complément alimentaire, cette spéculation représente un moyen d'échange qui est utilisé pour l'acquisition sur le marché de denrées alimentaires secondaires. Cette multifonctionnalité, culture vivrière et de culture commerciale, fait que les niébé sont recommandés par les services spécialisés de l'agriculture et par les nutritionnistes et qu'ils font l'objet des publicités par les pouvoirs publics. On peut regretter que la propension à faire des niébé une culture vivrière au même titre que les céréales traditionnelles n'ait pas concerné les zones rurales situées au sud et à l'est du pays.

2. 2. Les systèmes alimentaires milicoles dans le Sud et l'Est du Sénégal

Les systèmes alimentaires milicoles se définissent par opposition aux systèmes alimentaires en transition. Ils désignent les modes de consommations alimentaires basés sur les mils, et dans lesquels le marché et les produits agricoles d'échange, comme les cultures de rente ou leurs retombées, financières ont peu d'impacts. Autrement dit, ce sont des systèmes alimentaires traditionnels dans lesquels l'autoconsommation et la reproduction des régimes alimentaires fondés sur la pratique des systèmes de cultures de subsistance sont systématiques. Au Sénégal, cette catégorie de système alimentaire se rencontre dans les zones rurales faiblement pénétrées par les cultures commerciales[124] et dans les zones rurales dont l'abondance des conditions naturelles permet la cohabitation équilibrée des cultures commerciales et des cultures vivrières. Au plan climatique, leur domaine correspond à la zone soudanienne et soudano-guinéenne, tandis qu'au plan agro-écologique et territorial, cette zone recoupe (tableau 11) la Moyenne Casamance, c'est-à-dire le département de Sédhiou, les départements de Kolda et de Vélingara et des départements du Sénégal Oriental, Tambacounda et de Kédougou.

Tableau 11. Taux d'occupation des trois principales cultures au Sénégal Oriental et en Casamance entre 1986 et 1994

Zone agro-écologique	Département	1ère culture		2e culture		3e culture		Totale surface cultivée
		nom	surface	nom	surface	nom	surface	
Sénégal Oriental	Bakel	Sorgho	39,5 %	Arachide	20,3 %	Mil	18,9 %	78,7 %
	Kédougou	Maïs	30,3 %	Sorgho	25,8 %	Arachide	22,7 %	78,7 %
	Tamba	Arachide	41,9%	Mil	27,8 %	Sorgho	12,4 %	82,1 %
Casamance	Kolda	Arachide	34,8 %	Mil	20,0 %	Sorgho	18,3 %	73,0 %
	Sédhiou	Arachide	36,4%	Mil	23,3 %	Riz	17,8 %	77,5 %
	Vélingara	Arachide	20,8 %	Coton	20,6 %	Maïs	20,2 %	61,6 %

Source : Direction des statistiques agricoles du Sénégal

Deux critères (tableau 12 et 13) peuvent contribuer à identifier et à spécifier les systèmes alimentaires milicoles. Il s'agit de la destination des productions agricoles et la part des dépenses mensuelles ou annuelles que les ménages consacrent à l'achat de denrées non alimentaires.

Tableau 12. Destination des produits agricoles en Haute Casamance (département de Vélingara)

Productions	Part autoconsommée	Part vendue	Stocks de semences	Total
mil	86 %	3 %	11 %	100 %
maïs	87 %	3 %	10 %	100 %
sorgho	87 %	2 %	11 %	100 %
niébé	82 %	11 %	7 %	100 %
arachide	22 %	67 %	11 %	100 %
coton	3 %	97 %	0	100 %

Source : Enquêtes B. BA

[124] Au moins jusqu'à la fin des années 70.

Tableau 13. Les dépenses alimentaires autres que les céréales en Haute Casamance selon les ménages en francs CFA

Montants en F. CFA	moins de 5 000	5 000 à 10000	10 000 à 15 000	plus de 15 000	Total
Ménages	60 %	19 %	12 %	9 %	100 %

Source : Enquêtes B. BA

Les tableaux ci-dessus sont assez éclairants sur la nature des systèmes alimentaires pratiqués dans la zone agricole soudanienne sénégalaise. Ils montrent que les productions agricoles vivrières sont presque totalement autoconsommées tandis que les cultures de rente sont entièrement commercialisées, avec une petite différence pour l'arachide. Mais, en même temps, on observe que les dépenses que les ménages consacrent à l'achat d'autres denrées alimentaires sont extrêmement faibles. Cette situation témoigne la faible ouverture des habitudes alimentaires, mais signifie aussi que les céréales produites suffisent pour la nourriture de la population. Elle pourrait aussi signifier que les systèmes alimentaires traditionnels qui ont été fondés sur les systèmes de cultures de subsistance n'ont pas disparu du tout dans ces zones, ce qui conforte l'idée selon laquelle malgré la forte expansion des cultures de rente, la consommation alimentaire quotidienne continue d'être soutenue par les systèmes agroalimentaires de subsistance à dominance milicole.

Il s'agit là d'une observation qui est intéressante parce qu'elle est le contraire de ce qui se passe au niveau du Bassin arachidier, où les systèmes alimentaires traditionnels ont presque tous disparu ou sont complètement bouleversés. Aussi l'autosuffisance alimentaire ne pose pas beaucoup de problèmes dans la zone même si au fil de l'année elle n'est pas identique selon les ménages. On ne parle plus d'autosuffisance alimentaire annuelle pour toute la population en Haute Casamance comme on le faisait avant la fin des années 70. Aujourd'hui, vu l'évolution de la situation alimentaire et sa relation avec les productions de céréales, on devrait parler de périodes d'abondance ou de pleine autosuffisance alimentaire pour environ 80 % des ménages. Ces 80 % correspondent aux ménages qui peuvent couvrir convenablement leurs besoins en céréales entre les premières récoltes (août/septembre) et le cœur de la saison sèche (février/avril). A la fin de la période de sécheresse, commence la dégradation de la situation alimentaire, qui prend la forme d'une régression continue des réserves de céréales et des revenus issus de la vente des cultures de rente. Les estimations du Haut commissariat à la sécurité alimentaire considèrent qu'à cette période de l'année, les réserves ne couvrent que 40 % à 30 % des besoins des ménages. La situation devient plus difficile dans la phase de soudure où la plupart des ménages vendent de leur bétail pour pallier l'érosion des réserves.

Toutefois, malgré la régression des taux de couverture alimentaire, le Sénégal Oriental et la Haute Casamance sont encore autosuffisants en céréales, au moins durant plus de la moitié de l'année. Elles le doivent à un environnement naturel favorable, mais également à une organisation sociale et technique de la production agricole qui n'a pas subi de modifications importantes malgré la modernisation des systèmes agricoles, ce qui n'est pas le cas ailleurs dans le pays. Ici, la séparation est nette dans les systèmes de cultures entre les cultures vivrières et les cultures de rente ; d'un côté, il y a les champs collectifs consacrés aux cultures vivrières et qui sont prioritaires lors des travaux agricoles et d'un autre côté il y a les champs individuels destinés à recevoir les cultures de rente, d'arachide et de coton. Les champs collectifs sont le fondement de la sécurité alimentaire de la grande famille, et sont essentiels dans le système vivrier et pour l'harmonie sociale (Pélissier, 1966)[125]. La sécurité alimentaire et l'harmonie sociale sont les deux objectifs qui président au partage du travail entre les hommes et les femmes d'une part, et d'autre part au choix des plantes et de leur répartition (dans le temps et dans l'espace) dans le terroir du villageois. Dans un contexte pareil, les ménages qui n'arrivent pas à couvrir leurs besoins trouvent néanmoins le moyen de s'approvisionner convenablement sur le marché, car les revenus issus du coton et de l'arachide sont souvent appréciables, sinon ils peuvent bénéficier des mécanismes d'aide alimentaire mis en place par les associations de base des producteurs de coton (ABP)[126].

[125] Il faut savoir qu'en général, il existe au moins deux champs collectifs par famille et qu'aucun membre du groupe n'ose ne pas participer aux travaux d'entretien des champs s'il veut rester dans le groupe et bénéficier des greniers et de la sécurité alimentaire qu'ils confèrent. Dans ces champs sont cultivées des variétés de mils aux cycles végétatifs long et court, étalées dans le temps de telle sorte qu'à chaque période de l'année, la famille dispose de la nourriture nécessaire. En général, l'un des champs est consacré au mil tardif ou au sorgho et l'autre aux petits mils précoces ou au sorgho hâtif.

[126] Ce sont des associations paysannes créées sous l'égide de la Société de développement des fibres textiles (SODEFITEX) pour mieux encadrer les paysans dans la production de coton. Cependant, pour y arriver, la société tente de diversifier ses activités. C'est dans ce sens qu'elle aide les paysans s'investir dans les banques céréales, dans l'aviculture ou encore dans l'embouche bovine.

2. 3. Les systèmes alimentaires rizicoles

Dans les systèmes alimentaires ruraux du Sénégal, les modes de consommation à base de riz sont rares, et ceux qui existent de nos jours sont peu étendus. C'est une faiblesse à mettre en relation avec le nombre d'endroits où la consommation alimentaire est basée traditionnellement sur le riz. Autrefois, ces endroits correspondaient aux zones rurales soumises aux climats soudaniens et guinéens, notamment en Basse Casamance sur le long des principaux axes de drainage, et de façon résiduelle dans certains bas-fonds du Sénégal Oriental et du Saloum.

Tableau 14. Bilan vivrier en Basse Casamance et dans la vallée du fleuve Sénégal

Zones agro-écologique	Département	Population 1997	Besoins en céréales (tonne)	Production agricole disponible			
				Riz (tonne)	Mil/sorgho (tonne)	Excédent ou déficit céréalier	Taux de couverture
Vallée du fleuve	Dagana	217 607	39 169	82 500	950	44 280	213 %
	Matam	268 235	48 282	9 774	5 273	-33 235	31 %
	Podor	175 953	31 672	22 290	838	-8 543	73 %
	Totale région	*661 796*	*119 123*	*114 564*	*7 061*	*2 502*	*102 %*
Basse Casamance	Bignona	204 292	36 773	12 274	23 913	-585	98 %
	Oussouye	42 064	7 571	5 448	5 329	3 206	142 %
	Ziguinchor	63 061	11 351	4 747	5 329	-1 275	89 %
	Total région	*309 416*	*55 695*	*22 469*	*34 571*	*1 346*	*102 %*

Source : Agence nationale de la statistique et de la démographie du Sénégal
Direction nationale des statistiques agricoles

Tableau 15. Taux d'occupation des trois principales cultures par département dans la vallée du fleuve entre 1986 et 1994

Zone agro-écologique	Département	1ère culture %		2e culture %		3e culture %		Superficie totale %
Vallée du fleuve	Dagana	Riz	51.8	Arachide	18.6	mil	18.5	88.8
	Matam	Mil	46.6	Sorgho	27.5	riz	12.1	86.25
	Podor	Riz	39.5	Mil	28.5	niébé	20.3	88.3
Basse Casamance	arachide	Arachide	39,7	Riz	25,7	Mil	24,2	89,6
	Oussouye	Riz	80,7	Arachide	12,9	Niébé	1,8	95,4
	Ziguinchor	Riz	41,5	Arachide	31,3	Mil	10,6	83,3
	Sénégal	Mil	40.6	Arachide	38	Sorgho	5.80	84.4

Source : Agence nationale de la statistique et de la démographie du Sénégal

De plus en plus, du fait des changements du milieu naturel et des choix opérés en matière de politiques agricoles, le riz produit localement n'est plus la base de la consommation alimentaire ; et même dans certaines zones rurales de la Haute Casamance, du Sénégal Oriental, ainsi que dans le sud du Bassin arachidier, ce riz local ne joue plus son rôle d'antan d'aliment complémentaire et stratégique. Il est devenu une céréale dont la place s'est considérablement réduite dans les stratégies de sécurité alimentaire des ménages. Toutefois dans quelques rares localités, il existe des ménages qui en font la base de leur consommation quotidienne. D'ailleurs, on observe qu'il y a deux régions où les systèmes alimentaires ont conservé un régime traditionnel fort tout en évoluant vers un régime de consommation alimentaire à base de riz. Il s'agit de la Basse Casamance, une région dont la civilisation rizicole est séculaire et permet d'entretenir de nos jours un système alimentaire rizicole performant, et de la Vallée du fleuve Sénégal, devenue en l'espace de trente ans un espace de production et d'autoconsommation de riz en remplacement du mil et du sorgho.

2. 3. 1. Les systèmes alimentaires traditionnels et rizicoles de la Basse Casamance

La Casamance est très souvent présentée comme une zone de civilisation rizicole et un paradis vivrier que tout oppose cette partie du pays au reste du pays. Ce confort alimentaire, la Basse Casamance le doit à l'abondance de ses ressources en eau, à sa richesse pédologique, à ses variétés végétales et faunistiques. Bref, elle le doit à un ensemble de facteurs naturels qui permettent encore aujourd'hui d'entretenir des systèmes alimentaires traditionnels à base de riz et de cueillette. Apparentés au groupe Diola, ces systèmes alimentaires s'étendent sur les trois départements de la région, soit 7 333 km^2 de surface et 3,74 % du territoire national.

Ils sont structurés, complexes et combinent une organisation collective et une organisation individuelle tournée vers l'acquisition des vivres, leur partage et leur utilisation. Bien que progressivement érodé, il continue d'exister en Basse Casamance un système agricole et agroalimentaire collectif qui prône le partage du travail des champs entre les membres du groupe familial et qui laisse place à une organisation individuelle dès qu'il s'agit de la consommation alimentaire. Cette élasticité confère au système deux piliers stratégiques constitués par d'une part l'existence d'une ou de plusieurs rizières pour chaque famille, et d'autre part par une production collective du riz et une gestion individuelle des greniers et de la consommation. Par cette organisation du système, chaque personne adulte du groupe familial participe à la création des vivres pour le groupe, mais devient seule responsable de sa nourriture annuelle dès l'instant que la récolte issue des rizières est partagée.

La distinction entre les modes de production agricole et les modes de consommation véhicule l'idée de responsabilité individuelle en matière de production et de gestion des stocks de riz. Dans un tel contexte organisationnel, l'autonomie alimentaire est perçue comme la base des stratégies de consommation et de production. C'est elle qui commande le partage des espaces champêtres et l'utilisation de la force de travail. Elle traverse toutes les composantes du groupe familial, qu'il s'agisse des ménages polygames ou monogames, avec peu ou plusieurs enfants. Cette autonomie semblait si poussée que lorsqu'un jeune ménage se formait, le chef de famille lui attribuait un stock de riz et une parcelle de rizière pour qu'il puisse assurer sa nourriture jusqu'à la prochaine récolte. Par ailleurs, dès qu'un enfant atteignait l'âge de travailler, son père lui affectait une parcelle de rizière, un acte qui le rendait responsable de sa propre nourriture (Pélissier, 1966). Au sein des ménages, les stratégies alimentaires se complexifient dès lors qu'elles concernent les ménages polygames. En effet, si dans les ménages monogames, le partage des récoltes est facile à faire, car la récolte de chaque rizière est affectée à un grenier, en revanche dans les ménages polygames le partage des récoltes de riz est plus difficile parce que chaque femme s'occupe exclusivement de la nourriture de ses enfants[127].

2. 3. 2. Couverture des besoins céréaliers en Basse Casamance

L'examen des bilans céréaliers dans les différents systèmes alimentaires en vigueur en milieu rural sénégalais révèle que la Basse Casamance est, de nos jours, la seule région à présenter un bilan positif. La moyenne des taux de couverture céréalière par habitant dans les trois départements (Ziguinchor 89 %, Bignona 98 % et Oussouye 142 %) témoigne une région globalement

[127] Pour en savoir davantage sur les systèmes alimentaires traditionnels en Casamance, lire la thèse de Pélissier (1966). Il y démontre que dans les ménages monogames, la récolte de rizières est souvent divisée en deux parties engrangées dans des greniers distincts : le riz du grenier de la femme est destiné à l'entretien du ménage tandis que le riz du grenier du mari constitue une réserve utilisée au moment des travaux collectifs (dans les rizières), lors des fêtes (mariages, funérailles, circoncision, etc.). Dans les ménages polygames par contre, chaque femme se voit attribuer par son mari la récolte d'une rizière ; le mari et chacune de ses épouses disposent d'un grenier autonome attenant à sa chambre. Chacun puise sa consommation dans son propre grenier et chaque femme fait sa cuisine indépendamment. Quant aux enfants, ils sont nourris par le riz maternel une partie de l'année (depuis la fête des récoltes, jusqu'à la saison sèche) et par le riz paternel le reste de l'année (juin à décembre).

autosuffisante au plan alimentaire. Mais, il est important de souligner que le contexte alimentaire décrit par les chiffres ne traduit pas toute la réalité alimentaire dans la région. En effet, depuis environ trois décennies, cette région subit deux graves contraintes qui rendent la situation alimentaire plus complexe. La première concerne l'évolution régressive du milieu naturel et la baisse de la pluviométrie. Les conséquences sont une salinisation des sols et l'obligation des paysans à s'adonner de plus en plus aux cultures sèches de plateau comme le sorgho, le mil et surtout l'arachide. La seconde est liée à la guerre des indépendantistes du MFDC contre l'Etat du Sénégal et qui a engendré beaucoup de problèmes au plan alimentaire[128].

Cette réalité conduit à considérer que le taux régional moyen annuel de 102 % de couverture céréalière par habitant est véritablement trompeur[129]. Il efface plusieurs poches de villages déficitaires dans lesquels l'alimentation des habitants est un véritable problème, sans compter qu'il n'informe pas sur le nombre de personnes qui a été déplacé par le conflit, ainsi que les villages dont les rizières sont devenues dangereuses à cultiver à cause des mines enfouies. Cette situation fait de la Basse Casamance « un véritable paradoxe au plan alimentaire », car, bien que globalement autosuffisante en riz, la région affiche le déficit céréalier le plus important du Sénégal (85 000 tonnes) après Thiès et Louga, deux régions qui se trouvent quant à elles dans la zone du Sahel. Pour faire face aux problèmes alimentaires, deux types de solutions sont mis en œuvres ; d'un côté, il y a l'aide alimentaire apportée par les pouvoirs publics ou les organisations d'appui au développement et de l'autre les paysans qui essaient de faire évoluer leurs systèmes de production agricole afin de les adapter aux transformations environnementales (baisses de pluies, salinisation des rizières, etc.) et par ce moyen faire face aux problèmes alimentaires qui en découlent. Sur ce point, on observe par exemple que l'arachide qui était très marginale a pris une place croissante dans les systèmes de culture. D'ailleurs, il est intéressant de constater que ce sont les femmes qui gèrent les champs d'arachide, ce qui informe sur la place de cette plante dans les modes et les stratégies de consommation alimentaire. Par exemple, dans un grand nombre de villages du département de Bignona, l'arachide est devenue une culture prioritaire, au même titre voire au détriment du riz.

---

[128] Selon la FAO, le Sénégal continuait d'avoir besoin de l'aide alimentaire en 2003 : environ 55 000 tonnes pour 580 000 personnes touchées par la sécheresse et la chute des productions céréalières ; et il y a 3 800 tonnes pour 124 000 personnes victimes du conflit en Casamance, soit 35 % de la population régionale.

[129] On peut logiquement douter de la fiabilité de tels chiffres si l'on sait que depuis deux décennies les enquêtes sont restreintes dans la région à cause du conflit.

Pour qui connaît la culture des Diola et leur attachement presque viscéral au riz, ces changements représentent une véritable révolution agricole et alimentaire. Corroborés par les statistiques agricoles du Sénégal, ils révèlent que l'arachide est désormais la première culture dans le département de Bignon avec 40 % des superficies cultivées, suivie du riz et du mil avec 26 % et 25 %. Dans les départements situés plus au sud, moins soumis à la sécheresse et à la diffusion des modes de consommation urbaine, la diversification des cultures progresse avec 31 % et 11 % des superficies consacrées respectivement à l'arachide et au mil. Au final, la Casamance apparaît comme une région assez contrastée au plan alimentaire. Comparés à la vallée du fleuve Sénégal, les systèmes alimentaires qui y sont pratiqués sont également en pleine mutation, et tout semble indiquer qu'il faudra bientôt en parler au passé. En Basse Casamance, il a une sorte de diversification des céréales, un phénomène qui serait provoqué par une conjoncture naturelle et une politique agricole spécifique. A l'inverse, la vallée du fleuve présente une tendance à une simplification et une homogénéisation des modes de consommation alimentaire.

2. 3. 3. Les systèmes alimentaires rizicoles de la vallée du fleuve Sénégal

La vallée du fleuve Sénégal est devenue une zone de consommation alimentaire à base de riz depuis une trentaine d'années. Les nouveaux modes de consommation sont mis en place grâce aux investissements du gouvernement sénégalais, qui visait à faire de cette région le lieu de production de riz pour l'autosuffisance alimentaire nationale. Dans le chapitre consacré à l'étude régionale de l'agriculture sénégalaise, on a montré le processus de mise en culture du riz dans la vallée ainsi que les différents systèmes de production pratiqués et leurs impacts sur les productions agricoles traditionnelles. Au plan alimentaire, le cas de la vallée du fleuve est doublement intéressant. Il représente au Sénégal, le seul exemple qui a semblé aboutir, de recherche de solutions endogènes par l'agriculture aux problèmes alimentaires. Mais aussi, il est la manifestation concrète de l'acceptation définitive de l'idée selon laquelle les habitudes alimentaires sénégalaises se sont complètement modifiées, par conséquent la politique d'autosuffisance alimentaire devrait désormais privilégier le riz au détriment des céréales traditionnelles, et ce, même malgré des investissements financiers très coûteux. Quelques années après la mise en œuvre de cette stratégie agroalimentaire (développement des systèmes de production irriguée et culture du riz)[130], les résultats obtenus sont pour le moins ambivalents. Si au niveau de la vallée, le riz est bien entré dans la

[130] Cf. la problématique du riz au Sénégal.

consommation alimentaire quotidienne des populations (figure 9) et que les aliments traditionnellement de base sont devenus des aliments d'appoints, dans le reste du pays en revanche la consommation de riz est encore liée aux importations, aux revenus tirés de l'arachide ou du coton. Dans les cas où ces revenus font défaut, les populations vivent avec les régimes alimentaires traditionnels à base de mil.

Figure 9. Transformation des modes de consommation alimentaire dans la Moyenne vallée du fleuve Sénégal entre 1958 et 2000

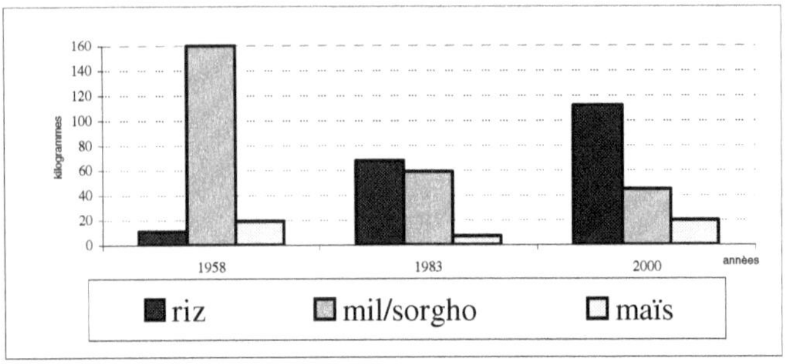

Cette figure est doublement éclairante, car elle révèle trois phases distinctes du processus de transformation des systèmes alimentaires dans la vallée :

- une première phase qui a vécu jusqu'à la fin des années 50 et dont le système alimentaire dominant reposait sur la culture et la consommation du mil et du sorgho ;
- une deuxième phase qui a concerné la période allant des années 70 aux années 80, appelée phase de transition des systèmes alimentaire, et qui est marquée par l'introduction et l'expansion de la culture irriguée du riz et du maraîchage. C'est durant cette période qu'il s'est établi dans la vallée un système alimentaire mixte dans lequel la consommation de mil et de riz tend à s'équilibrer dans les régimes alimentaires ;
- enfin, une troisième phase marquée par l'établissement d'un système alimentaire à base de riz qui ressemble beaucoup à celui qu'on retrouve dans les centres urbains du Sénégal dans les années 2000.

L'introduction du riz irrigué et la transformation des systèmes alimentaires dans la vallée vont à l'encontre d'un certain discours en matière de politiques alimentaires du fleuve. Ce discours voudrait considérer que dès l'instant qu'une forme de consommation existe et que des habitudes alimentaires sont nées, il est plus facile de s'y adapter que de les changer. A l'image des autres régions du pays, la consommation alimentaire dans la vallée a toujours été marquée par l'utilisation massive de céréales[131], mais le riz ne prenait qu'une faible place. L'autoconsommation familiale concernait 70 % des quantités produites et le reste donnait lieu à des échanges, principalement sous forme de troc (Savané, 1992). Mais il faut souligner que la sécurité alimentaire reposait plus sur des activités d'échange et d'élevage que sur les récoltes, parce que ces dernières étaient souvent très faibles et la période de soudure durait plus longtemps[132]. De telles activités, essentielles pour la sécurité alimentaire, étaient à la charge des femmes, car c'est sur elles que reposait la responsabilité de trouver les aliments complémentaires ou palliatifs au mil et au sorgho. Les échanges avaient lieu essentiellement contre du bétail ou d'autres produits dérivés de l'élevage, voire contre du poisson dans les villages situés le long du fleuve, des poteries, du coton filé, etc. Dans ces trocs, les femmes prenaient une grande place. Probablement, c'est ce contexte particulier qui a facilité l'insertion du riz dans les systèmes de production. Aujourd'hui, on ne retrouve presque plus de traces de ces modes traditionnels de consommation dans la vallée du fleuve. Comme le montre la figure 10, le riz a complètement supplanté le mil, et a contribué à installer des aliments nouveaux dans les régimes alimentaires. L'enquête nutritionnelle (1983) et l'enquête auprès des ménages (1995) attestent l'importance des évolutions enregistrées, notamment le transfert du mil vers le riz, la progression de la consommation des légumes, des fruits et feuilles, de l'huile et du sucre, mais aussi la forte diminution de la consommation de poisson. La consommation calorifique par personne s'est beaucoup modifiée entre la période qui a précédé les barrages, marquée par la consommation du mil, et celle qui a suivi marquée par la consommation du riz, qui est passée de 30 à 188 grammes par personne, et pour le mil de 444 à 164.

---

[131] Traditionnellement, le mil constituait la céréale de base pour les populations hal pular et wolof de la vallée ; tous les menus en contenaient pratiquement. Les populations l'utilisaient pour le couscous, avec lequel elles consommaient du lait frais de vache au petit déjeuner ou le soir pendant les périodes de soudure. Pendant les périodes d'abondance, après les récoltes, elles l'accommodaient de feuilles de haricot bouillies, relevées avec des morceaux de viande ou de tranches de poissons frais et secs pour le dîner. A midi, elles faisaient du « *gniri bouna* » (galettes de mil relevées avec du poisson sec et arrosé de beurre de vache) ou du « *gniri-liddi* » (galettes de mil avec de la sauce de poisson-bouillie) à moins qu'on en fasse du « *tiakri* » (fines graines gonflées à la vapeur et arrosées de lait caillé) ou encore du « *gombo* » avec des graines plus grosses et beaucoup de viande, le tout arrosé de beurre de vache.

[132] A début des années 70, on estimait que la production de mil et sorgho par habitant était de 58 kilogrammes et en tenant compte des quantités commercialisées, la disponibilité par habitant et par an ne dépassait pas 27,3 kg alors que les besoins annuels étaient de 180 kilogrammes par personne. La durée de la période de soudure variait entre 11 et 9 mois par année.

Figure 10. Comparaison de la consommation calorifique dans la vallée avant et après la construction des barrages selon les aliments complémentaires

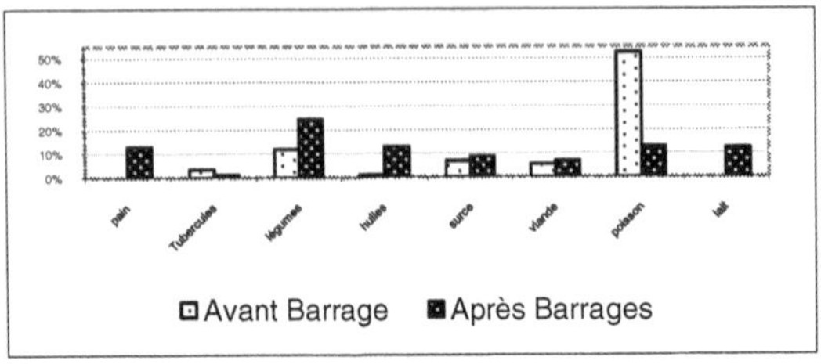

2. 3. 3. 1. Un réseau de distribution propre à la vallée du fleuve

La vallée du fleuve bénéficie d'un système alimentaire et d'un réseau de distribution qui se rapprochent plus de celui qu'on retrouve dans les centres urbains. Toutefois, il y a une différence fondamentale parce que dans la vallée, la base de la nourriture provient en majeure partie de la production locale de paddy. L'accroissement de la consommation de riz paddy a été rendu possible par la mise en place d'un réseau régional efficace de distribution (figure 11). L'efficacité de ce réseau a fait que même les villages peu concernés par la riziculture, notamment dans la Haute vallée, pouvaient s'approvisionner aisément sur le marché local. La transformation de l'alimentation dans la vallée s'explique par l'accès au marché d'un grand nombre de villages, par la dégradation de la production traditionnelle et la généralisation de la riziculture irriguée. Ces deux facteurs ont engendré un processus d'extraversion qui a accéléré l'insertion de la région dans le circuit économique moderne. Aujourd'hui, lorsqu'on se met à étudier le réseau de distribution du riz dans la Vallée, on constate que deux circuits se côtoient : d'une part, le riz paddy produit et commercialisé sur place et d'autre part le riz importé et le mil produit dans le Bassin arachidier et dans d'autres régions.

Le réseau de distribution en place dans la région de la vallée fut conçu dans le but de protéger et d'accroître la production de riz paddy au niveau des périmètres irrigués, mais également d'en faciliter l'accès aux ménages pour la consommation alimentaire. À l'époque, il s'agissait d'une mesure d'accompagnement jugée nécessaire par l'État pour réussir la riziculture dans la vallée. Ainsi, jusqu'au début des années 90, il revenait à la société d'aménagement des eaux du delta (SAED) de collecter le riz paddy directement auprès des paysans, de le décortiquer et de le revendre à la caisse de péréquation et de stabilisation des prix (CPSP), qui à son tour se chargeait de sa commercialisation sur le marché. Ce système de distribution s'est estompé au milieu des années 90. En effet, ayant été soumise à l'ajustement structurel, la SAED s'est désengagée des activités de collecte, d'usinage et de revente au profit d'opérateurs privés à qui elle accorde des agréments. La mise en place d'un système privé de collecte, d'usinage et de distribution est cependant assez controversée à la lumière des résultats auxquels il a abouti. Selon des agents de la SAED, ce nouveau système de distribution n'est pas aussi efficace qu'il l'était au temps de la SAED. Pour eux, il a plutôt encouragé le développement des marchés parallèles de paddy sans compter qu'il a incité un bon nombre de producteurs à produire juste pour l'autoconsommation. Ce point de vue est corroboré par des paysans producteurs qui disent avoir plus confiance aux Banques céréalières autogérées par eux-mêmes que de la vente de leur production à des commerçants qui viennent souvent de Dakar et qu'ils ont ensuite de la peine à revoir pour recouvrer leur argent.

Ces arguments sont bien sûr réfutés par les grands producteurs et par les commerçants grossistes. Ces derniers considèrent que la commercialisation du riz local constitue un véritable casse-tête à chaque campagne à cause de la concurrence déloyale du riz importé des pays asiatiques. Ils soulignent que plus de 400 000 tonnes en 1995, les importations sont passées depuis 1999 à plus de 650 000 tonnes. A écouter les paysans et les commerçants, on s'aperçoit que le problème du riz local se trouve dans l'absence de protection par rapport au riz international et l'impossibilité de garantir un prix convenable et stable aux producteurs. A ces deux facteurs, il faut ajouter la liquidation de la CPSP, qui jouait un rôle de régulateur, et la libéralisation de la filière du riz en 1996.

Ce nouvel environnement, qui est l'application des mesures de la Banque mondiale et FMI, crée des situations pour le moins paradoxales, comme lors des campagnes 1995/1996 et 1996/1997, campagnes pendant lesquelles la commercialisation du riz local a été suspendue. Pour les grands producteurs de la vallée du fleuve, les contraintes liées à la distribution et la vente du riz local sont à chercher ailleurs, par exemple au niveau de l'absence de plan de marketing du riz local pour que ce riz soit disponible sur le marché dakarois et dans les marchés régionaux.

Figure 11. Réseau de distribution moderne du riz paddy et du riz brisé dans la vallée du fleuve Sénégal (adapté de Savané, 1992)

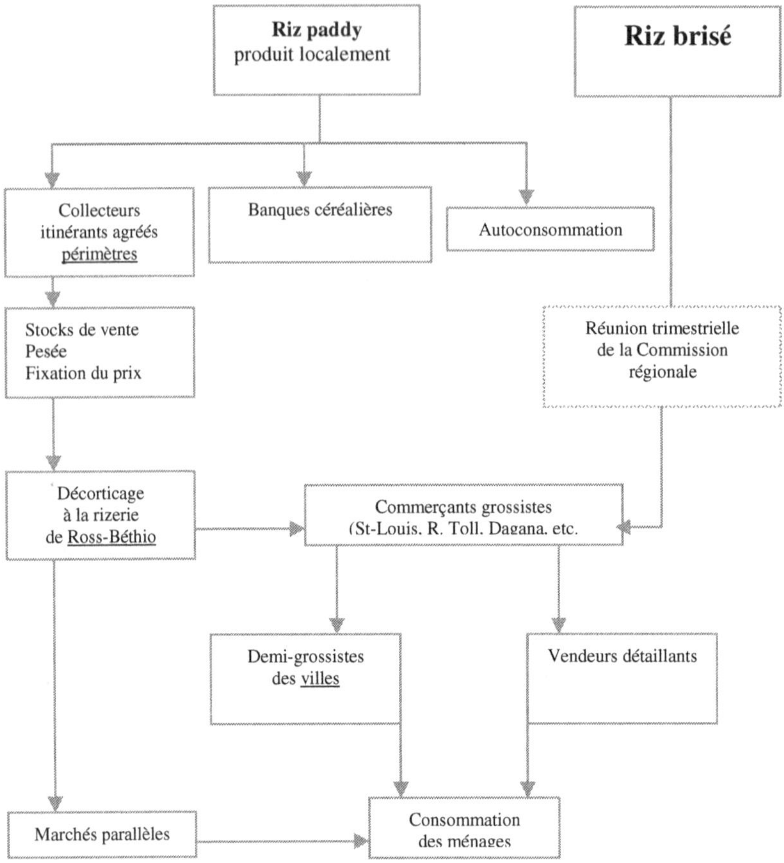

Par cette expérience d'autosuffisance alimentaire, il ressort que le marché est devenu une composante incontournable du système alimentaire dans la vallée du fleuve. Et comme on le constate (figure 12), la proportion des récoltes de riz destinées à la commercialisation s'avère encore assez élevée, plus de 50 % par rapport au sud du pays. C'est le réseau local de distribution du riz paddy et du riz importé qui a favorisé dans la région la commercialisation des céréales traditionnelles provenant des autres régions du pays, ce qui fait dire aux spécialistes que la région de St-Louis est parmi toutes les régions du Sénégal, celle qui a le plus profité des échanges interrégionaux en matière de céréales.

Figure 12. Proportion (en %) des produits agroalimentaires destinée à la vente selon les ménages dans la vallée du fleuve

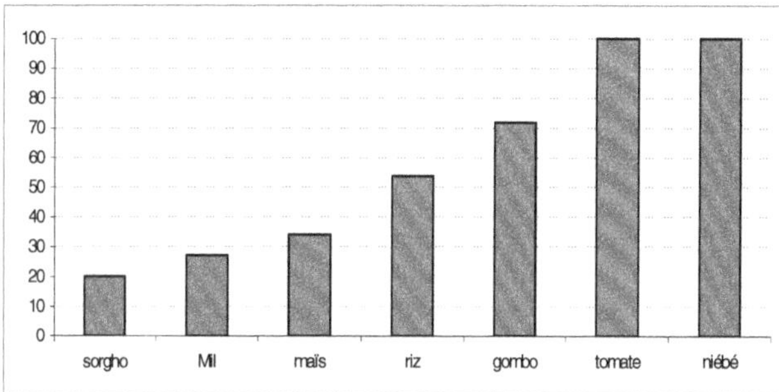

3. Les systèmes alimentaires dans les centres urbains

Comme souvent dans les pays d'Afrique au sud du Sahara, les systèmes alimentaires pratiqués témoignent la dualité qui caractérise l'économie et les sociétés africaines en général. D'un côté, on a des sociétés urbaines extrêmement ouvertes sur le monde moderne avec tout ce que cela implique en consommation de divers produits, et d'un autre côté il y a un arrière-pays rural encore dominé par des systèmes agraires traditionnels et des modes de consommation peu évolués. C'est donc cette dualité entre les deux milieux (urbain, rural) qui se retrouve dans les systèmes alimentaires et les modes de consommations des populations. Au Sénégal, par exemple, il est reconnu que les modes traditionnels de consommation alimentaire étaient commandés par la variation des isohyètes, par le type d'agriculture pratiquée et les activités de cueillette. Et c'est progressivement, avec l'expansion de l'arachide et la spécialisation agricole des régions, que les systèmes alimentaires ruraux ont évolué, en s'adaptant à l'économie rurale du moment. En revanche, au niveau des villes, se sont développés des systèmes alimentaires originaux, en rupture avec l'arrière-pays rural et ses produits agricoles. L'analyse des systèmes alimentaires urbains du Sénégal permettra de mettre en exergue la formation des habitudes alimentaires, la constitution de réseau de distribution, mais également l'impact des revenus monétaires dans ce système[133].

[133] Toutefois pour une analyse plus complète sur les systèmes alimentaires urbains, voir les travaux d'Enda-Graf et de l'ACDI.

3. 1. Formation des habitudes alimentaires à Dakar et dans les autres villes

L'agglomération dakaroise comptait 2 326 929 d'habitants en 2000, soit 24,42 % de la population du Sénégal, auxquels viennent s'ajouter annuellement des migrants saisonniers ruraux de l'ordre de 100 000 à 150 000 personnes selon la faiblesse des activités agricoles de l'année écoulée ou de l'année en cours. Ce flux régulier et important de populations s'ajoute à d'autres populations étrangères anciennement ou récemment établies à Dakar. Tout naturellement, l'on aurait tendance à croire que la diversité socio-ethnique qui résulte de tels flux créerait une diversité au plan alimentaire, d'autant que l'accroissement démographique s'accompagne d'une expansion spatiale de la ville[134] et d'une extension des distances, autant de facteurs qui rendent plus difficile l'accès aux marchés. Mais il ne semble pas que ce soit le cas. Tout au moins, observe-t-on sur le bilan alimentaire en 1974 (tableau 16), une forte homogénéisation des habitudes alimentaires, mais aussi l'émergence d'une consommation spécifiquement urbaine.

Le bilan alimentaire montre que dès 1974, il se mettait en place dans la population urbaine un nouveau système alimentaire, différent de ceux qui étaient en vigueur dans les zones rurales. Le processus qui conduit à la transformation des habitudes de consommation à Dakar et dans les autres villes s'est fait à travers un transfert vers le riz de la consommation de céréales, un plus grand recours à l'huile et au sucre, ainsi que par une progression des apports calorifiques et protéiniques d'origine animale. Ce processus est confirmé au fil des années par d'autres sources d'investigation comme le recensement de la population (RPGH-1988) et diverses autres enquêtes socio-économiques, dont celles sur les priorités (ESP-1992), sur les ménages (ESAM-1995).

L'évolution des chiffres de la consommation selon les aliments entre 1960 et 2000 permet à tout observateur des pratiques alimentaires au Sénégal (tableau 17) de se rendre compte de l'effectivité d'un système alimentaire urbain à base de riz, d'huile et de sucre et dans une moindre mesure de blé[135].

---

[134] Entre 1960 et 2000, l'explosion démographique de la ville de Dakar est si importante que cinq autres grandes villes ont émergé à sa périphérie. Ces villes sont M'Bargny 38 739 habitants, Guédiawaye 452 168 habitants, Pikine 745 372 habitants, Rufisque 165274 et Sébikotane 16 316 habitants. Ces villes forment avec la ville de Dakar, l'agglomération dakaroise qui s'étend sur une superficie de 550 km^2.

[135] Pour le gouvernement, le riz, le sucre et l'huile représentent les denrées alimentaires de première nécessité.

Tableau 16. Bilan alimentaire selon les zones urbaines et rurales du Sénégal en 1994

	Sénégal	Ruraux	urbains totaux	Ville de Dakar	Urbains hors Dakar
Population	4800	3323	1537	840	697
Consommation de céréales par habitant en kg/an	149.1	153.2	140.3	138.1	143.3
Riz	54.2	37.2	91	98.3	82.6
Mil/sorgho	72.7	96.7	20.7	11.5	31.8
Apport calories d'origine céréalière par jour par hbt	1491	1549	1363	1334	1402
Apport calorie d'origine animale par jour par hbt	170	68	637	383	349
Grammes de protéines d'origine Animale hbt/jour	22	10.1	45.9	45.6	46.7
Grammes de protéines d'origine céréalière hbt/jour	38.8	39.4	37.3	37.2	36.2
Grammes de protéines origine légumineuse et arachide	5.9	7.1	3.4	1.6	5.6
Consommation huile en kg par hbt par an	8.5	4.1	17.9	19.9	15.5
Consommation sucre kg/hbt/an	11.6	9	17.2	19.9	13.9

Source : extrait du 5e plan de développement économique et social du Sénégal

Ce tableau témoigne la place dominante du riz dans les régimes alimentaires urbains et ses différences avec les régimes alimentaires ruraux, des différences qui sont le reflet des changements intervenus dans les systèmes d'approvisionnement, les modes de vie, les activités économiques et le contexte social et spatial. Il faut toutefois noter que dans les systèmes alimentaires urbains, les régimes sont peu diversifiés. L'introduction de formules de consommation typiquement occidentales dont l'influence n'a pas fondamentalement bouleversé les régimes déjà établis. En revanche, la petite alimentation (tangana, gargote, les cuisines collectives) constitue un maillon important dans les stratégies alimentaires urbaines. Chacune de ces formules s'accompagne d'une adaptation culinaire locale et répond à une demande de la population, dont les moyens financiers limités ou les difficultés du transport obligent à manger sur place. La tendance des dakarois à s'alimenter dans la rue participe également de la transformation des modes de consommation et des rapports à l'espace et à la distance. Toutefois, elle ne change pas encore le système alimentaire en profondeur, car les aliments de base et les plats consommés restent les mêmes.

Le développement de la petite alimentation et le foisonnement de formules de consommation rapide font apparaître deux phénomènes nouveaux : d'un côté, ils ont engendré des modes de consommation en rupture avec les habitudes alimentaires rurales et d'un autre côté ils n'évoluent pas vers les modèles occidentaux de consommation alimentaire.

Tableau 17. Place du riz brisé dans les principaux menus consommés dans les zones urbaines sénégalaises

Noms de menus	Aliment de base	Aliments de support	Période
*Mafé**	Riz	Patte d'arachide, huile, tomate, viande ou poisson	Toutes les saisons
*Yassa**	Riz	Oignions, huile, poisson ou viande	Toutes les saisons
*Ceebu jeun**	Riz	Poisson, huile, légumes	Toutes les saisons
*Soupe kandja**	Riz	Gombo, huile de palme, poisson séché	Saison des pluies
*Domoda**	Riz	Farine, huile, tomate poisson ou viande	Toutes les saisons
*thiou**	Riz	Huile, tomate, poisson, viande	Toutes les saisons
*caldou**	Riz	Poisson, huile, citron, bissap	Saison des pluies

* appellation en wolof

En revanche, dans le cas des restaurations collectives, il se produit une sorte de compromis avec les traditions rurales de gestion collective de l'alimentation, à une différence près que cette fois-ci le collectif n'est plus la famille ou les champs de mil, mais l'appartenance à la même catégorie socioprofessionnelle ou la proximité spatiale des activités. La question principale qu'on ne peut manquer de poser, c'est celle de la viabilité, de la durabilité du système alimentaire urbain. Elle se pose avec d'autant plus d'acuité que la composante majeure (le riz) du système est complètement déconnectée de la production nationale et participe considérablement au déséquilibre de la balance commerciale du pays. Le pays rural ne contribue que très peu faiblement à la consommation urbaine. Cette situation est évidemment regrettable, surtout à l'heure où on voudrait que la population rurale accroisse ses revenus, pour pouvoir contribuer, par sa consommation, à la croissance du pays. Les tentatives des pouvoirs publics de répondre à la demande alimentaire, notamment celles qui s'appuient sur le milieu rural, n'ont pas encore marché, en attendant le clivage urbain/rural dans la consommation entraîne une sorte de divorce dans la production vivrière rurale (offre) et la consommation urbaine (demande). Tous les efforts doivent donc être déployés afin que la demande urbaine serve de moteur, plutôt que de frein, au développement de l'agriculture locale. Il convient par conséquent de rechercher les moyens d'une meilleure adéquation entre les systèmes de production, de commercialisation et de transformation et la demande des consommateurs urbains. A terme, cela devrait déboucher sur des stratégies pour le développement d'aliments locaux qui puissent concurrencer les produits importés prêts à l'emploi (Lunven et coll.,1991)[136].

[136] http://www.fao.org/docrep/U3550t/u3550t05.htm#les%20styles%20alimentaires%20urbains

Consommer local : les habitudes alimentaires ignorent les céréales locales transformées

Les céréales, même si elles ne sont pas produites suffisamment, restent encore supplantées par le riz importé. Il faut donc créer le besoin chez le consommateur et mettre au point des unités de transformation de nos produits agricoles.

"Cere diambar", "pain riche"... Ces tentatives "précipitées" de la promotion du consommer local ont échoué. Et les céréales, même si elles ne sont pas produites suffisamment, restent encore supplantées par le riz importé. Il faut donc créer le besoin chez le consommateur, indique M. Ibra Seck, directeur technique de la Société industrielle sahélienne de mécaniques des matériels agricoles et de représentation (Sismar) qui intervenait avant-hier, lors d'une conférence publique sur "la transformation des produits agricoles et l'accroissement de la productivité en Afrique". Cette conférence organisée par l'Institut africain de développement économique et de planification (Idep) à l'attention de ses étudiants en formation en agriculture, était l'occasion pour M. Seck de montrer les problèmes de la production et de la transformation des produits agricoles.

Entre 1960 et 1980, tout a été fait pour développer les cultures de rente comme l'arachide et le coton. Les céréales sont alors restées comme des cultures vivrières. Changeant du coup les habitudes alimentaires des Sénégalais qui ont bougé vers des céréales prêtes à l'emploi comme le riz importé ; D'où la nécessité de mettre au point des unités de transformation de nos produits agricoles. Ainsi, la Sismar a procédé à la mise au point de tous les équipements comme des décortiqueuses de céréales, des moulins, des trieurs, etc. Pour son directeur technique, "c'est une politique volontariste au-delà de nos ambitions de société privée qui nous a permis d'en arriver là ". Et pour mieux disséminer les matériels dans le pays, elle a décidé de ne pas protéger les machines mises au point. Elle a donc laissé les artisans et forgerons recopier ce qu'elle a fait pour disséminer la technologie à travers le pays. Et le résultat, note M. Seck, est qu'aujourd'hui, dans toutes les villes du Sénégal, on peut trouver des céréales locales ensachées et prêtes à la consommation. Quant à l'acquisition du matériel qui pose le plus souvent de problèmes aux paysans, le directeur technique de la Sismar estime que cela tient du fait de l'état de pauvreté extrême du paysan. Ainsi, ce dernier a des préoccupations alimentaires quotidiennes plutôt que celles d'acquisition du matériel de transformation. Cela sous-entend que l'Etat doit massivement intervenir, comme il le fait dans son nouveau programme agricole en subventionnant le matériel agricole à 80 % et en le mettant à la disposition du dernier des paysans. Par exemple, explique M. Ibra Seck, le semoir qui coûte 186 mille francs peut être subventionné et vendu à 37 mille francs au lieu de le donner à crédit à 200 mille francs. Un crédit qui ne sera jamais remboursé. Avec cette politique, estime le technicien, "le paysan conscient de l'importance du semoir dans sa production, fera tout pour se procurer ce matériel".

F. Dramé, journal Walf, le 18 mars 2005

3. 2. Les systèmes d'approvisionnement alimentaire en milieu urbain : l'exemple de Dakar

Le développement d'un système alimentaire urbain a engendré au Sénégal la mise en place d'un réseau de distribution et d'approvisionnement alimentaire assez complexe. Très souvent, ce réseau épouse la hiérarchisation territoriale et administrative de la ville ou de l'agglomération, avec des marchés qui combinent les grossistes, les demi-grossistes et les détaillants. Mais, il arrive que ce réseau se complexifie, par exemple au fur et mesure que la ville augmente et surtout lorsque des habitations spontanées s'installent massivement, comme c'est le cas dans plusieurs quartiers de la ville de Dakar. Il y a deux catégories de réseaux de distribution dans les centres urbains du Sénégal, le réseau d'approvisionnement alimentaire des villes situées à « l'intérieur du pays » et le réseau d'approvisionnement de la ville de Dakar. Au niveau des villes de l'intérieur, le réseau de distribution et d'approvisionnement est moins complexe. En général, au niveau de chaque région, la ville qui est en même temps chef-lieu et capitale régionale dispose d'un marché dit « marché central » à partir duquel, sont approvisionnés les marchés des quartiers et des petites villes départementales. Ce réseau de distribution présente deux particularités : il dépend souvent du système d'approvisionnement de la ville de Dakar pour le riz, l'huile, le poisson et les produits manufacturés, tandis que pour ce qui est des céréales locales, des légumes et des produits alimentaires de cueillette, il est alimenté par les marchés ruraux qui se trouvent dans ses alentours.

Figure 13. Présentation schématique des flux de céréales au Sénégal

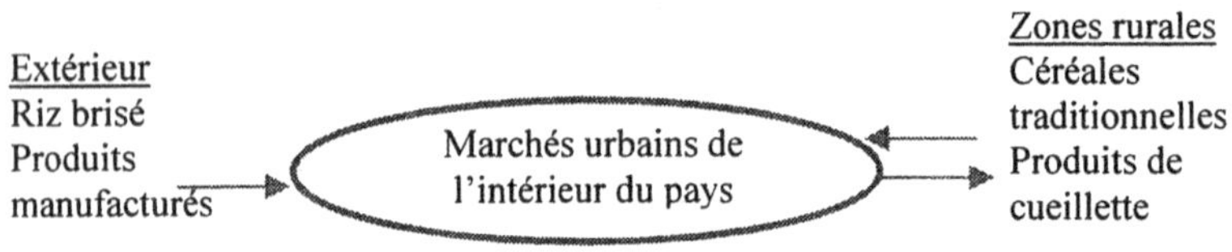

Le circuit d'approvisionnement alimentaire est beaucoup plus complexe pour ce qui est de l'agglomération dakaroise. Il est structuré en plusieurs grands lieux d'approvisionnement et fonctionne selon les types de produits. Cette diversité est une réponse à l'étalement de la ville (550 km^2) et à son poids démographique sans cesse grandissant (2 326 929 habitants en 2000). Les principaux marchés d'approvisionnement sont : le marché des céréales, le marché de poisson, le marché de viande et le marché de fruits.

Pour ce qui est de la consommation en céréales dans l'agglomération de Dakar, deux marchés servent de lieux principaux d'approvisionnement pour les revendeurs et dans une moindre mesure pour les ménages : il s'agit du marché de Thiaroye qui se trouve dans la banlieue à une vingtaine de kilomètres du centre de la ville et le marché de Tilène situé en ville.

Le marché de Thiaroye est surtout réputé comme étant le plus grand marché du Sénégal. Sa situation géographique à mi-distance entre la ville de Dakar et l'arrière-pays rural en fait la plaque tournante du réseau d'approvisionnement alimentaire du pays. Il fonctionne comme une véritable tête de pont à partir duquel les marchés secondaires de la banlieue et ceux des autres régions sont approvisionnés en produits alimentaires de tout genre. Mais également, c'est le lieu par lequel la ville de Dakar - ses marchés principaux, secondaires et détaillants de quartiers - est alimentée en céréales locales, en légumes et en produits alimentaires de cueillette.

Dans le domaine de la distribution des céréales, le marché Thiaroye est surtout spécialisé dans les céréales locales. Ce marché reçoit ses produits des *bana-bana*[137] et des commerçants grossistes qui trouvent là un grand nombre de petits revendeurs. C'est parmi ces *bana-bana* qu'on retrouve ceux qui approvisionnent les marchés régionaux de produits importés. Quant au marché de Tilène, il serait en train de perdre sa fonction de marché principal au profit de celui de Thiaroye, mais aussi du fait de la volonté des autorités de la communauté urbaine de Dakar[138]. Néanmoins, il continue d'approvisionner les marchés secondaires de la ville de Dakar comme Gueule-Tapée, Sandaga, Nguélaw et Castor, ainsi que les petits étals dispersés à l'intérieur des quartiers. Dans ses différents marchés, les processus d'approvisionnement en céréales locales sont identiques à ceux de Thiaroye, sauf qu'à Tilène les *bana-bana*, qui en sont les principaux acteurs, sont constitués en majorité de femmes, qui elles, procèdent à la transformation des céréales avant de les proposer aux revendeurs ou de les vendre directement aux consommateurs.

Le réseau de distribution qui permet d'acheminer le riz[139] vers les grands marchés, les marchés secondaires et chez les détaillants, n'épouse pas la même organisation que celui des céréales locales. Ce dernier est moins structuré et il fonctionne dans le sens inverse de celui du riz.

3. 3. Dépenses alimentaires dans l'agglomération dakaroise

Les dépenses alimentaires représentent une part importante dans les budgets des ménages au Sénégal. Parmi les postes de dépense pour la consommation alimentaire, c'est le poste des céréales qui absorbe la plus grande part, environ

---

[137] *Bana-bana* est un terme de la langue wolof qui désigne les commerçants intermédiaires qui opèrent entre la zone rurale de production ou les marchés hebdomadaires ruraux et les grands marchés urbains.

[138] La Communauté urbaine de Dakar est une organisation intercommunale qui regroupe les villes de l'agglomération de Dakar (Pikine, Guédiawaye, Rufisque et M'Bargny). Son objectif est de coordonner les investissements des communes dans l'espace de l'agglomération, mais également de créer des infrastructures d'utilité commune à toutes les villes de l'agglomération comme le marché central de poisson et la SERAS pour l'approvisionnement en viande.

[139] Cf. Impacts de la libéralisation des importations sur le riz local, p. 107.

57,4 % des dépenses mensuelles totales. Au niveau de la répartition spatiale, les dépenses alimentaires décroissent dans le sens inverse de l'urbanisation : 69,1 % en milieu rural, 45,6 % dans les autres centres urbains et 40,1 % pour la ville de Dakar. L'enquête nationale sur la consommation des ménages (ESAM, 1995) fait apparaître (figure 14) que quel que soit le lieu de résidence, les dépenses destinées à l'achat des céréales représentent plus du tiers du budget alimentaire, ce qui n'est pas le cas pour les autres aliments.

Figure 14. Dépenses alimentaires des ménages sénégalais selon la résidence

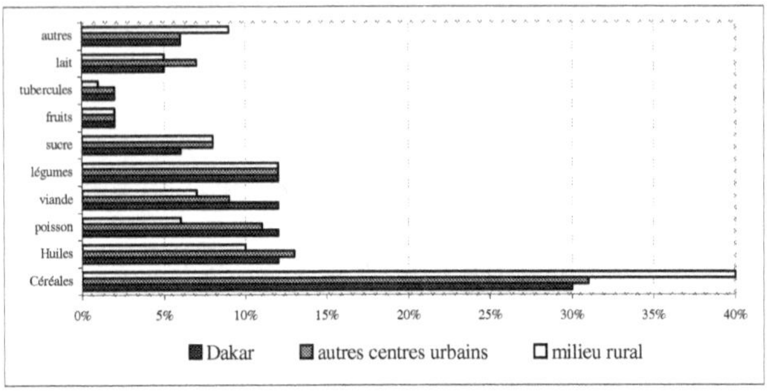

On constate dans cette même figure (figure n° 14) que les dépenses en céréales concernent principalement le riz, aussi bien dans les centres urbains que dans les zones rurales. Les dépenses pour acquérir cette denrée sont partout prioritaires dans les villes du Sénégal. Les chiffres sont très globaux et ne reflètent pas les stratégies et les modes d'acquisition de riz qui sont mises en œuvre par les ménages. Ils sont probablement plus élevés actuellement.

L'enquête ESAM-1995 apporte des réponses sur les modes d'acquisition de riz des ménages de la ville de Dakar. Elle révèle une palette de stratégies extrêmement variées, liées aux quartiers, à la taille du ménage et aux revenus disponibles dans la famille. Par exemple, pour ce qui est des revenus, il se trouve que si pour les ménages ayant des revenus situés au-delà de 75 000 FCFA, les achats en riz sont réalisés en gros (50 kg), pour les autres dont les revenus sont en dessous de ce montant, les achats se font principalement au détail[140]. Les ménages qui recouvrent à cette forme d'approvisionnement représentent plus 65 % des ménages dakarois, et au sein de ces ménages, le budget du riz absorbe presque les deux tiers des revenus. En revanche, pour ce

[140] En 2003, l'Agence de régulation des marchés indiquait que sur le marché de la ville de Dakar, le sac de riz de 50 kg était variait dans les fourchettes suivantes : riz parfumé 7500 à 10000 FCFA, riz non parfumé 7500 à 8000 FCFA, riz indien 6500 à 7500 FCFA.

qui est des céréales locales, les achats sont très marginaux et ne concernent que très peu de ménages.

Il est vrai que le coût du mil et les difficultés liées à sa transformation n'ont pas contribué à populariser sa consommation, surtout qu'au même moment, sur les mêmes marchés, le consommateur a le choix entre plusieurs variétés de riz, aptes à la cuisson, sans effort particulier et à des prix relativement stables dans toutes les villes du pays, comme le montre le tableau ci-dessous.

Tableau 18. Exemple de l'évolution des prix (FCFA/Kg) au détail dans les principales villes du Sénégal

Riz	Mois	Dakar	Thiè.	Diourb.	Louga	Fatic.	Kaola.	St-Louis	Tamb.	Kaol.	Ziguin.
Non parfumé	mai 03	175	185	185	190	190	175	200	200	200	200
	dec 03	175	175	175	190	190	175	200	175	190	190
Parfumé	mai 03	200	215	200	215	220	200	225	225	225	225
	dec 03	200	200	200	200	225	200	225	200	225	200

Source : Agence de régulation des marchés (ARM) 2003

La tendance baissière du prix du riz dans les marchés urbains décrite dans ce tableau explique sa généralisation, mais en même temps, elle pose des problèmes aux céréales locales. Selon le commissariat à la sécurité alimentaire, la baisse des prix constatée sur le riz se prolonge dans les marchés ruraux surtout quand ces derniers sont bien approvisionnés en céréales locales[141]. Cette concurrence au détriment des céréales locales est intensifiée par la politique de libéralisation des importations, dont les conséquences exacerbent encore la crise paysanne et de creusent le déficit de la balance commerciale.

4. Conclusion partielle

L'étude des systèmes alimentaires du Sénégal fait apparaître deux catégories de systèmes, un système alimentaire urbain et des systèmes alimentaires ruraux assez diversifiés, les deux systèmes se différenciant par l'origine des aliments, les circuits de distribution, et les modes d'approvisionnement des ménages.

Le développement des moyens de production agricole, les changements opérés dans les systèmes de culture n'ont pas remis en cause la place prioritaire des

---

[B] Bulletin d'information sur le riz. Janvier 2004.

cultures de céréales, sauf dans la zone du Bassin de l'arachide où l'état des conditions naturelles a réduit leur importance. Les circuits de distribution des céréales sont restés traditionnels. Les modes d'accès continuent de fonctionner selon l'organisation familiale rurale en vigueur, avec le plus souvent un chef de famille qui s'occupe de l'affectation des vivres. Même si les spéculations cultivées ont changé comme dans la Vallée du fleuve Sénégal, en Basse Casamance et dans le Bassin arachidier, le modèle d'organisation de la consommation alimentaire, fondé sur le principe selon lequel chaque personne est responsable de la collectivité, est resté quasiment intact.

Dans les zones urbaines, les circuits de distribution et les modes d'approvisionnement sont cependant plus complexes. Mais là aussi, il est important de noter la différence qui existe entre l'agglomération dakaroise et les autres villes du Sénégal. En effet, dans les autres villes, le système alimentaire a une structuration duale. Il est composé par les importations de riz et par la production céréalière régionale, voire nationale. Le circuit de distribution du riz est le même que celui que nous avons décrit pour la ville de Dakar. En revanche, pour les céréales locales et les produits alimentaires secondaires, les marchés hebdomadaires jouent un rôle central dans les circuits de distribution.

Quant à l'agglomération dakaroise, son système alimentaire se caractérise par son extraversion, et son réseau de distribution beaucoup plus complexe qui repose sur une sorte d'emboîtement des marchés. Il s'agit d'un réseau efficace, qui permet un approvisionnement régulier en céréales et d'autres denrées nécessaires à la nourriture de la population. Cette efficacité ne doit rien au hasard. Elle est la conséquence d'une politique alimentaire axée sur l'importation, une bonne organisation de la distribution du riz et un transfert satisfaisant des productions de céréales locales depuis les zones rurales jusqu'aux principaux marchés. A cette organisation, il faut ajouter, pour ce qui est du riz importé, le contrôle exercé par l'Etat sur les prix au consommateur malgré la libéralisation. Tous ces éléments contribuent à rendre efficient le système de distribution des céréales dans l'agglomération dakaroise, malgré bien sûr quelques manquements.

Partie 3. Systèmes agraires, bilans céréaliers et « diktat » du riz importé au Sénégal

Section I. Analyse régionale de l'agriculture sénégalaise

Le secteur de l'agriculture regroupe la majorité de la population active et mobilise environ 2,5 millions d'hectares, soit 65 % des terres arables. Il est dominé par l'agriculture pluviale qui concerne 94,19 % des ménages contre 19,9 % pour l'agriculture irriguée (tableaux 18 et 19). Ce panorama se complexifie dès lors qu'on s'intéresse aux activités et aux façons de les faire. L'étude régionale permet de comprendre les dynamiques agricoles et leurs mutations, les motivations et les objectifs des paysans. Elle permet aussi, à partir des zones agro-écologiques qui ont servi de cadres structurants pour toutes les dynamiques durant des décennies, d'identifier et d'étudier les systèmes de production en vigueur et leurs mutations. Pour y parvenir, l'accent est mis sur les productions principales (arachide, coton, mil, sorgho, maïs et niébé), car ce sont elles, plus que d'autres, qui renseignent et commandent la situation alimentaire des ménages.

Tableau 19. Répartition des ménages selon les régions et les types de cultures pratiquées

Régions	Cultures pluviales	Cultures irriguées	Cultures de bas-fonds	Cultures de décrues
Dakar	82.65	46.37	0.012	
Diourbel	99.89	3.33	0.7	
St-Louis	71.67	55.92	0.63	58.49
Tambacounda	99.62	12.61	17.02	2.74
Kaolack	99.84	1.66	5.25	
Thiès	95.37	25.02	1.3	
Louga	99.22	6.22	0.21	
Fatick	99.85	9.43	2.61	
kolda	99.62	19.23	36.31	0.16
Moyenne	94.19	19.98	7.12	20.46

Source : Recensement national de l'agriculture, 1998-1999

On s'aperçoit (tableau n° 20) manifestement que l'agriculture sénégalaise est faiblement diversifiée. Bien qu'une trentaine de spéculations soit répertoriée à travers le pays, seule moins d'une dizaine d'entre elles est vraiment déterminante en termes de surfaces occupées et d'impacts sur les systèmes vivriers. Ces spéculations essentielles concernent les céréales, l'arachide et les niébé. Par exemple, le groupe de céréales d'origine pluviale (mil, maïs, sorgho, riz) représente respectivement 53,94 % et 59,22 % des parcelles et des superficies cultivées. Quant à l'arachide, elle occupe moins de 30 % des terres cultivées, le reste allant principalement à d'autres spéculations, comme le niébé, le manioc, la tomate, etc.

Tableau 20. Répartition des cultures pluviales selon les superficies cultivées au Sénégal

Cultures	Parcelles cultivées		Superficie cultivée		
	Effectif	%	Total (ha)	%	Moyenne par parcelle (ha)
Mil	787 289	30.08	805 288	42.89	1.02
Sorgho	274 411	10.49	204 901	10.91	0.75
Maïs	158 329	6.05	54 101	2.88	0.34
Riz	191 546	7.32	47 681	2.54	0.25
Total céréales	*1 411 575*	*53.94*	*1 111 971*	*59.22*	*0.59*
Arachide	*639 201*	*24.43*	*528 381*	*28.14*	*0.83*
Fonio	12 883	0.49	3 421	0.18	0.27
Niébé	280 159	10.71	125 943	6.71	0.45
Manioc	28 382	1.08	18 802	1	0.66
Patate douce	559	0.02	65	0	0.12
Tomate	10 751	0.41	1 622	0.09	0.15
Gombo	21 526	0.82	1 775	0.09	0.08
Pastèque	44 423	1.7	21 776	1.16	0.49
Sésame	8 142	0.31	2 544	0.14	0.31
Bissap	59311	2.27	11 591	0.62	0.20
Autres cultures	100 047	3.82	49 791	2.65	0.50
Ensemble	*2 616 959*	*100*	*1 877 682*	*100*	*0.43*

Source : Recensement de l'agriculture nationale, 1998-1999

Les statistiques (tableau 20) ne prennent pas en compte la part de l'agriculture irriguée, dont par ailleurs la répartition des cultures est similaire à celle observée dans l'agriculture pluviale, avec néanmoins une différence assez notable, la faible part de l'arachide et la place plus importante pour les cultures maraîchères. Dans tous les cas, les chiffres sur la répartition spatiale des cultures dénotent l'importance du phénomène d'autosubsistance. Toutefois, cette répartition est loi d'être homogène sur l'ensemble du territoire. Sur la carte des principales spéculations (carte n° 4), le contraste est manifeste entre les régions du nord et du sud-ouest, et le reste du pays en termes de céréales produites.

Carte 4. Répartition (en %) des principales cultures pluviales et irriguées pratiquées entre 1990 et 2001

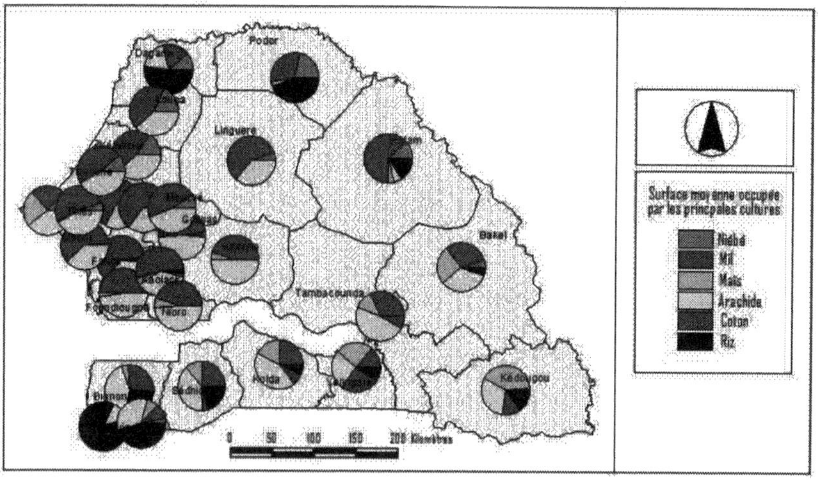

Au niveau de la vallée du fleuve Sénégal, la culture irriguée du riz a supplanté le mil, devenu moins adapté au fil des années de sécheresse. Comme le montre la répartition des principales spéculations (carte 4), l'idée de remplacer le mil par le riz n'était pas une bonne idée, d'autant plus que les aptitudes agronomiques de l'écosystème permettaient de développer les deux céréales, qui avaient aux yeux de la population la même destination. C'est dans cette dynamique d'abandon des céréales traditionnelles que l'agriculture irriguée fut intensifiée pendant les années 70. Dans un premier temps, elle l'a été au niveau de la vallée, et à partir des années 80 au niveau de l'Anambé dans le département de Vélingara. Ce choix stratégique est en partie regrettable parce que les cultures pluviales et les cultures irriguées sont les deux principales composantes des systèmes agro-alimentaires en vigueur dans ces régions. L'introduction d'une nouvelle spéculation et la modernisation des systèmes de production ne devraient pas signifier, encore moins entraîner, une disparition des spéculations traditionnelles. Les systèmes de production sont en fait, dans le cadre de la sécurité alimentaire, une sorte de stratégie dont se dote la population pour satisfaire ses besoins. En ce sens, ils représentent un moyen de production inséré dans un système économique plus large[142]. Au Sénégal, on distingue trois

[142] Ils représentent un mode de combinaison entre terre, force et moyen de travail à des fins végétales ou animales communes à un ensemble d'exploitations qui ne peut être saisi indépendamment du système économique et social dans lequel s'effectuent les observations (Reboul, 1970).

catégories de systèmes de production : les systèmes de production de rente, les systèmes de production de subsistance, les systèmes de production irrigués dans lesquels on retrouve les cultures irriguées de riz et les cultures horticoles.

1. Les systèmes agricoles de rente du Bassin arachidier

Le Bassin arachidier se situe au Centre du Sénégal (carte n° 5). Il est relativement vaste et s'étire approximativement depuis la lisière sud du fleuve Sénégal jusqu'à la frontière nord de la république de la Gambie. Il recouvre une région réputée par l'homogénéité et la fragilité de son milieu naturel, la diversité socio-ethnique de sa population et par un long brassage de cette population avec l'Administration coloniale française. Ce sont ces caractéristiques réunies qui fondent aujourd'hui sa personnalité et sa division du Bassin en deux zones distinctes : la zone nord qui correspond au plan climatique avec la zone sahélienne[143] et la zone sud qui est plutôt imprégnée par le climat soudanien[144].

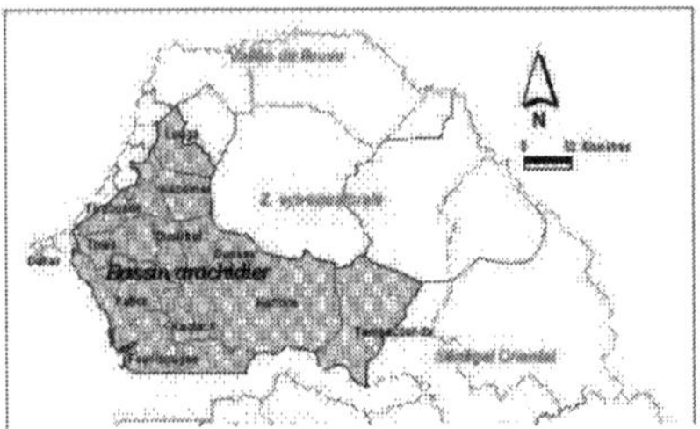

Carte 5. Le Bassin arachidier

1. 1. Le Bassin arachidier : fragilisation du « poumon » de l'agriculture pluviale du Sénégal

Le Bassin arachidier représente un mélange représentatif de l'histoire coloniale agricole en Afrique de l'Ouest. Il est le prototype de la plupart des économies des pays en développement, des économies fondées sur l'entretien d'une ou de quelques cultures d'exportation. Pour ce qui est du Sénégal, c'est l'arachide qui a joué ce rôle. Le Bassin arachidier, qui en était la zone réceptacle, est considéré comme le poumon de l'agriculture et de l'économie du pays. A lui seul, il contribue jusqu'à hauteur de 60 % de la valeur ajoutée du secteur primaire national. Le tableau (n° 21) ci-dessus montre comment une superficie cultivée à 100 % est répartie dans une région administrative en considérant un groupe de cultures essentielles. Les données figurées dans le tableau témoignent la grande place qui revient aux régions de Kaolack, Fatick, Diourbel, Thiès et Louga dans l'agriculture du Bassin et plus généralement du pays. Le dernier recensement

[143] Entre 200 à 600 mm en moyenne de pluies par année.
[144] Entre 600 et 800 mm en moyenne de pluies par année.

national de l'agriculture pluviale (1998-1999) indique que plus de 74 % des superficies cultivées au Sénégal se trouvent dans le Bassin arachidier.

Tableau 21. Proportion (%) des superficies cultivées pour chaque groupe de cultures par région au Sénégal

Cultures pratiquées	Dakar	Diourbel	St-louis	Tamba	Kaolack	Thiès	Louga	Fatick	Kolda	Ensemble
Arachide	-	6,45	0,29	8,25	37,95	7,23	9,24	15,58	15,01	100
Céréales	0,05	10,89	6,07	9,74	28,68	10,96	10,29	12,54	10,79	100
Niébé	0,38	19,29	9,33	1,35	1,95	15,11	46,92	5,12	0,55	100
Toutes cultures	0,13	9,93	5,04	8,71	28,49	10,93	12,34	12,41	12,02	100

Source : Recensement national de l'agriculture du Sénégal, 1998-1999

Mais comme on peut le voir dans ce même tableau (tableau 20), les cultures sont extrêmement disparates à l'intérieur du Bassin. Par exemple, la région de Kaolack concentre à elle seule 37,95 % des cultures en arachide et 28,68 % des cultures en céréales contre des proportions beaucoup plus faibles dans les autres régions. À l'exception des céréales traditionnelles, seule l'arachide est largement représentée dans toutes les régions. Il en ressort une position dominante de cette spéculation, qui a justifié durant des décennies le slogan, « au Sénégal quand l'arachide va, tout va ». Ainsi, bien intégrée dans les systèmes de cultures, elle a, par sa position prépondérante dans l'économie nationale, présidé et accompagné toutes les mutations sociales et alimentaires qui sont aujourd'hui observables dans les zones rurales du pays.

1. 2. L'arachide au Sénégal

L'importance de cette plante oblige donc à rappeler que dans sa forme actuelle, l'arachide remonte à la fin du XIXe siècle. A partir de cette période, cette plante qui n'avait qu'une fonction d'aliment d'appoint dans les systèmes alimentaires commence à se généraliser dans les systèmes de production de telle sorte qu'on parlera quelques années après de Bassin arachidier du Sénégal. Ce Bassin est une entité socio-économique et spatiale qui attire la majeure partie des investissements destinés au secteur agricole.

Dans son ouvrage[145], Faucher (1949) restitue l'origine et la dynamique de l'arachide au Sénégal. Il met en exergue les transformations que l'implantation

[145] Géographie agraire.

de cette spéculation a engendrées dans le pays au début du XXe siècle. Cette spéculation originaire du Brésil, introduite exactement en 1840 au Sénégal, y a provoqué une véritable révolution agraire, surtout dans les districts pénétrés par le chemin de fer. Elle a constitué avec le mil un assolement nouveau, entraînant dans la pratique agricole des progrès techniques, épuisant les sols sablonneux et obligeant à employer des engrais chimiques. Sur le plan social, la pratique de l'arachide et son insertion dans un système de commerce international ont induit une ouverture d'esprit des populations sur le monde extérieur et l'émergence de nouveaux besoins, faisant ainsi le ferment des transformations de tous ordres, agraires, intellectuelles, sociales, etc. (Faucher, 1949 : 320). Progressivement, l'arachide est sortie des terroirs wolof d'origine. Elle se répand au sud, dans le Sine (région de Fatick) et le Saloum (région de Kaolack), et depuis quelques années en Casamance, parvenant chaque fois à prendre une place centrale au milieu des cultures vivrières traditionnelles, et à les repousser au fil des années. Ainsi, dans toutes les localités où elle se répandait, se mettait en marche un processus de mutation des techniques agricoles dont quelques-unes des conséquences ont été l'uniformisation des systèmes agricoles et un début de changement des modes de consommation. Ces transformations répondent à une politique agraire bien pensée qui reposait sur deux piliers, un marché représentait par les industries de la métropole et des acteurs locaux encouragés par les pouvoirs religieux et coutumiers[146].

Ainsi, par cette dynamique bien pensée, le Sénégal devient au début des années 30 l'une des trois puissances mondiales en matière de production et d'exportation de l'arachide. Cette position dominante a contribué considérablement à modifier le paysage agraire du Bassin, et au-delà la carte agricole du pays en consacrant le monopole de cette culture face aux autres spéculations. L'agriculture nationale devient dès lors une agriculture à deux versants, dont un symbolisé par l'arachide et destiné à l'exportation, et un autre destiné à l'autosubsistance traditionnelle, symbolisé par les cultures vivrières traditionnelles.

L'expansion de l'arachide n'a pas eu que des conséquences économiques. Elle a aussi transformé les systèmes alimentaires, les modes d'accès aux aliments et les régimes alimentaires. Les systèmes traditionnels d'assolement qui étaient en cohérence avec les régimes alimentaires ont été réorganisés de telle sorte que l'arachide était devenue la production finale recherchée. Ce changement a relégué les cultures vivrières traditionnelles comme le mil et le sorgho au rang de cultures secondaires. Désormais, elles ne sont plus au cœur de la rotation des

---

[146] Les marabouts de l'arachide. La confrérie mouride et les paysans du Sénégal.

cultures. Ce changement est important à noter, car il bouleverse profondément les stratégies alimentaires et les équilibres alimentaires construits pendant plusieurs années. Les conséquences sont d'autant plus difficiles à cerner que l'étalement et la rotation des cultures entraient dans le cadre des stratégies alimentaires globales imaginées par les populations et dictaient le fonctionnement des régimes alimentaires. C'est pourquoi ces deux éléments, malgré qu'ils soient perturbés, seront quelques années plus tard les réponses aux aléas climatiques qui affectent la zone actuellement. Ils seront aussi utilisés comme les régulateurs endogènes du système alimentaire à côté des actions des pouvoirs publics. Ces rapports de la population aux changements induits par l'arachide font le délaissement des cultures vivrières au profit de l'arachide n'est pas uniforme dans toute la zone du Bassin. Il est plus massif, plus vivace dans la partie nord du Bassin peuplée en majorité par les Wolofs et beaucoup moins répandue dans la partie sud où les populations Sérer se sont montrées plus conservatrices de leurs modes de cultures et de consommation alimentaire (Stomal-Weigel, 1988 ; Lericollais, 1981). Mais face aux transformations imposées par la culture de l'arachide, les spécificités des organisations socio-économiques, ainsi que celles des héritages de chaque ethnie ont permis aux deux sociétés de créer leurs propres mécanismes d'accommodation (Stomal-Weigel, 1988). Autrement dit, les deux grandes composantes socio-ethniques ont su interpréter et élaborer leurs propres stratégies de survie et de pratiques agricoles de manière à faire face aux contraintes économiques et environnementales engendrées par le développement de la culture de l'arachide. Ainsi, le Bassin arachidier s'est progressivement transformé, entraînant dans sa transformation, au nord et au sud, le développement de deux modes de mise en valeur et de rapport à l'alimentation.

1. 3. Des systèmes agricoles de rente en mutation

On parle souvent du système agricole arachidier pour désigner les systèmes de cultures, aussi bien pour l'arachide que pour les autres types de cultures. Ce système agricole se décompose en deux systèmes de cultures qui représentent deux différentes modes de mise en valeur des terroirs villageois, un système extensif qu'on localise dans la partie nord du bassin et un système intensif dans le sud du Bassin. Du point de vue des pratiques agricoles, les deux systèmes reposent sur des modes d'organisation et d'occupation de l'espace qui sont complètement opposées. Dans le premier cas, la stratégie agricole repose sur la conquête des terres vierges, le défrichement et la monoculture arachidière, alors que dans le second, la stratégie agricole privilégie l'assolement, l'amendement des sols, le système des jachères et l'intégration de l'élevage.

Sur l'ensemble du Bassin arachidier, la structure agraire est plus ou moins la même, et correspond avec ce qu'on rencontre dans la plupart des pays sahéliens. Elle est faite par la juxtaposition de deux cercles, un premier cercle qui porte les champs de case et un deuxième cercle qui porte les champs de brousse. Cette structure agraire et les systèmes de cultures qu'elle contenait ont été considérablement transformés. Gastellu (1988)[147] qui a fait des études suivies dans quelques terroirs villageois du Bassin arachidier démontre sous forme de récits les changements intervenus dans les systèmes agraires dans la zone. Il montre que le raccourcissement de la saison des pluies a simplifié le système des cultures et éliminé les plantes à cycle long. En lieu et place de simplification, il est tout à fait justifié de parler d'appauvrissement des systèmes de cultures. L'une de mes grandes surprises, disait-il, fut de constater la disparition du mil tardif, dont la durée de croissance était inadaptée aux nouvelles conditions pluviométriques. Il occupait la première place dans la répartition des cultures en 1967-1968. Le sorgho subissait le même sort, je n'ai trouvé aucun champ de manioc. Parmi les légumes, il n'y avait plus de piments tandis que les courges se portaient mal (Gastellu, 1988 : 121).

La simplification, pire l'appauvrissement des systèmes de cultures, ne peuvent pas être imputés aux seuls paysans. Ces deux phénomènes procèdent en majeure partie de l'action de l'Etat, qui a voulu moderniser l'agriculture pluviale sans en mettre les moyens nécessaires. Pour parvenir à la modernisation de l'agriculture, l'Etat commence dès 1965 par une ambitieuse politique de vulgarisation agricole qui comportait des techniques de culture plus élaborées pour accroître les rendements et pour améliorer la productivité du travail. Elle autorisait également l'accès aux semences sélectionnées, l'utilisation des semis en ligne et la culture attelée, la fertilisation minérale du sol et l'accès au crédit. Aujourd'hui, on peut considérer que cette politique fut le premier pas dans le processus d'uniformisation de l'agriculture et des terroirs villageois dans le Bassin. Elle sera renforcée au début des années 80 par une politique similaire, le « Programme agricole » et par la création de la société d'Etat, la SODEVA[148], en vue de former les paysans sur les nouvelles techniques de culture et leur apporter l'encadrement nécessaire pour répondre aux besoins en arachide du pays. Les systèmes de culture qu'on trouve dans le Bassin portent les conséquences de cette politique « d'arachidisation » à outrance. La rotation culturale triennale (mil, arachide, jachère) est ramenée à un cycle biennal (mil, arachide). Dans le nord du Bassin, zone plus sensible à la sécheresse, le mil disparaît de plus en plus au profit des niébé. Dans le sud du Bassin où les

[147] Le paysan, l'Etat et la sécheresse (Ngohé, Sénégal : 1972-1982).
[148] cf. Les politiques agricoles au Sénégal, p. 115.

conditions physiques sont encore plus favorables, les systèmes de cultures sont moins affectés par les changements du milieu naturel et la monétarisation des échanges. Ils gardent un certain équilibre dans la répartition entre les cultures vivrières traditionnelles et l'arachide.

1. 4. Productions agricoles dans le Bassin arachidier

La crise[149] qui frappe la zone du Bassin arachidier depuis quelques années est souvent, dans les diverses interprétations, élargie à l'ensemble de l'agriculture sénégalaise. Parce que, en étant la zone principale de production de l'arachide, elle a attiré toute l'attention, tout l'intérêt et la majeure partie des investissements des autorités gouvernementales dans le domaine de l'agriculture et du développement rural. Aujourd'hui qu'elle est en crise, au-delà du secteur agricole et du monde rural, c'est toute l'économie du pays qui le ressent.

Tableau 22. Evolution annuelle de l'agriculture dans la zone agro-écologique du Bassin de l'arachide

Bassin arachidier	Cultures	Surfaces cultivées %	Production %	Rendement %
Zone nord	Arachide	-2,5	-2,75	- 0,2
	Mil et sorgho	-1,3	-0,5	1,07
	Toutes céréales			
	1970 - 2000	-1,27	1,35	
	1990 - 2000	-1,5	0,29	
Zone sud	Arachide	-1	-0.25	0.65
	Mil et sorgho	2	3	2
	Maïs	17	20	2
	Coton	3	3	-0.29
	Toutes céréales			
	1970 - 2000	2	4	
	1990 - 2000	1	0.7	

Source : Données de la Direction des statistiques agricoles

[149] De 1960 à l'année 2000, la contribution du secteur de l'arachide aux exportations du pays a chuté considérablement, passant de 80 % à 12 %. Au même moment, la production qui avait atteint des niveaux records comme en 1975 avec 1 200 000 tonnes stagne aux alentours des 600 000 tonnes. Subissant les conséquences de la baisse du cours mondial, le prix au producteur également n'a pas cessé de baisser (160 FCFA en 1998/99, 145 FCFA en 1990/00, 136 en 2000/01 et 120 FCFA en 2001/02).

Figure 15. Evolution annuelle de la production agricole dans le Bassin arachidier entre 1974 à 1997

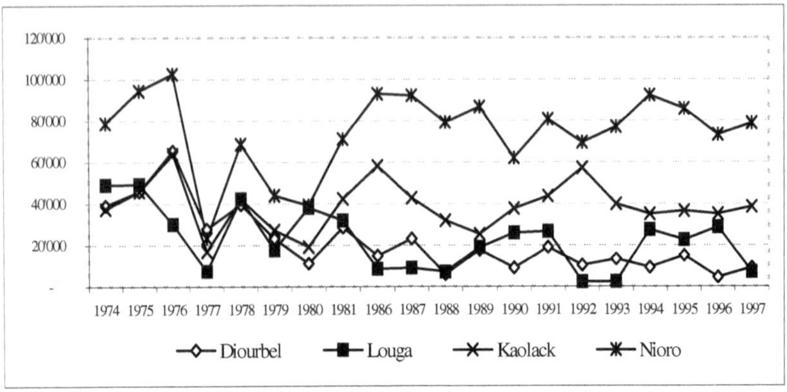

Carte 6. La variation (en %) de la production d'arachide au Sénégal entre 1980 et 2003

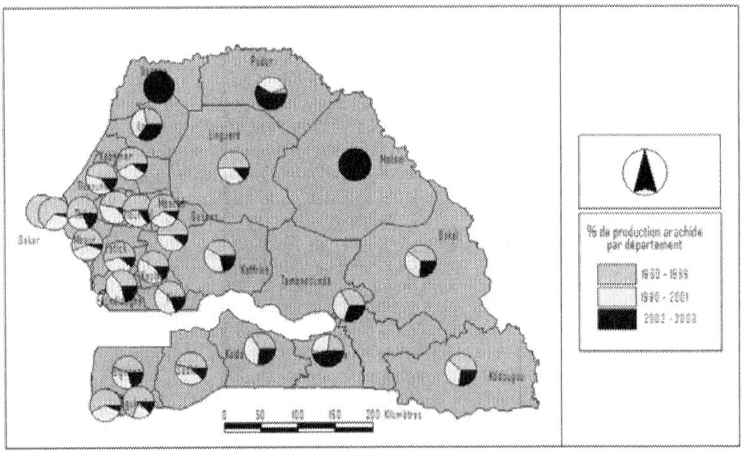

Lorsqu'on se met à analyser les performances agricoles réalisées dans le Bassin de l'arachide (tableau 22), on se rend compte de la justesse de la subdivision du Bassin en deux zones nord et sud. La généralisation qui consiste à considérer le Bassin comme une vaste zone uniforme et homogène est tout simplement abusive. L'analyse des superficies cultivées sur une longue série d'années, des productions, ainsi que des rendements, met en opposition un Bassin arachidier nord complètement en crise[150] à un Bassin arachidier sud en mutation. On observe (tableau 20) que la production en arachide a beaucoup chuté dans la zone nord du Bassin, où elle atteint moins de 2,75 % par an entre 1970 et 2000. La tendance baissière est demeurée inchangée, même si, sur quelques années, elle est moins accentuée. Elle est imputable en premier à la réduction des superficies cultivées, ensuite à celles des rendements.

La situation qui est ainsi créée dans le secteur arachidier est d'autant plus contraignante pour les populations du Bassin qu'elle a affecté les cultures vivrières traditionnelles malgré une volonté des paysans de les préserver, de les protéger, d'où le faible taux de 0,4 % l'an de baisse des productions alors que dans le même temps, les surfaces cultivées en mil et en sorgho diminuaient de 1,4 %. Ce contexte a produit dans le monde paysan du Bassin une crise des ressources monétaires et vivrières. Les paysans ont ainsi tenté de s'adapter à ce nouvel environnement en recourant à la diversification des cultures avec des espèces moins exigeantes en eau et ayant un cycle végétatif plus court. Ce changement explique la présence massive des cultures de niébé et de pastèque dans le Nord et le Centre du Bassin pour pallier le mil et le sorgho, mais aussi la culture de la pastèque pour combler le manque en argent engendré par la crise de l'arachide.

Comme on peut le constater (figures 16 et 17, cartes 7 et 8), la zone sud du Bassin a connu une production agricole en croissance, qui contraste avec ce qui se passe dans la zone nord. Il s'agit d'une croissance régulière depuis la fin des années 70. Toutefois, l'analyse des données démontre que la production y est tirée principalement par les cultures vivrières. En effet, comme on l'expliquait dans les systèmes agraires, cette partie du Bassin est peuplée en majorité de Sérer pour qui les cultures vivrières sont une priorité face à l'arachide. C'est la raison pour laquelle, lorsque les conditions de production et de commercialisation ont été libéralisées par l'Etat, et qu'elles sont devenues plus contraignantes, les populations ont réagi non pas en essayant de substituer une autre plante à l'arachide, mais en augmentant davantage les surfaces consacrées aux cultures vivrières. Cette attitude explique l'accroissement de 2 % par année des surfaces en mil et sorgho contre une diminution annuelle de l'ordre de 1 % pour l'arachide. L'attachement aux cultures céréalières est une attitude que l'on retrouve de plus en plus présente au fur et à mesure qu'on avance dans la partie méridionale. Ce phénomène est plus visible dans les départements situés au sud et au sud-est du pays.

[150] On l'a démontré en partie dans l'analyse des mutations des systèmes alimentaires et la place grandissante prise par les niébés dans ces systèmes et leur substitution.

Figure 16. Evolution des superficies consacrées à l'arachide selon les régions du Bassin arachidier de 1974 à 2003

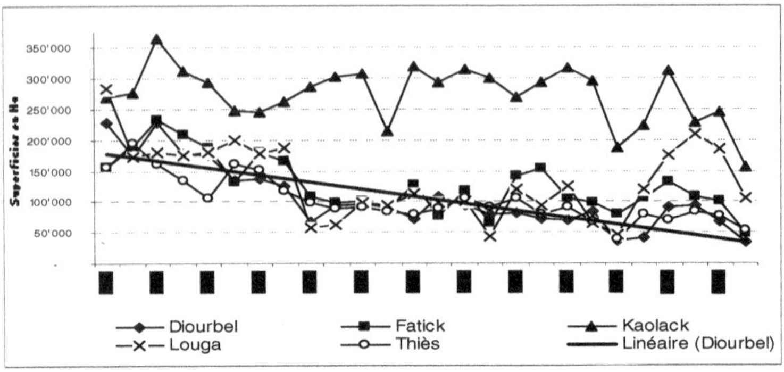

Figure 17. Evolution des superficies cultivées en mil selon les régions du Bassin arachidier entre 1986 et 2003

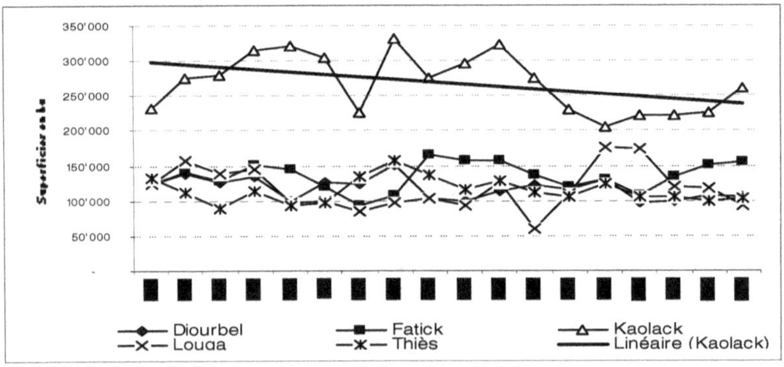

Carte 7. L'évolution des surfaces (en %) consacrées à la culture du mil selon les départements de 1980 à 2003

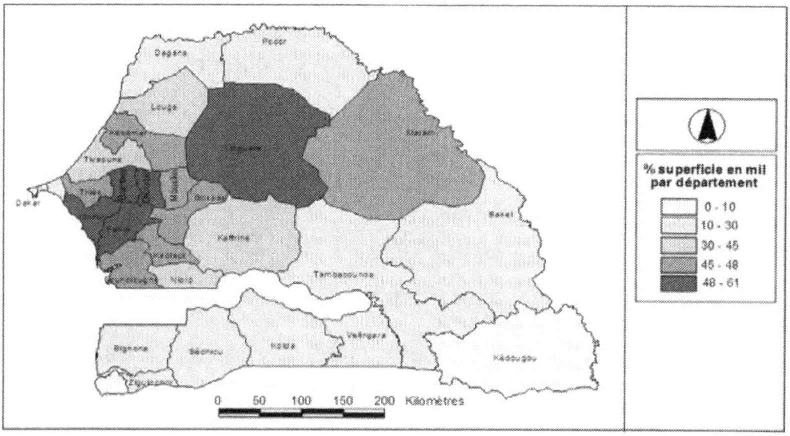

Carte 8. La variation en pourcentage de la production de mil au Sénégal de 1980 à 2003

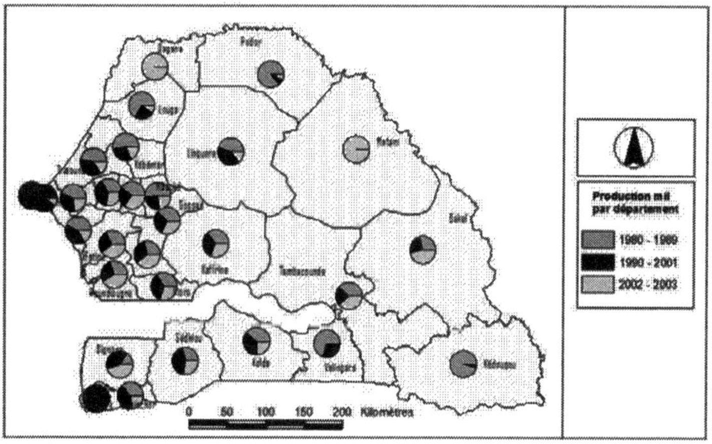

2. Les systèmes agricoles de type soudanien dans le sud et sud-est du Sénégal

Carte 9. Le Bassin cotonnier

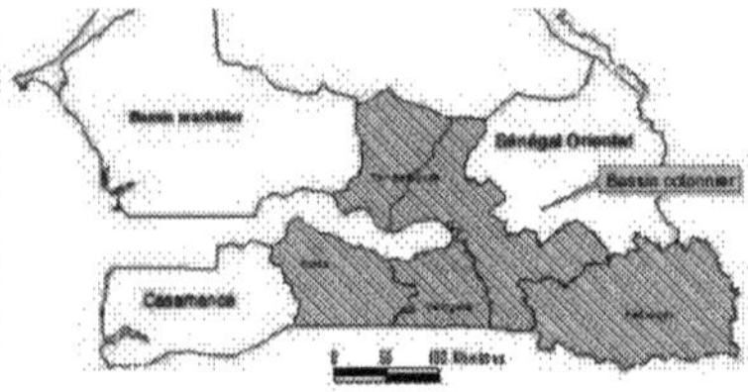

Les systèmes agricoles pratiqués dans le sud et le sud-est du Sénégal sont répertoriés généralement dans la catégorie des « systèmes agricoles soudaniens » en référence à leur environnement climatique. Ils sont localisés entre les isohyètes 800 et 1200 mm et correspondent aux zones agro-écologiques constituées par les régions du Sénégal Oriental, la Haute Casamance, la Moyenne et la Basse Casamance. Cette zone se caractérise par son étendue, environ 44,5 % du territoire national, et par l'importance des ressources naturelles. On y trouve des sols riches, une pluviométrie importante, un réseau hydrographique dense et une végétation abondante. Tous ces éléments en font une zone à haute vocation agricole, qui a attiré les cultures commerciales, et qui est aujourd'hui considérée comme la zone d'extension du Bassin arachidier, mais surtout comme le Bassin cotonnier du pays (carte n° 9).

2. 1. Des systèmes agricoles diversifiés

Les zones sud et sud-est du Sénégal présentent des systèmes agricoles diversifiés à l'image des écosystèmes qui les composent. Dans la partie sud, en Basse et Moyenne Casamance, on retrouve les systèmes agricoles à dominance rizicole. Dans la partie sud-est, en Haute Casamance et Tambacounda, les systèmes agricoles sont à dominance coton ou en association avec l'élevage tandis que les systèmes agricoles de type foresterie (agroforesterie) sont localisés essentiellement en Basse et Moyenne Casamance, mais aussi dans le département de Kédougou.

2. 1. 1. Des systèmes agricoles peu évolués

A l'exception des périmètres irrigués qui sont dans le Bassin du fleuve Gambie, l'agriculture dans la zone est principalement de type pluvial. D'après les résultats du recensement de l'agriculture en 1998/99, les ménages qui pratiquent cette forme d'agriculture représentent 99,62 % en Casamance et au Sénégal

Oriental. La répartition des cultures épouse la variation du climat et la morphopédologie de la zone soudanienne. C'est pourquoi on note une importante pratique de l'agriculture irriguée et de l'agriculture de décrue, environ 20 % des ménages. Toutefois, à l'image du reste du pays, les céréales représentent les principales spéculations cultivées dans la zone. Elles occupent 56 % des superficies totales cultivées au Sénégal Oriental, et beaucoup plus en Casamance. Les principales cultures vivrières sont le riz, le sorgho, le mil, le maïs et le fonio. Le mil est la culture dominante au Sénégal Oriental et en Haute Casamance. Quant au riz, il est plus étendu en Basse et Moyenne Casamance, mais connaît un recul du fait de la baisse des pluies, de la remontée de la langue salée et du conflit en Casamance. L'arachide y est la culture de rente dominante, suivie du coton et du sésame. L'agriculture de rente et l'agriculture vivrière utilisent beaucoup de fertilisants d'origine animale. L'élevage sédentaire pratiqué dans la zone fonctionne comme un complément intégré aux systèmes de production agricole, à travers la fumure organique provenant du parcage des animaux et de la vaine pâture. La commercialisation de la fumure n'est pas une pratique courante dans ces systèmes de production, même s'il existe un système de prêt pour le parcage destiné aux agriculteurs qui ne possèdent que peu ou pas du tout d'animaux.

2. 1. 2. Des systèmes agricoles traditionnels et rudimentaires

Les activités agricoles dans le sud et le sud-est du Sénégal portent les influences du cadre physique. Installé le long des vallées et des bas-fonds, chaque village disposait de quelques parcelles de rizières qui s'échelonnaient du rebord du plateau jusqu'à la mangrove, formant ainsi des terroirs homogènes et fertiles. L'attachement de la population au riz ou au sorgho, la division du travail et les techniques de culture sont des éléments des systèmes agricoles qui sont restés inchangés depuis des lustres. C'est pourquoi durant des décennies, la zone est restée exclue de la dynamique d'expansion de la culture arachidière et des céréales. Une des raisons de cette situation est probablement la forte tradition de riziculteurs qui caractérise les populations de la zone, mais également la particularité topographique du milieu. La configuration topographique, la nature des sols, mais aussi l'enclavement de la zone ont ainsi contribué à créer une sorte de barrière face à la poussée de l'arachide et du mil. Pélissier dans une autre formulation constatait dans sa thèse (1966, p. 501) que « c'est l'isolement de la Casamance du reste du Sénégal où se développaient routes et chemins de fer et où s'exerçait avec le maximum de dynamisme l'influence de l'économie de marché sur l'arachide qui explique la poussée très faible de l'arachide »[151].

Les conséquences de l'enclavement se font ressentir davantage en Basse Casamance, particulièrement dans le département d'Oussouye où les systèmes de production se sont modernisés. Les rizières sont labourées par les hommes au *kayendo,* tandis que le repiquage et les récoltes sont effectués par les femmes. La répartition du travail fondée sur une organisation et un fonctionnement égalitaire entre les hommes et les femmes a semblé impressionner Pélissier, pour qui (1966, p. 847) « nul terroir africain n'est plus profondément aménagé que celui de ces terres inondables dont pas un pouce n'échappe à la fumure, au labour, à un entretien méticuleux assurant une culture ininterrompue ».

2. 2. Les performances agricoles actuelles en Casamance

L'analyse des séries statistiques officielles révèle une évolution des productions agricoles et une transformation des systèmes de cultures dans les régions de Casamance et du Sénégal Oriental. Pour ce qui est de la région de Casamance, l'analyse des données sur une longue durée confirme une tendance à la stagnation des productions, des superficies cultivées et des rendements.

Tableau 23. Evolution annuelle de l'agriculture en Casamance

	Superficies cultivées	Productions	Rendements
Arachide			
1970 - 2000	- 1,45 %	0,6 %	- 0,85 %
1990 - 2000	- 4,1 %	- 2,1 %	- 6,2 %
Coton			
1970 - 2000	7,7 %	- 0,2 %	6 %
1990 - 2000	2,2 %	- 5 %	2,01 %
Maïs			
1970 - 2000	3 %	1,2 %	4,2 %
1990 - 2000	2,6 %	1,6 %	- 4,1 %
Mil /Sorgho			
1970 - 2000	0,1 %	0,3 %	0,4 %
1990 - 2000	3,75 %	-0,5 %	3 %
Riz			
1970 - 2000	- 1,8 %	0,3 %	- 0,9 %
1990 - 2000	- 3 %	- 0,3 %	- 3,2 %

Source des données : Direction des statistiques agricoles

[151] Pélissier, op. cit.

On constate une poussée contrastée des cultures de rente (carte n° 10). En fait pendant que les rendements en arachide baissent de l'ordre de moins 0,85 % par année du fait de la diminution des surfaces cultivées (- 1 % par an), ceux du coton ont augmenté, atteignant 6 % par an. Dans cet ensemble régional, les départements de Kolda et de Vélingara sont plus affectés par la diminution de la production. C'est une situation qui fait suite à un processus de reconversion des paysans suscité par les pouvoirs publics à partir des années 70. L'idée était d'amener les paysans à faire plus de coton que d'arachide afin de faire de la région le bassin de la culture du coton au Sénégal au même titre qu'il en existe un pour l'arachide.

Pour ce qui est des cultures vivrières, les productions n'ont pas augmenté de façon significative. Pire, le riz qui est une des cultures vivrières traditionnelles dans la région comme le mil l'est chez les Sérer a sensiblement régressé en surfaces cultivées et en production. Par exemple, entre 1967 et 1996, les surfaces cultivées ont diminué de -1,8 % chaque année. Cette tendance baissière s'est accentuée dans la dernière décennie, atteignant -3 % l'an. La baisse des surfaces est d'autant plus difficile à soutenir qu'elle s'accompagne d'une baisse des productions et d'un accroissement de la demande alimentaire. Les modifications ainsi constatées rapprochent le système agricole casamançais de celui des autres régions du Sénégal. En effet, pendant que la culture du riz décline, on assiste à une poussée des céréales sèches, sorgho et mil. Entre 1990 et 2000, les surfaces consacrées à ces spéculations ont augmenté de 3,75 % par an, soit un accroissement de la production de l'ordre de 3 % par année.

Carte 10. Surfaces moyennes (en %) consacrées à la culture du coton entre 1990 et 2001

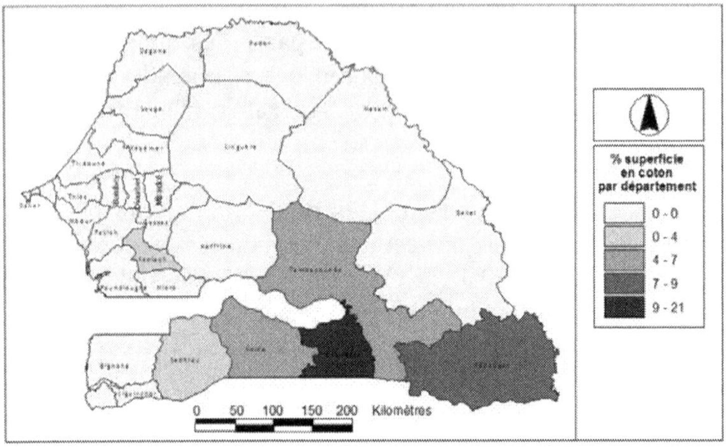

Carte 11. Surfaces moyennes (en %) consacrées à la culture du maïs entre 1990 et 2001

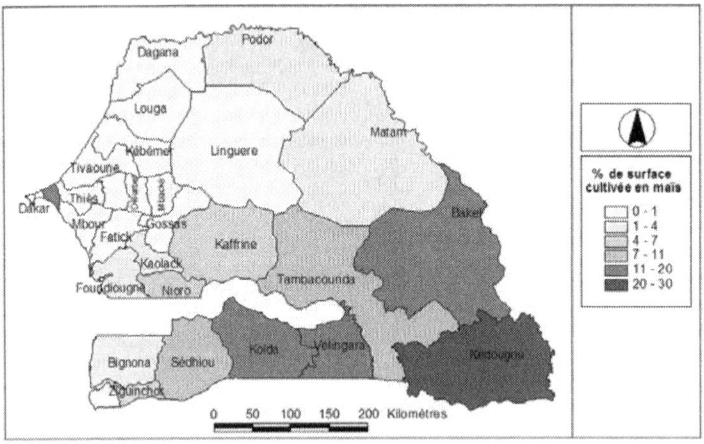

2. 3. Sénégal Oriental : productions agricoles, entre espoir et déception

Plus connue aujourd'hui sous l'appellation de Tambacounda, la région du Sénégal Oriental fut perçue pendant longtemps comme la région d'avenir de l'agriculture sénégalaise. Il faut dire que du fait des potentialités dont elle regorge, elle justifiait raisonnablement les espoirs placés en elle. Située à l'est du pays, Tambacounda couvre une superficie vaste de 59 602 km^2, soit 30 % du territoire national. Cette vaste étendue territoriale bénéficie d'une pluviométrie relativement importante (entre 700 et 1100 mm par année), qui augmente du nord au sud. Sur le plan de la mise valeur agricole, elle est l'une des régions du Sénégal les moins affectées par les cultures commerciales et par les conséquences de la croissance démographique, car elle regroupe moins de 10 % de la population nationale. Le relief contrasté et les nombreuses vallées actives ou fossiles qui parcourent la région participent de la richesse des sols et de la diversité des formes d'agriculture pratiquées (tableau 24).

Tableau 24. Proportion (%) de ménages agricoles par catégorie de cultures dans la région de Tambacounda

Départements	Cultures pluviales	Cultures irriguées	Cultures de bas-fonds	Cultures de décrues
Bakel	99.45	23.76	28.46	9.45
Kédougou	99.73	15.09	1.64	0.14
Tambacounda	99.67	5.08	17.66	0.11
Moy. Région	*99.62*	*14.64*	*15.92*	*3.23*
Moy. Sénégal	*94.58*	*18.63*	*7.58*	*9.2*

Source : Recensement national de l'agriculture, 1998/1999 - Sénégal

Très peu peuplée, 384 572 habitants, la région du Sénégal Oriental attire l'attention des pouvoirs publics à partir des années 70. En effet, dans le cadre du développement de la culture de l'arachide et de la diversification des cultures d'exportation, la région de l'est du pays se présentait comme une zone véritablement propice. Cet intérêt se manifeste dans les investissements publics consentis et par l'accroissement des surfaces mises en culture (figure 18).

Très tôt, compte tenu de l'étendue des terres vierges, les pouvoirs publics ont voulu donner deux statuts à la région du Sénégal Oriental, le réceptacle de l'expansion du Bassin arachidier et de la lutte contre l'exode rural. Ce projet n'avait pas bien réussi, mais à la place ils ont su en faire une zone cotonnière.

Figure 18. Evolution des surfaces (en ha) des principales cultures dans la région du Sénégal oriental entre 1990 et 2004

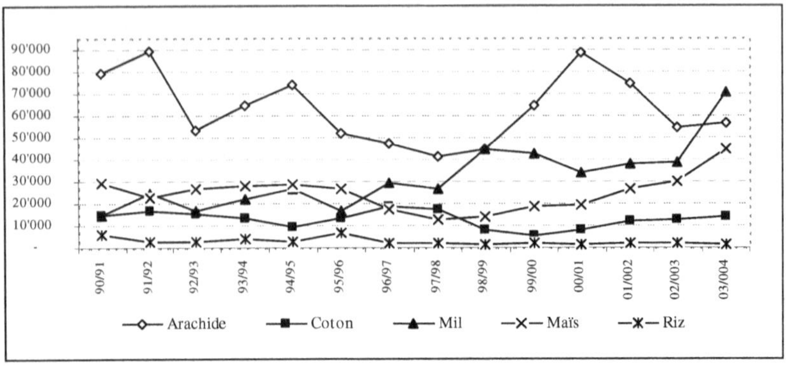

La présence de la SODEFITEX, l'encadrement qu'elle apporte aux paysans pour le développement du coton, le multi-usage du matériel agricole (qui profite aux autres cultures) mis à la disposition des cultivateurs par la société, sont autant de facteurs qui expliquent que cette culture est encore largement répandue dans la région. Comme le montre le tableau n° 25, la région a connu durant la période 1970-1990 une importante croissance des surfaces cultivées (1,9 % par an) et de la production globale (3,1 %), dont l'arachide d'huilerie (4,1 %), le mil/sorgho (1,4 %), le maïs 5,7 % et le coton 2,1 %.

Malheureusement et encore de façon plus sensible que dans les autres régions, la tendance évolutive de l'agriculture au Sénégal Oriental s'est inversée durant la période 1988-1996. Les contre-performances successives de l'expérience des Terres neuves et de la culture du coton ont ainsi déçu les espoirs placés sur le Sénégal Oriental (1996, p. 19)[152].

[152] Tendances, contraintes et perspectives de l'agriculture sénégalaise.

Tableau 25. Evolution annuelle de l'agriculture dans la région du Sénégal Oriental entre 1970 et 2000

	Superficies cultivées	Rendements	Productions
Arachide			
1970 - 2000	2,5 %	1,2 %	3,8 %
1970 - 1990	3,2 %	0,9 %	4,1 %
1990 - 2000	-1,8 %	-1,9 %	-3,7 %
Coton			
1970 - 2000	2,2 %	- 0,6 %	1,6 %
1970 - 1990	3,7 %	- 1,5 %	2,1 %
1990 - 2000	2,3 %	-5,2 %	-3 %
Maïs			
1970 - 2000	2,6 %	2,4 %	5 %
1970 - 1990	4 %	1,7 %	5,7 %
1990 - 2000	-0,3 %	3,3 %	3 %
Mil/Sorgho			
1970 - 2000	0,2 %	1,3 %	1,5 %
1970 - 1990	0,7 %	0,7 %	1,4 %
1990 - 2000	-4,9 %	0,1 %	-4,9 %

Source des données : Direction des statistiques agricoles du Sénégal

Les espoirs de développement agricole existaient bel et bien au Sénégal Oriental, ils ont semblé se traduire dans un processus de croissance de la production agricole durant les années 70. Mais malheureusement, ce processus n'a pas duré assez longtemps pour transformer et impulser durablement une autre dynamique à toute l'agriculture du pays. La période 1990 à 2000 qui a suivi a été marquée par la régression des surfaces cultivées, la baisse de la production globale au rythme de 2,8 % par an, la chute des productions d'arachide d'huilerie (-3.7 %), de mil/sorgho (-4,9 %) et de coton (3 %). Seule la production de maïs a connu une croissance de 3 % en raison de la progression des rendements, alors que les surfaces cultivées décroissaient légèrement.

Depuis le début des années 2000, on constate (tableau 25) un accroissement des superficies des productions de cultures vivrières et une baisse des cultures de rente. Les surfaces en arachide sont passées entre 2000 et 2003 respectivement de 88 208 à 56 462 ha, dans la même période, les superficies consacrées aux cultures vivrières ont été presque doublées, le mil est passé de 33 710 à 70 245 ha, le maïs de 19 195 à 44 610 ha et le sorgho de 39 416 à 62 161 ha. Mais le plus important dans ces chiffres, c'est l'évolution des cultures de céréales, et cela ne doit rien au hasard si ce n'est qu'elles ont une place primordiale dans les systèmes vivriers et qu'elles traduisent les difficultés rencontrées par les paysans pour l'écoulement de leur production arachidière.

Tableau 26. Situation agricole dans la région du Sénégal Oriental entre 2000 et 2003

Superficie	2000	2001	2002	2003	2000/20003
Arachide	88 208	74 130	54 575	56 462	-31'746
Coton	7 856	12 123	12 578	14 215	6 359
Mil	33 710	37 773	38 244	70 245	36 535
Sorgho	39 416	40 473	42 566	62 161	22 745
Maïs	19 195	26 643	29 828	44 610	25 415
riz	1 487	2 257	1 774	1 642	155
Total céréales	93 808	107 146	112 412	178 658	84 850

Sources des données : Direction des statistiques agricoles du Sénégal

2.4. La répartition des champs : Les survivances de l'agro-subsistance traditionnelle

Les systèmes agricoles dans la région du Sénégal Oriental rappellent ceux qu'on retrouve en Haute Casamance. Il faut voir dans cette ressemblance les influences communes qui découlent des similitudes socio-ethniques, des influences du climat soudanien et des conséquences des sociétés d'encadrement qui sont les mêmes dans les deux régions. Si on met l'accent sur la répartition des cultures, c'est parce qu'elle représente un indicateur éclairant sur les rapports qui existent entre l'agriculture telle qu'elle est pratiquée au niveau des ménages et les stratégies alimentaires. Ici, l'habitude est de faire la différence entre les champs collectifs dits « *maro* » et les champs individuels dits « *kamadjan* ». Les premiers signifient riz, une allusion claire à l'alimentation et les seconds signifiant outils, le symbole d'une culture secondaire d'appoint. A cette répartition symbolique, s'ajoutent une répartition spatiale et une division du travail, toujours dans le but de la satisfaction des besoins alimentaires des ménages. Ainsi au sein du groupe familial, le système agricole est composé de deux catégories de champs correspondant chacune à une forme d'exploitation et ayant une fonction particulière dans le système vivrier familial. Les champs collectifs ce sont des champs dont la production est destinée à l'entretien de la sécurité alimentaire du ménage ou de la grande famille. Ils représentent une duplication des mécanismes d'autosubsistance. Dans ces champs, les cultures de céréales sont privilégiées, mais de plus en plus on remarque l'introduction de cultures de rente, ce qui augure une transformation des systèmes alimentaires traditionnels. Les champs collectifs sont l'apanage du chef de la concession, qui veille à l'organisation des travaux et à l'entretien des cultures. Il est aidé par les hommes, mariés et célibataires. La production qui sort de ces champs est destinée à l'autoconsommation. Quant aux champs individuels, ils sont gérés par les hommes mariés ou célibataires, mais aussi par les femmes. Ces champs ont un statut d'appui et jouent une fonction de soutien financier et accessoirement un soutien alimentaire. C'est pourquoi ils portent assez souvent des cultures de rente, arachide et coton. Les cultures céréalières qui y sont pratiquées participent à la nourriture familiale dans les périodes de soudure, mais peuvent également être vendues si la production vivrière dans les camps collectifs est suffisante pour nourrir la famille.

Tableau 27. La place des cultures céréalières dans les systèmes agricoles au Sénégal (en kg/ha et Tonne). Exemple du village de Saré-Yeroyel

Types de cultures		Destinées l'autoconsommation		Destinés à la vente	
		Champs collectifs		Champs individuels	
		Superficies	%	Superficies	%
Cultures vivrières	Mil	12	98.89	0.1	1
	Maïs	16	100	0	0
	sorgho	40	97.35	1.1	2.65
	Riz	1.75	89.47	0.2	10.53
	Total des céréales	67.8	97.94	1.4	2.06
Cultures de rente	arachide	5	25	15	75
	Coton	7	10.45	60	89.55
	Total des cultures de rente	12	17.72	75	82.28

Source : données d'enquêtes - B. BA

La répartition des champs (tableau 27) fait apparaître que l'objectif vivrier demeure encore profond chez les cultivateurs, notamment les chefs de ménages. En effet, malgré l'expansion des cultures commerciales, les cultures vivrières représentent plus de 97 % des surfaces cultivées parmi les champs collectifs, et c'est à ce niveau que les rendements les plus élevés sont enregistrés. Par exemple, pour ce qui est de la culture de l'arachide, les rendements sont passés passent de 700 kg à 1000 kg par hectare. On observe un accroissement similaire pour le coton et pour les céréales. Une chose importante à noter, c'est le fait que les différences au niveau des rendements ne proviennent pas de l'encadrement dont bénéficient les cultures de rente, comme on pourrait le penser. Elles reflètent surtout une forme de relations fondées sur une certaine symbolique attachée aux champs collectifs. Ces relations s'expriment par la recherche à tout prix de la couverture des besoins alimentaires du groupe familial, et par la nécessité d'entretenir au quotidien et dans un espace délimité les liens familiaux. Elles déterminent également toute la stratégie agricole du groupe, ainsi que le partage de l'espace agraire entre les différents membres de la famille. D'ailleurs, dans l'aménagement du terroir agricole, les champs collectifs sont situés sur les meilleures terres du village, et sont les premiers à recevoir les semis, les premiers à être sarclés et bénéficient plus que les autres champs de l'apport en travail de tous les membres de la famille. Piliers des systèmes alimentaires traditionnels, les champs collectifs semblent néanmoins beaucoup moins importants aujourd'hui qu'ils ne l'ont été autrefois. Les témoignages des chefs des ménages rencontrés à Saré-Yéroyel amènent à penser que les stratégies alimentaires sont en train d'évoluer, d'autant plus que la place prise par la SODEFITEX dans les systèmes agricoles et le phénomène de l'émancipation poussent les jeunes à l'intérieur d'une concession à individualiser leurs champs et leurs récoltes.

En revanche, ce qui reste encore dans les systèmes agricoles et vivriers en Haute Casamance et dans le Sénégal Oriental, c'est le caractère « genré » du travail selon les types de cultures. Les cultures vivrières restent l'apanage des hommes et les cultures commerciales le sont moins. D'après les résultats des enquêtes, les superficies en céréales, à l'exception du riz, sont principalement cultivées par les hommes (maïs 98 %, mil 100 %, sorgho 85 % et riz 20 %), tandis que pour les cultures de rente, les femmes représentent 25 % pour l'arachide et 35 % dans le coton. Cette situation témoigne une évolution sociale et alimentaire, mais aussi le nouveau rôle que jouent les femmes dans l'approvisionnement alimentaire des ménages. L'implication plus grande des femmes dans les cultures de rente s'explique par leurs besoins d'avoir de l'argent pour acheter des compléments de nourriture, ce qui n'était pas le cas auparavant, où en effet elles cultivaient ensemble un champ (ce qui faisait un champ collectif), vendaient la production et se partageaient l'argent. Mais aujourd'hui, elles s'organisent au sein des Groupements, et quand arrive la production, celle-ci est vendue et les retombées partagées entre les membres ou investies dans des œuvres sociales.

3. Les systèmes agricoles irrigués dans la vallée du fleuve Sénégal

Frontière naturelle entre le Sénégal, la Mauritanie et une partie du Mali, la vallée du fleuve Sénégal est restée pendant longtemps peu concernée par les politiques de mise en valeur agricole du territoire national. Cantonnée dans les activités traditionnelles - l'élevage transhumant et l'agriculture sous pluie - la vallée du fleuve apparaît presque subitement à partir de 1970 comme la zone prioritaire en matière d'investissement dans l'agriculture sénégalaise. La soudaine redirection des investissements publics vers cette zone n'est pas le fruit du hasard. Elle sanctionne les années d'échecs, les désillusions de l'arachiculture et les conséquences sociales et économiques des sécheresses qui se sont succédé depuis 1968. Dès lors, les potentialités de la vallée attirent l'attention des pouvoirs publics qui décident, par une politique volontariste, d'en faire la principale zone de production en céréales pour l'autosuffisance alimentaire. L'objectif est alors de faire de la vallée le grenier du pays, la terre nourricière du Sénégal. Pour arriver à cet objectif, des investissements lourds vont être conduits, ce qui aura entre autres conséquences d'introduire de nouveaux systèmes de production agricole.

3. 1. Le cadre physique de la vallée du fleuve Sénégal

Le fleuve Sénégal est le principal cours d'eau du pays. Il s'écoule dans le sens est-ouest, sur une distance de 1790 kilomètres. Il est alimenté par trois affluents qui prennent leurs sources dans le massif du Fouta Djallon en Guinée (Bakoye, Bafing et Falémé) et recouvre un bassin versant de 300 000 km^2, qui se subdivise en trois grandes zones : la Haute vallée, la Moyenne vallée et la Basse vallée. Entièrement inscrite dans la zone climatique soudano-sahélienne, la vallée représente cependant un environnement physique azonal où les communautés végétales et pédologiques sont déterminées en grande partie par des conditions hydrologiques spécifiques. Les restes de ce qui fut jadis la vaste forêt riveraine où dominaient les *Acacia nilotica* et les *Acacia raddiana* sont visibles sur les sols argileux des dépressions de la plaine inondable, plus connue sous le nom wolof de *Walo*. Cette forêt a été défrichée pendant des siècles par l'homme à des fins agricoles et pastorales[153] (1985, p. 495). Ces dernières années, la sécheresse a accéléré le processus de déboisement, laissant derrière elle des terres boisées sévèrement dégradées et de vastes superficies vierges peuplées par endroits par une steppe arbustive, voire arborée.

La longue transgression marine nouakchottienne (5000 ans BP) qui a habité le Sénégal a profondément transformé les conditions agropédologiques de la vallée, notamment au niveau du delta. Toutefois, la présence de plusieurs dépressions creusées lors du pluvial tchadien (12 000 à 8 000 ans BP) et aujourd'hui inondes en permanence, ainsi que la proximité des centres urbains (St-Louis, Dagana, Richard Toll) ont permis à la vallée et surtout au Delta de jouer dans la région un rôle d'avant-garde et de pionnier en matière d'aménagement hydro-agricoles pour le maraîchage et la riziculture. Avant d'être la zone hydro-agricole qu'elle est aujourd'hui, la vallée a longtemps

[153] Cartographie des sols de la République du Sénégal. Etude de la géologie, de l'hydrographie, des sols, de la végétation et des potentiels d'utilisation des sols.

souffert de la baisse des pluies, et aussi paradoxal que cela puisse paraître, le facteur pluviométrique a été un casse-tête pour les populations du fleuve. L'irrégularité interannuelle des crues et les importants déficits en pluies des années 70 à 1980 ont eu des conséquences douloureuses sur les conditions de vie des populations[154]. Sow[155] qui a étudié le phénomène de la sécheresse dans la vallée du fleuve considère que l'ampleur de celle-ci n'a d'égale dans la mémoire populaire des populations que les guerres mondiales et les années des indépendances. Il estime que dans la partie sénégalaise du fleuve, les déficits ont atteint moins 70 % en domaine sahélien et moins 50 % dans la partie nord-soudanienne. Avant les aménagements de l'OMVS (les barrages de Diama et de Manantali), le fleuve Sénégal ne coulait pratiquement que sur son lit mineur parce que les pluies annuelles n'atteignaient pas des quantités suffisantes pour un écoulement annuel sur tout le long du fleuve, et encore moins un écoulement qui arrose suffisamment le lit majeur. Dans ce contexte physique difficile et fluctuant, les populations, pour satisfaire leurs besoins alimentaires, avaient recours à la mobilité pour adapter leurs systèmes de production agricole et pastorale aux aptitudes environnementales.

3. 2. La difficile survivance des systèmes de cultures traditionnels

Les systèmes de production pratiqués autrefois dans la vallée ont fait l'objet de plusieurs études, qui démontrent qu'avant d'être une zone hydro-agricole, la vallée du fleuve Sénégal avait servi autrefois de lieu d'échange entre les populations venant de part et d'autre du fleuve (Mauritanie, Mali, Sénégal). Les travaux de Benoît (1989)[156] décrivent clairement comment les autochtones, qui y vivaient, pratiquaient des activités agricoles et pastorales, dont les caractéristiques communes sont le partage du même espace et la mobilité. Implantées depuis de longues dates sur les rives du fleuve, les populations ont ainsi développé des systèmes de production orientés principalement vers l'autoconsommation (Touré, 1997)[157]. En fonction de la pluviométrie et de la crue du fleuve, l'espace de la vallée était organisé et exploité différemment. Schématiquement, les activités agricoles débutaient au mois de septembre (ce qui correspondait au retrait des eaux de crue) et finissaient en octobre. Pendant ce temps, les activités d'élevage étaient repoussées dans la partie sud du fleuve, vers le Ferlo. Les modes de mise en valeur, bien que différentes selon les

[154] Gonin. *Les migrations venant du bassin du fleuve Sénégal vers l'Union européenne*
[155] *Les sécheresses pluviométriques et hydrologiques dans le bassin du fleuve Sénégal.*
[156] *La lisière du Kooya. Espace pastoral et paysage dans le nord du Sénégal (Ferlo).*
[157] *Espace pastoral et dynamiques foncières au Sénégal.*

ethnies en présence, se complétaient parfaitement. Les modes sédentaire et essarteur des Wolofs et Sarakolés se combinaient parfaitement avec celui nomade des Peuls. Pour saisir la complexité des systèmes agro-pastoraux traditionnels qui sont pratiqués dans la vallée du fleuve, il est nécessaire de rappeler que dans l'exploitation des ressources de la zone, il existait des éléments de régulation qui permettaient le renouvellement des ressources malgré la fragilité du milieu. Parmi ces éléments, le plus important fut la mobilité de la population à l'intérieur de la zone, mais aussi entre celle-ci et la zone sylvopastorale située au sud. La mobilité permettait aux populations de tirer un meilleur profit de la diversité écologique de la zone et de l'arrière-pays de la vallée, représentait par le Ferlo, qui s'offrait au bétail comme zone de replis lors des périodes de crues du fleuve (Barral, 1982 : 46)[158]. La faiblesse des densités faisait qu'il n'existait pas de concurrence sérieuse dans l'ensemble du delta entre l'agriculture et l'élevage pour l'accès à la terre et aux ressources (Hervouët, 1971 ; Diagne, 1975). La complémentarité entre les activités des pasteurs peuls et celles des agriculteurs waalo-waalo fonctionnait sans grand problème et garantissait une bonne couverture alimentaire.

Dans la Moyenne vallée, les exploitations agricoles, constituées en majeure partie par les cultures de décrue, sont de loin les plus répandues. Ces exploitations existent parce qu'elles reposent sur une organisation complexe des terroirs, faite du mélange du droit foncier traditionnel et du droit foncier moderne et structuré. Mais, malgré le développement de l'agriculture irriguée et le strict respect des règles de tenure foncière moderne, elle demeure une zone d'activité pastorale, car ici plus qu'ailleurs cette activité est pratiquée par toutes les catégories de la population indépendamment de leur appartenance à telle ou telle ethnie et à telle ou telle caste (Boutillier, 1962)[159]. Aujourd'hui, pour les populations de la Moyenne vallée, l'élevage est une composante à part entière des moyens et des stratégies alimentaires dont elles ont à leur disposition. Donc, comme dans le passé, le souci alimentaire et la récurrence de l'objectif vivrier ont fait que les populations ont développé une exploitation alternative des ressources de la vallée (Touré, 1997)[160].

A partir des années 50, l'équilibre alimentaire qui se réalisait grâce à une gestion raisonnée des ressources commence à être déstabilisé par la mise en œuvre d'une succession de décisions. Cela commence d'abord par la décision de l'Administration coloniale de spécialiser le Ferlo en zone sylvo-pastorale,

[158] *Le Ferlo des forages. Gestion ancienne et actuelle de l'espace pastoral.*
[159] La Moyenne vallée du Sénégal : étude socio-économique.
[160] Op. cit.

ensuite par le creusement des forages profonds, et enfin par la promotion des aménagements hydro-agricoles dans la vallée. La mise en œuvre de ces décisions transforma la vallée et les rapports de sa population avec la zone sylvo-pastorale et entraîne la disparition des systèmes traditionnels de production. La transformation la plus marquante est celle qui a consisté à changer la vocation de la vallée pour en faire la zone d'excellence de la production de riz au Sénégal. C'est en poursuivant cet objectif que progressivement elle devient une zone exclusivement agricole où les populations se sédentarisent petit à petit. Les résultats de l'enquête de Barral (1982) cités par Touré (1997) attestent les changements. Ils informent que durant la période antérieure à l'implantation des forages, 60 % des ménages effectuaient la transhumance entre la vallée et le Ferlo, et qu'à partir de 1981 ce pourcentage est tombé à hauteur de 3 %. L'enquête démontre par ailleurs que les mouvements réguliers de transhumance vers le Djoloff n'intéressaient plus que 10 % alors qu'auparavant ils concernaient 40 % du cheptel de la vallée.

3. 3. Développement des systèmes agricoles irrigués

A partir des années 70, l'agriculture de la vallée tranche fondamentalement avec celle qui est pratiquée dans les autres régions du Sénégal. Non seulement les systèmes agricoles se modernisent, les champs traditionnels sont remplacés par les périmètres hydro-agricoles, le tout inspiré du modèle de l'agrobusiness des pays modernes, la culture du riz qui était jusque-là confinée au statut d'expérimentation dans la vallée devient le choix politique du gouvernement sénégalais dans sa stratégie pour répondre au besoin en riz du pays. Sans jamais en référer aux paysans producteurs, le choix du gouvernement présentait au moins quelques avantages, en ce sens qu'il coïncidait avec les besoins alimentaires de la population, les aptitudes rizicoles de la zone et s'accompagnait de la mise en place d'infrastructures hydrauliques adaptées.

3. 3. 1. Aménagements hydro-agricoles et des pratiques agricoles dans la vallée du fleuve

Aujourd'hui, toute personne qui parcourt la vallée est frappée par la présence massive des casiers hydro-agricoles, qui offrent une vue panoramique tout à fait verdoyante et qui contraste avec le paysage sahélien environnant. Dans ce paysage agraire uniforme, on distingue selon les périodes, trois catégories de périmètres : les grands périmètres irrigués (GPI), les petits périmètres irrigués villageois (PIV) et les périmètres irrigués intermédiaires (PII)[161]. Ces différents périmètres se différencient les uns des autres par leur structure physique, leur taille, leurs normes de gestion, les superficies affectées aux paysans et par la logique de leur mise en place.

3. 3. 1. 1. Les grands périmètres irrigués

Les premiers périmètres remontent au début XIXe siècle. C'est à cette période que l'autorité coloniale, sous la direction du Colonel Schmaltz, Gouverneur de la colonie du Sénégal, pensa la vallée en termes d'aménagement hydro-agricole. Cependant, son projet ne connaîtra pas de succès, mais il créera un jardin expérimental dit « jardin Richard » qui donnera plus tard son nom à la plus grande ville de la zone, la ville de Richard Toll. En revanche, c'est en s'inspirant de cette expérience que furent créés les grands périmètres au début des années 60. Mais c'est réellement en 1974 dans la Moyenne vallée qu'il est mis en place le premier véritable périmètre hydro-agricole, celui de Nianga dans la Délégation de Podor[162] sous l'air de l'OMVS et de la SAED. Le périmètre de Nianga servira de modèle[163] aux aménagements qui verront le jour dans les différentes Délégations[164]. Ces grands périmètres se caractérisent par leur grande taille, en moyenne 1000 ha, le respect des normes de terrassement et des canalisations. Ils sont conçus, construits et gérés par la SAED[165]. Au sein des grands périmètres, les paysans n'ont qu'un statut de cultivateur et n'ont aucun poids dans le choix des espèces à cultiver. Chaque paysan cultivateur dispose d'un périmètre de presque un hectare qui lui permet, en théorie, d'être autosuffisant.

---

161 Barreteau (1998) parle dans sa thèse de l'émergence des périmètres privés comme quatrième forme de périmètre, ce qui est la concrétisation d'une politique de financement de l'agriculture dans la vallée soutenue par l'Etat sénégalais dans le cadre de l'application des Programmes d'ajustement structurel.

162 La société d'aménagement des eaux du delta chargée de la gestion de la vallée du fleuve Sénégal a divisé le bassin du fleuve en trois délégations : Dagana, Podor, Bakel.

163 Le succès du périmètre de Nguédé-Chantier (aménagé pour l'expérimentation en 1939 par la Mission d'aménagement du Sénégal dans la Moyenne vallée) grâce à l'encadrement rapproché de la coopération chinoise a renforcé les convictions des partisans du développement de l'irrigation dans la vallée. Ce périmètre sera repris en 1979 par la SAED pour une exploitation identique à celle de Nianga (Lericollais et Sarr, 1995).

164 Appellation donnée à la structure chargée de la gestion technique et économique du périmètre hydro-agricole.

165 La SAED gère les biens communs notamment les réseaux de canalisation, les équipements de pompage et souvent le matériel agricole.

3. 3. 1. 2. Les petits périmètres irrigués villageois (PIV)

Comme l'indique leur nom, les petits périmètres irrigués villageois sont créés par les villageois. Inspirés des grands périmètres, ils sont de taille plus petite, environ entre 10 et 20 ha, alimentés par des groupes de motopompes flottants et présentent des aménagements sommaires (mauvais terrassement, absence de drainage). Selon Barreteau (1998, p. 22), « on ne pas peut les ranger dans la catégorie des aménagements hydro-agricole, car ils ne respectent pas les conditions initiales théoriques des aménagements. Leur existence se justifierait par l'idée "small is beautiful" ». Malgré leurs limites au plan technique, ils ont foisonné sur toute l'étendue de la Moyenne et de la Basse vallée entre 1978 et 1990, au point de servir d'exemple aux bailleurs de fonds[166] qui trouvaient les grands périmètres lourds, coûteux et inefficaces pour répondre aux besoins alimentaires du Sénégal.

Poursuivant en premier un objectif vivrier, les PIV apparaissaient ainsi comme un moyen efficace d'atteindre l'autosuffisance d'autant plus que leur organisation et leur fonctionnement allaient dans ce sens. Ils étaient conçus et autogérés par les villageois au sein de groupements villageois de types coopératifs ou fédératifs de groupements villageois jouissant du statut de coopérative. Chaque paysan membre d'un PIV recevait 0,2 ha, ce qui représente une taille suffisante pour subvenir à l'alimentation de la famille. Toutes ces conditions expliquent le succès des PIV dans la Vallée du fleuve dans la décennie 80. Mais très vite, des contraintes comme les mauvais terrassements, les mauvaises canalisations et les problèmes matériels font évoluer les périmètres irrigués villageois en périmètres irrigués intermédiaires.

3. 3. 1. 3. Les périmètres irrigués intermédiaires

Ils apparaissent dans la vallée au début de 1990. C'est une forme de capitalisation des expériences élaborées dans la zone depuis que le gouvernement a décidé de faire de la riziculture son option fondamentale pour réaliser l'autosuffisance alimentaire du Sénégal. Les périmètres intermédiaires, entre 50 et 100 ha, ressemblent aux deux autres formes d'aménagement sur au moins deux aspects. D'un côté, ils essaient de reprendre tous les avantages techniques des grands périmètres hydro-agricoles, et d'un autre côté ils

---

[166] Pour alléger les charges des groupements villageois et pour promouvoir les PIV, Les Bailleurs de fonds, dont le SAED, le Fond Européen du Développement, la coopération italienne, l'OFADEC, etc., décident de prendre à leur compte les travaux lourds des aménagements.

reprennent les objectifs vivriers et les avantages sociaux notés dans la gestion des petits périmètres. Ils sont souvent initiés par des opérateurs privés, qui tentent de s'engouffrer dans le vide laissé par la SAED, après que celle-ci, dans le cadre de l'ajustement structurel, a été obligée de se retirer de l'encadrement de la production et de la réalisation des aménagements.

En conclusion, on peut observer que concernant les aménagements, plusieurs mutations ont eu lieu depuis qu'ils ont été initiés dans la vallée. Ces mutations témoignent le plus souvent les difficultés rencontrées par l'irrigation, sans toutefois empêcher qu'il y ait, sur le plan de la pratique agricole, une transformation de l'agriculture et une expansion de la riziculture, et au plan social la fixation des populations qui, sans les aménagements, seraient tentées par l'émigration ou l'exode rural. Mais, malgré tous ces résultats, les investissements réalisés dans la vallée ne semblent pas être à la hauteur des attentes des pouvoirs publics et des habitants de la zone en matière d'autosuffisance alimentaire (Durufflé, 1996)[167].

3. 4. La vallée du fleuve et le difficile développement de l'irrigation

À partir de 1970, l'agriculture irriguée se développe considérablement dans le delta et la vallée du fleuve. La production de riz passe de 20 000 tonnes à 180 000 tonnes entre 1974 et 1990, le maïs irrigué fait son apparition et atteint 8 000 tonnes, alors que la tomate qui ne dépassait guère les 2 000 tonnes pointe à plus de 40 000 tonnes.

Ces chiffres accréditent la politique agricole du gouvernement du Sénégal dans la zone. On serait même tenté de regretter que le gouvernement n'ait pas fait plutôt cette politique d'irrigation, et qu'il ait attendu que la vallée soit frappée par plusieurs années de sécheresse. En décidant de son application, on s'aperçoit qu'il le fait dans la perspective de résoudre la demande alimentaire de la population et de pallier la crise du secteur de l'arachide. Et pour ce faire, il opte pour une politique de mise en valeur des potentialités du fleuve Sénégal, d'une politique fondée sur la mobilisation importante de capitaux[168] et sur la vulgarisation de nouvelles techniques agricoles. C'était, espérait-on, le début de

---

[167] Tendances, contraintes et perspectives de l'agriculture sénégalaise.

[168] Par exemple, on assiste à la construction d'infrastructures hydrauliques (barrages de Diama et techniques de production « modernes » (itinéraires techniques, matériel végétal, etc.) et la mise en place d'un système privé ou public de financement destiné aux paysans producteurs, mais également un service de collecte et de commercialisation de la production de riz.

la révolution verte de type sénégalais. Mais c'était sans compter avec les restrictions imposées par la Banque mondiale et le FMI, qui conduisent assez vite à un désinvestissement du gouvernement, compromettant ainsi toute la politique des aménagements hydro-agricoles et la place de la vallée dans l'économie du pays. D'ailleurs, trente ans après les premiers périmètres, force est de reconnaître que les résultats sont largement inférieurs aux prévisions, aussi bien en termes de superficies aménagées, de rentabilité économique des investissements que d'amélioration du niveau de satisfaction des besoins nationaux en riz. Toutes ces conséquences font que la vallée n'est pas devenue la « Californie du Sénégal » comme le prédisait en 1993 Abdou Diouf, le Président de la République. La culture du riz, même si elle a bien pénétré les systèmes de cultures, n'est que la troisième culture vivrière après le mil et le sorgho dans au moins deux départements (Matam et Bakel) parmi les quatre que compte la vallée.

Tableau 28. Taux d'occupation (%) des trois principales cultures par département dans la Vallée du fleuve entre 1986 et 1994

Départements	1ère culture		2e culture		3e culture		Superficie totale
Sud-est	riz	51.80	arachide	18.60	mil	18.50	88.80
Matam	mil	46.60	sorgho	27.50	riz	12.10	86.25
Podor	riz	39.50	mil	28.50	niébé	20.30	88.30
Bakel	sorgho	39.50	arachide	20.30	mil	18.90	78.70
Sénégal	mil	40.6	arachide	38	Sorgho	5.80	84.4

Source : CILSS

Figure 19. Pourcentage de superficies occupées par culture selon les départements dans la vallée du fleuve Sénégal entre 1986 et 1994

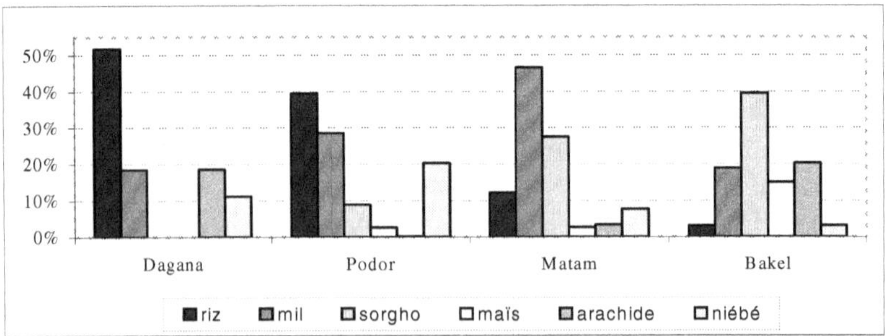

En revanche, il est intéressant de remarquer que la culture du riz a été un véritable succès dans les départements de Dagana et de Podor (carte n° 2). Ce résultat est lié certainement à la densité des grands périmètres, à l'encadrement technique de la SAED, et pour ces dernières au foisonnement des PIV. En effet, jusqu'au début de 1980, plus de deux tiers des périmètres irrigués se situaient dans le delta, c'est-à-dire la zone du département de sud-est. Aujourd'hui, un grand nombre de périmètres a été réhabilité et transféré aux groupements des producteurs. Quant aux périmètres irrigués villageois, ils ont connu une rapide expansion dans la Moyenne vallée. En 1974, ils ne représentaient que 20 ha, en 1983 7 335 ha, soit 29 % du total des surfaces irriguées, et 12 978 ha en 1986.

Carte 12. Surfaces moyennes consacrées à la culture du riz entre 1990 et 2001

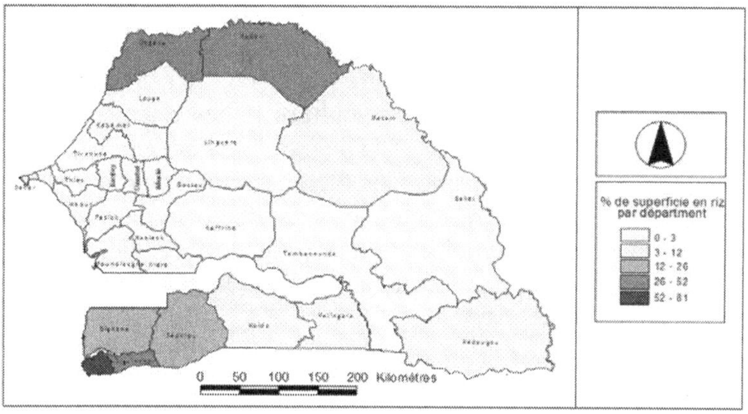

3. 5. Conclusion partielle

Si on devait conclure cette analyse sur la vallée du fleuve et sa contribution à la sécurité alimentaire nationale, on pourrait dire que, malgré les investissements réalisés au cours des vingt dernières années, le développement de la riziculture reste encore timide. Les deux grands départements de la Vallée sont très fortement mis en culture en riz. Il est vrai que la dynamique d'expansion des aménagements rizicoles - d'abord dans le delta, ensuite dans la moyenne vallée et enfin la haute vallée - telle que semblait la faire la SAED a été stoppée par l'application des programmes d'ajustement structurel. A cela, il faut ajouter que, contrairement au delta, la commercialisation des récoltes est peu développée dans la Moyenne (Matam) et la Haute vallée (Bakel), et aussi que les paysans n'avaient aucune tradition de culture de riz. C'est donc ce contexte peu favorable au riz qui a très souvent amené les paysans à opérer un choix rationnel qui a consisté à utiliser leurs ressources limitées d'abord pour les cultures vivrières traditionnelles. D'autre part, le fait que les demandes de terre soient essentiellement formulées par la population locale limite également l'expansion de la riziculture.

Le développement contrasté de la riziculture dans la vallée a conduit beaucoup de personnes à considérer que l'expérience a été un échec, et que surtout ce fut un mauvais choix que celui de fonder l'autosuffisance alimentaire sur la culture irriguée, sur les barrages et l'artificialisation du débit du fleuve Sénégal. En tout cas, sans savoir qui a raison, du point de vue des professionnels du riz (voir encadré), la sécurité alimentaire du Sénégal passe par une modification de la politique alimentaire. Pour eux, il faut mettre fin aux importations de riz brisés, à la place instaurer un système de protection du riz local et l'accompagner par une politique d'investissement sur les facteurs de production. Ces mesures mainte fois rappelées tardent à se mettre en place, et pendant ce temps, au niveau de la vallée, la pratique de la riziculture et des céréales traditionnelles gagne très peu de nouvelles surfaces. A la place, c'est l'activité horticole que les paysans semblent affectionner parce plus facilement commercialisable et assez rémunératrice. Au final, malgré toutes les reproches ou réserves qu'on peut émettre sur la riziculture, cette politique aura eu le mérite de démontrer qu'il est possible de réaliser la sécurité alimentaire du pays rien que par la mise en valeur des ressources naturelles du pays.

Avec les importations actuelles, l'ardoise se chiffre à 100 milliards de devises. Ce qui est énorme. Et comme le riz n'est produit que pour la consommation, les Asiatiques qui dominent ce marché ne livrant à la vente que des excédents de leur production, il y a lieu de sonner l'alerte. La seule alternative pour faire face au risque engendré par l'accroissement permanent de la facture du riz importé est de favoriser la production locale, ont convenu les participants au séminaire organisé par le Réseau africain pour le développement intégré (Radi) et axé sur la restitution d'une étude réalisée sur cette céréale. En effet, de 389 000 tonnes en 1995, la consommation se situait autour de 594 000 tonnes en 2003, soit 3,5 fois la production nationale, indique l'étude réalisée par l'expert en développement plaidoyer et campagne Birane Ndiaye Dièye. Ce dernier faisant la corrélation avec le taux d'accroissement de la population a noté qu'à l'horizon 2015, la consommation en riz du Sénégal sera 1 010 640 kg.

Si cette évolution n'est pas accompagnée par un taux de mise en valeur soutenue pour relever de manière substantielle le niveau de production, la pression de la couverture des besoins par les importations sera insoutenable par les finances publiques du Sénégal. D'autant qu'avec les importations actuelles, l'ardoise se chiffre à 100 milliards de sorties de devises', a-t-il prévenu. 'On estime entre 25 et 27 millions de tonnes la quantité de riz mise annuellement sur le marché international, à peine 5 à 6 % de la production mondiale, faisant de ce marché l'un des plus petits marchés des grandes céréales', révèle M. Dièye qui ne se prive de le comparer au marché du blé (113 000 000 tonnes) et du maïs (80 000 000).

Si l'on sait que cette spéculation n'est produite que pour la consommation, les Asiatiques qui dominent ce marché ne livrant à la vente que des excédents de leur production, il y a lieu de sonner l'alerte. Cette offre a tendance à s'amenuiser d'année en année et beaucoup d'observateurs de ce marché, comme M. Dièye, craignent des pénuries significatives d'insécurité alimentaire dans les pays importateurs comme le Sénégal. Il faut, selon l'expert, favoriser la production locale qui a des atouts réels pour satisfaire la demande nationale.

Sur le plan physique, le milieu naturel de la vallée confère au Sénégal un avantage comparatif par rapport à de nombreuses autres régions agricoles y compris celles de la plupart des pays d'importations', signale l'étude consacrée au riz cultivé quasiment dans toutes les régions du pays. Les barrages permettent une maîtrise parfaite de l'eau et des systèmes de production, selon le document lequel indique que le Sénégal possède un potentiel de production de 240 000 hectares irrigables. Le processus de mise en valeur de ces terres a démarré bien avant les indépendances et s'est poursuivi de manière soutenue après, rappelle le texte.

Cette filière du riz a certes connu des périodes difficiles pour diverses raisons liées à des options politiques inopportunes notamment, mais si elle est soutenue, elle peut faire face, estime M. Dièye dans son étude. Le coordonnateur du Radi, Mignane Diouf propose à l'Etat de consacrer une bonne partie de la facture destinée à l'achat de cette céréale au soutien aux producteurs locaux.

Source : APS, consulté le 30 mars 2006 dans www.walf.sn/societe/suite.php?rub=4&id_art=27446, consulté le 30. 03.2006

4. L'agriculture dans les *Niayes*[169]

Les *Niayes* bordent la frange maritime nord du pays et s'étendent sur quatre régions administratives (Dakar, Thiès, Louga et St-Louis) sur une distance de 180 Km et une largeur variant de moins 5 km à 30 km. Du fait de leur environnement, les *Niayes* sont réputées comme étant d'excellentes zones de cultures maraîchères et d'arboriculture. En termes de surfaces occupées et mises en valeur, le maraîchage et l'arboriculture ne représentent qu'une faible portion de l'agriculture sénégalaise comparée aux cultures pluviales, mais ces deux catégories de cultures jouent un rôle notable dans la sécurité alimentaire au Sénégal, la création de revenu monétaire pour la population, mais également dans la balance commerciale du pays[170].

4. 1. Les Niayes : une géographie spécifique

Les *Niayes* du Sénégal tirent leur spécificité et leur aptitude agronomique de leur origine et des conditions climatiques qui ont présidé à leur mise en place. Situés majoritairement en zone climatique sahélienne, sous influence maritime, ils représentent de nos jours de véritables paléosites. Ils sont en effet constitués par d'anciennes petites vallées enserrées entre les systèmes dunaires et caractérisées par une hydromorphie permanente. Leur origine remonte aux années pluvieuses du quaternaire récent[171]. De nos jours, l'absence de telles conditions rend plus fragiles ces écosystèmes et les activités agricoles qui y sont pratiquées. Cette fragilité s'accentue d'autant plus que l'irrégularité interannuelle de la pluviométrie, l'alternance d'une saison sèche longue (neuf mois) et d'une saison courte des pluies (juillet, août et septembre), ainsi que les facteurs anthropiques représentent autant de contraintes supplémentaires qui ne

---

[169] *Niayes* est un terme wolof qui signifie dépression.

[170] Par exemple en 2002, avec une production de 300 000 tonnes, la filière maraîchère a rapporté soixante-dix milliards de francs CFA. Les N*iayes* contribuent jusqu'à hauteur de 60 % dans la production maraîchère et arboricole du Sénégal.

[171] Trois périodes morphoclimatiques méritent d'être soulignées : il s'agit par exemple de la phase sèche dite Ogolien (20 000 ans BP) qui a mis en place le système dunaire sénégalais ; le pluvial Tchadien entre 12 000 et 8000 ans BP qui a creusé les Niayes et les zones dépressionnaires interdunaires très fertiles et prisées par les cultivateurs ; et le nouakchottien (5 000 ans BP), période humide caractérisée par une stabilité climatique, une transgression marine et pédogenèse très poussée.

Pour en savoir davantage sur cette période du quaternaire récent, par ailleurs très déterminant dans la géomorphologie actuelle du Sénégal et la carte agricole, nous recommandons la thèse de Pierre Michel (1973, université Louis Pasteur de Strasbourg) intitulée : les bassins des fleuves Sénégal et Gambie. Etudes géomorphologiques.

contribuent pas suffisamment à entretenir l'hydromorphie des sols. Autre composante qui renforce la spécificité des *Niayes* et leur potentialité agronomique, c'est la géomorphologie de la zone. En effet, les *Niayes* sont constituées par des formations sédimentaires du quaternaire, lesquelles reposent sur des formations plus anciennes du secondaire et du tertiaire. La morphologie de la zone laisse apparaître plusieurs types de reliefs allant des sommets dunaires (15 à 20 m), aux dépressions et autres couloirs interdunaires où affleure par endroits la nappe phréatique. Ces couloirs et dépressions qui sont le plus souvent des reliques de vallées sont convoités pour les activités agricoles. Du coup, malgré la dégradation des conditions climatiques, les *Niayes* représentent aux yeux des populations du Bassin arachidier et de certains citadins de Dakar et de Thiès une zone économique où il faut s'établir.

4. 2. Un cadre socioéconomique dynamique et fragile

Les potentialités économiques de la zone des *Niayes* sont favorisées par les conditions physiques du milieu et la présence de grandes villes, comme Dakar, Thiès, Louga et Saint-Louis. Cette zone n'a jamais cessé d'être un lieu attrayant pour les populations des régions de l'intérieur du Sénégal. En 1976, avec les quatre régions qui la composent, elle comptait une population de 2 549 694 habitants sur un total national de 4 978 850 habitants. Au recensement de la population du Sénégal en 1988, elle représentait une population totale de 3 590 359 habitants, soit la moitié de la population du Sénégal, 6 896 808 habitants. La zone administrative recouverte par les *Niayes* connaît une dynamique démographique assez particulière par rapport au reste du pays. La forte croissance démographique (tableau 29) s'explique à la fois par le fort taux de natalité, mais surtout par les flux migratoires venant de l'intérieur du pays et des pays limitrophes. De nombreuses personnes sont en effet attirées par le développement économique de l'axe Dakar-Thiès et par les possibilités d'y avoir un revenu en travaillant dans le maraîchage ou en se faisant recruter comme ouvrier agricole dans la zone[172]

[172] La densité moyenne d'habitants dans cette zone était de 44,6 habitants au km^2 en 1988 et avoisine 63 habitants au km^2 en 2000, ce qui la place au-dessus de la moyenne nationale, qui était de 35 habitants au km^2 en 1988 et de 48 habitants au km^2 en 2000. Il faut noter toutefois que ces moyennes cachent de grandes disparités interrégionales et intrarégionales. En effet, Dakar qui concentre 23 % de la population nationale sur 0,3 % du territoire présente une densité moyenne de 3 399 habitants au km^2 (1994) dont plus 10 500 habitants au km^2 dans les quartiers de la banlieue.

Tableau 29. Evolution de la population dans les villes de la zone des Niayes

Villes	1976	1988	1994*	2000*	2005*	2015*
Dakar	940 920	1 500 000	1 869 300	2 326 900	2 774 800	3 822 800
Thiès	674 440	940 000	1 114 000	1 310 900	1 494 300	1 889 300
Louga	419 599	490 077	525 400	555 000	573 500	578 100
St-Louis	514 735	660 282	748 500	842 400	924 200	1 078 800
Total	2 549 694	3 590 359	4 257 200	5 035 200	5 766 800	7 369 000
Sénégal	4 997 885	6 896 808	8 127 700	9 526 300	9 725 800	12 617 900

Source : DPS, RPGH 1976, 1988 * Projections

Tableau 30. La densité de la population dans les villes de la zone des Niayes

Villes	Superficie Km^2	Population		Densité (hbt/km2)	
		1994	2000	1994	2000
Dakar	550	1 869 300	2 326 900	3398,7	4230,7
Thiès	6 600	1 114 000	1 310 900	168,7	198,6
Louga	29 188	525 400	555 000	18,0	19,0
St-Louis	44 127	748 500	842 400	17,0	20,0
Sénégal	196 720	812 770	9 526 300	41,3	48,4

Source :Agence nationale de la statistique et de la démographie du Sénégal

Comparés aux autres régions du pays, les *Niayes* sont une zone de forte concentration humaine, dont la croissance pose de réels problèmes pour les espaces réservés aux activités agropastorales. Dans sa partie dakaroise, le problème est encore plus inquiétant parce que les rares espaces naturels constitués par les Niayes sont menacés par les habitations. Les meilleurs exemples demeurent le site du technopôle, situé au cœur des *Niayes* de Pikine, la construction des HLM et de la Cité de l'UNACOIS près de l'autoroute, sans parler des remblaiements à titre individuel dans les zones de Thiaroye, de Yeumbeul et de Pikine. Cette pression démographique, sans cesse croissante, ajoutée à l'évolution régressive des conditions climatiques et à la fragilité naturelle de l'écosystème, constitue actuellement une menace sérieuse pour l'avenir des cultures dans les *Niayes,* dont par ailleurs l'exploitation ne cesse de s'intensifier.

4. 3. Des systèmes de production horticole en expansion

A la différence des systèmes de cultures sous pluie, les *Niayes* présentent des systèmes de production horticole plus complexes, de contre-saison, avec la double vocation de contribuer à la sécurité alimentaire et à la création de revenus. Ces systèmes de production ont déjà été décrits (Konté et coll., 1995,

Fall et coll., 1993), on en distingue deux catégories : les systèmes de production maraîchers et les systèmes de production arboricole. Dans les deux cas, les cultures pratiquées sont individualisées et sont organisées dans des exploitations horticoles privées, indépendantes de la famille. En fonction de la taille et du mode de mise en valeur, ces exploitations prennent des formes différentes, allant de petites exploitations sommaires à des exploitations plus modernes sur grandes surfaces[173]. Dans le domaine de l'arboriculture, les exploitations sont moins diversifiées en général et dépassent rarement 10 ha. Elles sont spécialisées dans la production fruitière, dont principalement des espèces comme les manguiers, les corossoliers, les papayers, les sapotiers, etc. Cette production arboricole sert à l'approvisionnement des marchés locaux. Les petites exploitations sont gérées leurs propriétaires tandis que les grandes appartiennent souvent à des citadins de la classe moyenne ou riche et sont gérées par des ouvriers agricoles.

5. Conclusion partielle

De façon générale, on constate que la production de légumes et fruits connaît un taux de croissance annuelle, 3,8 % entre 1987 et 1998, un taux plus élevé que celui des superficies mises en valeur qui est de l'ordre de 3,1 %. Malgré ces résultats, la place des *Niayes* dans la production maraîchère globale (80 % dans les années 80) a tendance à baisser au profit de la vallée du fleuve (figure 20) où la disponibilité en eau est plus grande. Pour la production fruitière, les données

---

[173] Les exploitations maraîchères se présentent de la façon suivante :
- *Les petites exploitations* (moins d'un hectare) : ce type d'exploitation est dominant sur la bande des *Niayes*. Les cultures sont variées et sont essentiellement destinées à l'approvisionnement des marchés locaux. Elles relèvent plus de l'exploitation individuelle que de l'exploitation familiale. Ce caractère individuel reste très lié au mode d'appropriation et de mise en valeur de la terre. Il s'agit souvent de parcelles morcelées par leurs propriétaires qui les louent à des migrants nationaux ou des pays limitrophes, ou qui pratiquent le confiage et le métayage.
- *Les exploitations moyennes* (entre 1 et 20 ha) : il s'agit d'exploitations privées. Leurs propriétaires les ont acquis soit par héritage, soit par achat, soit par le don ou soit par la location. De par les modes de mise en valeur qui y sont pratiquées, ces exploitations sont de type moderne et semi-moderne. Elles font intervenir l'outil mécanique pour le travail de la terre, l'exhaure et l'irrigation pour l'arrosage et emploient des ouvriers agricoles. Les cultures y sont moins diversifiées, car la production est destinée à l'exportation.
- *Les exploitations modernes* : elles sont caractérisées par leur superficie, qui dépasse parfois 50 ha, et par les moyens techniques et humains mis en œuvre. Elles sont privées ou sont à caractère associatif (GIE) et sont concentrées dans la périphérie nord-ouest de Dakar (Sébikotane), Thiès (Pout, Mboro) et Saint-Louis. Leur production est constituée en majeure partie de cultures d'exportation (haricot vert, tomate), les surplus étant destinés à l'approvisionnement des marchés locaux.

sont plus sujettes à caution, étant donnée la dispersion de la production. Cette dernière serait actuellement de l'ordre de 122 000 tonnes, avec une progression de l'ordre de 2 à 3 % sur les dix dernières années.

Figure 20. Répartition de la production horticole au Sénégal en 2000

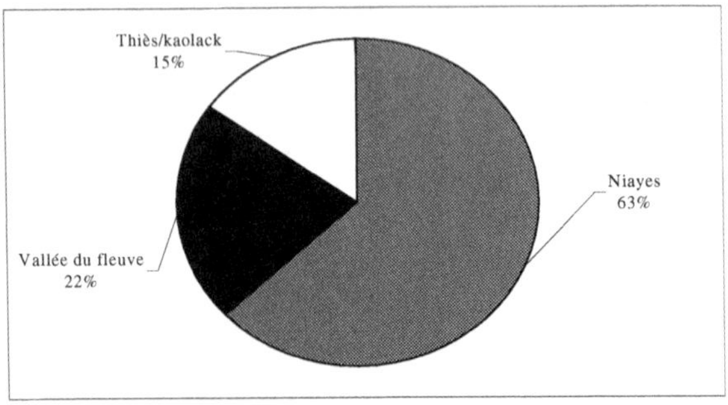

Aujourd'hui, l'horticulture est un secteur créateur de revenus où les ménages qui s'y adonnent deviennent plus nombreux en milieu rural, tout en demeurant non négligeables dans les zones urbaines[174]. Bien entendu, les superficies sont beaucoup plus étendues dans les exploitations urbaines et périurbaines. La proximité des *Niayes* avec les zones urbaines et les avantages qu'elle procure en termes d'accès aux marchés et de pouvoirs d'achat, font qu'ils sont de plus en plus le siège d'une classe moyenne en provenance des villes de Dakar, de St-Louis et de Thiès, à la recherche de revenus supplémentaires.

Au plan alimentaire, la contribution de cette agriculture urbaine dans l'approvisionnement des villes n'est pas encore bien connue. Mais on considère qu'elle est déjà très importante dans d'autres villes africaines, atteignant dans certaines villes d'Afrique de l'Est prés de 70 % alors qu'elle occupe près de 30 % en Afrique de l'Ouest (Maxwell, 1995)[175]. Elle représente donc une composante importante dans les moyens et les stratégies de sécurité alimentaire dans ces villes où les activités économiques urbaines sont rares. Dans le cas du Sénégal, par les emplois qu'elle offre, cette horticulture des *Niayes* contribue considérablement à la réduction du taux de chômage en absorbant une partie de la population issue de l'exode rural, ainsi qu'au financement de l économie nationale grâce aux exportations.

---

[174] La dernière enquête nationale auprès des ménages (ESAM, 1997) révèle que sur les 451 500 ménages cultivateurs sénégalais, 7 000 sont à Dakar, 27 000 dans les autres villes et 45 000 en milieu rural, ce qui correspond respectivement à 4 %, 18 % et 88 %.

[175] Logique de l'agriculture urbaine dans les ménages de Kampala.

Globalement, une remarque s'impose. La filière horticole, qui fut en effet pendant longtemps le parent pauvre de l'agriculture sénégalaise, se porte bien de nos jours comparée aux autres productions du secteur de l'agriculture. Cette filière présente un important potentiel de croissance, un potentiel rendu plus important par les aménagements hydro-agricoles de la vallée du fleuve, du bassin de l'Anambé, ainsi que l'exploitation des nombreuses dépressions et vallées fossiles exploitables. Exploitée judicieusement, elle pourrait contribuer à l'amélioration de la sécurité alimentaire dans le pays. Une politique dans cette direction est donc d'autant plus nécessaire que les exportations du Sénégal en fruits et légumes, malgré leur croissance, ne représentent que 10 % des capacités réelles d'exportation de la filière. Pourtant, ce potentiel risque d'être compromis par l'expansion spatiale des villes, qui s'effectue au détriment des *Niayes*. Si l'on veut faire jouer aux *Niayes* leur rôle dans le système alimentaire global du Sénégal, il est nécessaire de protéger cet espace, de mettre en place des infrastructures qui améliorent au plan technique (accès à l'eau) et au plan économique (développer le marché local) les systèmes de culture horticole. C'est en se dotant de tels moyens que l'on évitera à la filière horticole et arboricole les conséquences des actions anthropiques et que l'on préservera ces écosystèmes.

Section II. Bilans céréaliers et consommation alimentaire au Sénégal

Les bilans céréaliers sont des calculs qui sont établis régulièrement par le CILSS dans les différents pays de l'Afrique de l'Ouest pour faire le point sur le niveau des céréales. Ils visent essentiellement à donner des indications sur le niveau de satisfaction des besoins alimentaires en céréales des populations et à prévenir les gouvernements des crises alimentaires éventuelles qui pourraient affecter leurs populations. Si on se réfère à la définition de la FAO[176], le bilan a pour fonction principale de donner une idée d'ensemble de la composition des approvisionnements alimentaires d'un pays durant une période de référence spécifiée. Sur une longue durée, ce bilan permet d'analyser l'évolution des disponibilités alimentaires nationales, révèle les changements qui sont intervenus dans la structure du régime alimentaire et indique dans quelle mesure les approvisionnements alimentaires du pays sont adaptés aux besoins nutritionnels. Pour ce qui est du Sénégal, les bilans céréaliers qui sont utilisés par les pouvoirs publics sont effectués soit par la direction nationale des statistiques agricoles, soit par le Système mondial d'alerte rapide pour l'alimentation et l'agriculture (SIAMAR - FAO), soit par le CILSS. Les bilans qui sont fournis par ces institutions sont effectués à l'échelle nationale ou régionale, et ne sont pas toujours aisés à déchiffrer. Il s'y ajoute que les méthodes d'établissement des bilans ne sont pas les pays mêmes d'une institution à l'autre[177].

1. Bilans céréaliers et autosuffisance alimentaire à l'échelle nationale

Le bilan vivrier céréalier est une mesure variable selon les pays et les institutions. Cependant, il existe des normes établies par la FAO, et qui sont souvent utilisées comme des références[178] dans ce domaine. Au Sénégal, l'analyse des séries statistiques (figure 21) dans le domaine céréalier montre des

---

[176] http://www.fao.org/waicent/faostat/agricult/fbs-f.htm

[177] Dans ce travail, les bilans sont établis non pas au niveau des zones agro-écologiques mais en référence aux régions administratives dont le découpage est mieux connu de tous.

[178] En Afrique de l'Ouest, les normes céréalières annuelles de quelques pays sont les suivantes : Burkina Faso 190 kg, Gambie 165 kg, Guinée Bissau 175, Mali 204 kg, Niger 242 kg, Sénégal 185 kg.

bilans céréaliers extrêmement contrastés entre le niveau national, le niveau urbain et le niveau rural.

Figure 21. La fluctuation des disponibilités en céréales par rapport à la norme alimentaire au Sénégal

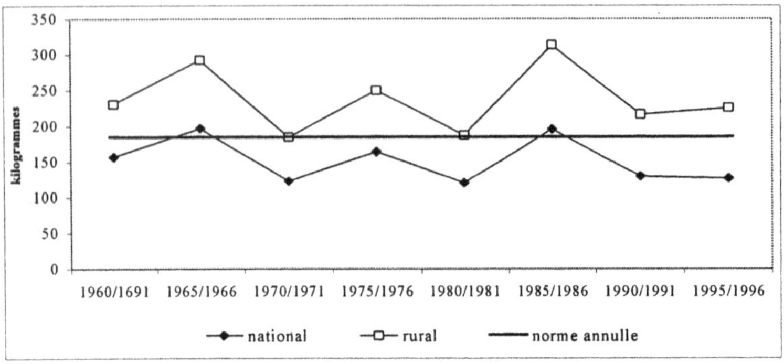

Figure 22. Evolution de la production céréalière vivrière du Sénégal entre 1960 et 1995

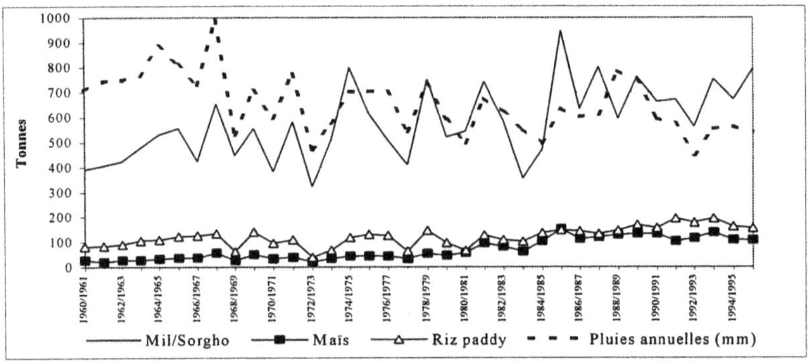

Si on considère la norme de la FAO, à savoir 185 kg, d'ailleurs utilisée par le gouvernement, le Sénégal est globalement depuis 1960 un pays déficitaire en céréales (figure 21). Population urbaine et population rurale réunies, on remarque que le bilan céréalier ne cesse de décroître depuis les années 60, de 150 kg par habitant en 1960, il est tombé à environ 100 kg à la fin des années 70. Des calculs établis en 1995 à partir de la production céréalière nationale pointaient le déficit céréalier à 800 000 tonnes. L'ampleur d'un tel déficit peut surprendre, d'autant plus qu'il n'est pas accompagné par des flux d'exode de population ou des situations de famine. Mais paradoxalement, il est concevable parce que l'autosuffisance en céréales est étroitement liée à l'abondance ou non de la pluviométrie (figure 21). Les années de forte production de céréales et d'excédents alimentaires sont toujours celles pendant lesquelles la pluviométrie a été abondante. C'est le cas lors des campagnes agricoles de 1965 et de 1985. Inversement, les années de déficits céréaliers graves sont des années de faibles pluviométries, comme en 1970 et 1973, en 1980 et pendant les années 90.

2. Bilans céréaliers régionaux et autosuffisance alimentaire

Au Sénégal, la diversité des conditions naturelles commande en majeure partie l'évolution des bilans céréaliers régionaux. C'est pourquoi, même si de façon générale le déficit céréalier revient assez souvent, la situation est extrêmement contrastée entre les différentes régions selon les années et les types de céréales. Les quatre régions (Centre, Est, Nord et Sud) qu'on a identifiées permettent d'apprécier l'influence des politiques agricoles sur la production, mais également les phénomènes sociaux sur l'alimentation des populations.

Figure 23. Les bilans céréaliers des régions de Casamance et de Ziguinchor entre 1970 et 1997

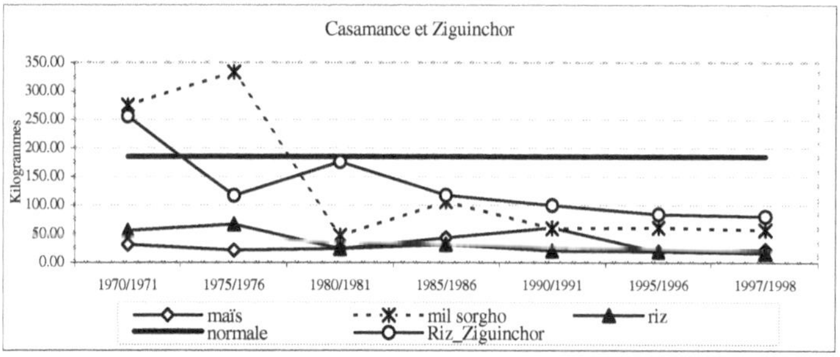

Figure 24. Le bilans céréalier de la région de St-Louis entre 1970 et 1997

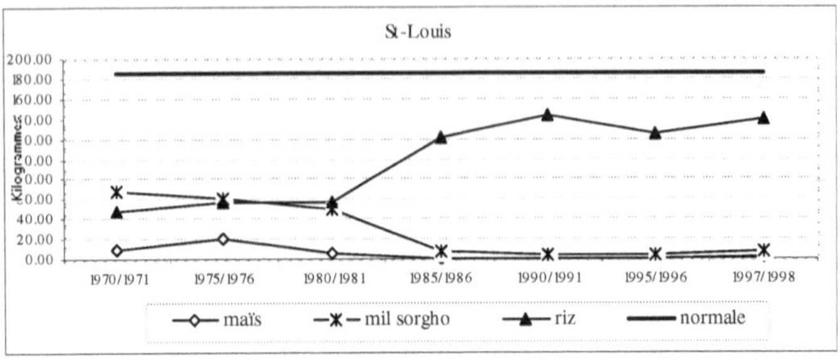

Figure 25. Le bilan céréalier de la région de Casamance et de Tambacounda entre 1970 et 1997

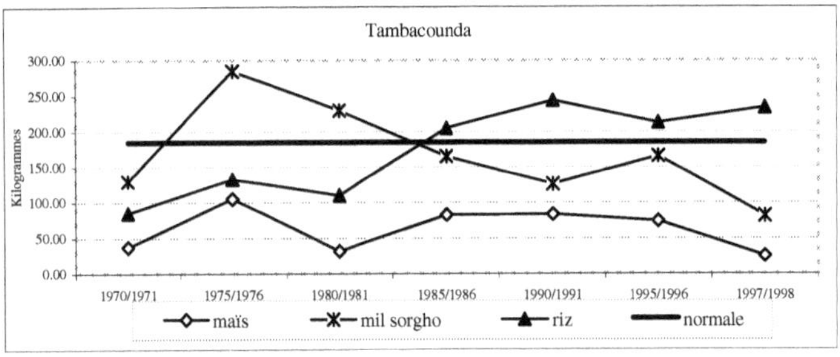

Figure 26. Les bilans céréaliers des régions de Kaolack et de Fatick entre 1970 et 1997

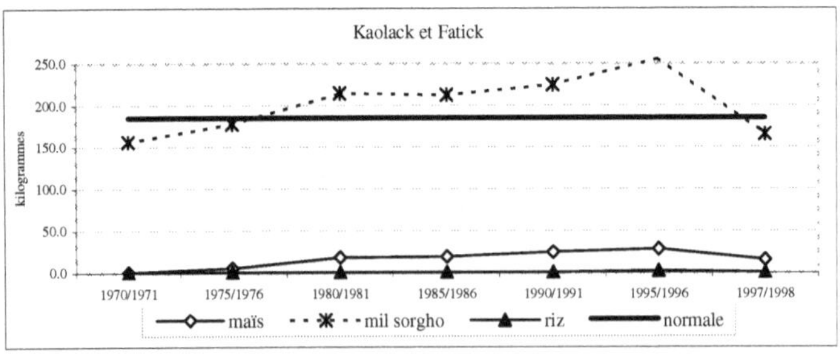

On remarque dans les figures précédentes que les régions de St-Louis et de Casamance connaissent, pour des raisons différentes, des déficits céréaliers récurrents depuis le début des années 1970 et 1980. Malgré la mise en place des barrages, malgré l'artificialisation du débit du fleuve Sénégal et aussi malgré l'introduction massive du riz irrigué, les besoins en céréales des populations demeurent insatisfaits. Toutefois, depuis les années 80, il y au un accroissement assez important du bilan céréalier. De 60 kilogrammes par personne dans les années 70, le bilan est monté à 150 kilogrammes dans les années 90. Cette forte progression est liée au développement de la culture irriguée du riz dans la vallée. Il faut cependant souligner que cette embellie est circonscrite aux zones de la région de St-Louis où se fait la production du riz, précisément les départements de Podor et Dagana, soit seulement le tiers de toute la superficie de la vallée.

Quant à la région sud du Sénégal (Casamance, Ziguinchor et Kolda), la situation y est plus difficile. En effet, dans cette partie du pays, l'autosuffisance alimentaire en riz fut pendant longtemps une tradition comme nulle part ailleurs dans le pays. Mais aujourd'hui, l'effondrement des bilans céréaliers y est tel qu'il faut parler de régression de la riziculture et de l'installation de l'insécurité alimentaire. Cette situation de crise a fait que les autorités gouvernementales sont dans l'obligation de rechercher des mesures compensatoires comme l'aide internationale pour assurer la couverture céréalière. Ce contexte de crise alimentaire est observable sur le terrain casamançais. Largement excédentaires, de l'ordre de 350 kilogrammes par habitant et par année jusqu'au début des années 70, les disponibilités en céréales, notamment en riz, ont commencé à décroître à partir de ces années. Elles se situent en dessous de la norme alimentaire nationale et internationale, soit 185 kg par personne et par année. Cette tendance baissière se renforce encore de nos jours. Le bilan établi en 2001 indiquait 150 kilogrammes de riz par habitant contre 25 kilogrammes pour le mil et le sorgho réunis par habitant. Comme on peut s'en apercevoir (carte n° 13), cette évolution, régressive, a installé dans cette région une vulnérabilité alimentaire des ménages. Au-delà de la Casamance, on peut noter que la vulnérabilité alimentaire concerne aussi les autres régions. La différence est plus pour la Casamance, c'est qu'elle y est plus récente. Pour bon nombre d'observateurs, plus que la sécheresse, ce sont plutôt les vingt années de guerre entre l'Etat du Sénégal et le MFDC[179] qui ont installé la crise céréalière et la vulnérabilité alimentaire en Casamance. Cependant, même si l'instabilité de la

[179] Le Mouvement des forces démocratiques de la Casamance (MFDC) revendique l'indépendance de la Casamance. En 1981, il est entré en conflit armé contre l'Etat du Sénégal. Ce conflit a entraîné l'exode de plusieurs villageois et la baisse des surfaces rizicultivées.

production de céréales a considérablement fragilisé les systèmes alimentaires, il est important de noter que les conditions naturelles offrent à la population des possibilités de gestion du risque alimentaire plus importantes que dans les autres régions.

Carte 13. La vulnérabilité alimentaire des ménages selon la disponibilité en céréales et l'importance des revenus non agricoles (carte adaptée du CILSS)

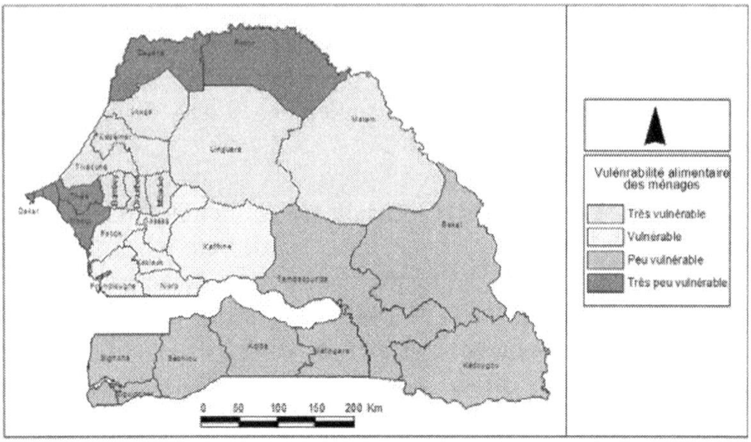

Après avoir atteint des niveaux d'autosuffisance alimentaire en dessous de la norme FAO au début des années 60 (environ 150 kg/hbt/an) pour cause de sécheresse, le centre du Sénégal renoue dès 1975 avec des taux d'autosuffisance positifs, des taux qui culminent dans les années 80 et 90 à plus de 250 kg/hbt/an. Ces résultats sont certes liés aux traditions alimentaires des populations rurales, mais ils témoignent surtout les changements introduits dans les systèmes de cultures à partir de 1981 par la Nouvelle politique agricole et par le Programme céréalier[180]. Quant à la partie sud du Bassin arachidier, elle s'oppose doublement au nord (Louga, Kébèmer, Tivaoune) et centre (Diourbel, Gossas, etc.) de la même région. La baisse des productions de céréales et d'arachide y est beaucoup plus importante que partout ailleurs. En revanche, le développement d'activités secondaires de type commercial, l'implication active des organisations non gouvernementales, ainsi que les transferts d'argent provenant des émigrés constituent les moyens qui permettent à la population de cette zone d'être moins affectée par la baisse de la production céréalière.

[180] Cf. La partie sur les politiques agricoles du Sénégal.

La situation céréalière dans l'est du Sénégal (Tambacounda) est satisfaisante, même s'il existe des poches déficitaires dans le département de Bakel. Les bilans réalisés entre 1970 et 1970 révèlent, grosso modo, une stabilité des disponibilités alimentaires qui se situe régulièrement au-delà de la norme FAO. A l'exception de phase de sécheresse de 1968 à 1973, toutes les années jusqu'en 1997 sont excédentaires et ont vu les disponibilités osciller entre 200 kg et 300kg/hbt/an. Il est intéressant de remarquer que le bilan en riz décrit une tendance évolutive à partir de 1985 tandis que celui du mil et du sorgho commence à décroître, et se situe en dessous de la norme alimentaire.

3. Quelles solutions face à la récurrence des bilans céréaliers déficitaires ?

Globalement, le déficit céréalier n'est pas aussi élevé qu'on pourrait le croire, mais il est chronique. A l'échelle nationale et dans certaines régions, au sud et au nord, le déficit perdure à tel point qu'on a semblé oublier d'en mesurer l'ampleur et qu'on préfère s'en accommoder. Si on y réfléchit un peu plus, on se rend compte qu'il existe des solutions pour enrayer ces déficits. Les solutions auxquelles on pense sont de deux ordres : mettre en place des systèmes de régulation et de compensations interrégionales ou développer les cultures de céréales (mil, sorgho, maïs, riz) dans toutes les régions.

La première solution fut déjà préconisée par le Ministère de l'Agriculture du Sénégal dans le cadre du Plan céréalier. En effet, ayant constaté que les déficits au plan national variaient en moyenne autour de 200 000 tonnes par année, que les excédents étaient de l'ordre de 150 000 tonnes dans le Centre et 50 000 tonnes dans l'est, le Ministère avait proposé d'organiser des échanges commerciaux de la façon suivante :

- intensifier les échanges commerciaux entre les zones rurales déficitaires et les zones urbaines excédentaires ;
- établir un système commercial entre les zones rurales excédentaires et zones rurales déficitaires, notamment dans le Nord ;
- encourager des échanges interannuels qui permettent aux zones rurales excédentaires de vendre une part de leur surplus de récolte dans les centres urbains et achètent des céréales au moment de la soudure ;
- promouvoir les échanges à l'intérieur des zones rurales afin que les paysans qui ont des excédents parviennent à les vendre à d'autres paysans déficitaires en céréales.

Bon nombre des recommandations ci-dessus ont été mises en œuvre, mais force est de constater que les bilans céréaliers restent globalement déficitaires dans les années 2000. Par exemple pour l'année 2001, le CILSS[181] indiquait que le déficit dans le nord du Sénégal (St-Louis et Louga) avait nécessité de la part de du gouvernement sénégalais le déblocage en urgence de 320 tonnes de riz et 450 000 000 de FCFA. En 2002, l'organisme indiquait que ce sont 4 973 000 personnes, soit 497 000 ménages, dont la résorption du déficit céréalier nécessitait l'Aide internationale. Pour la même année, et en se fondant sur la norme FAO, de consommation de céréales par personne, le CILSS estimait que sur la période de soudure de trois mois et une assistance alimentaire à hauteur de 43 % des besoins, il fallait au Sénégal 98 000 tonnes pour compléter les besoins alimentaires soit 20 kg par personne.

La situation décrite par le CILSS démontre encore une fois la difficulté à mettre en pratique une efficiente arithmétique céréalière, autrement dit un système de compensation entre les zones céréalières excédentaires et les zones céréalières déficitaires de forte consommation. La méthode proposée ressemble plus à une accommodation aux contraintes et exige pour donner satisfaction l'existence de marchés ruraux et urbains, ainsi qu'un réseau routier adapté. Or, il est loin d'en être le cas aujourd'hui. Certes, il vrai que toutes les régions du Sénégal n'ont pas les aptitudes naturelles pour l'autosuffisance en riz sans investissement technique, mais l'analyse des bilans céréaliers a révélé qu'il est possible, en tenant en compte de la diversité des conditions naturelles de chaque région, de développer une politique régionale de production céréalière apte à satisfaire la demande nationale sans passer par des mécanismes de compensation et d'importation. Cette politique devra simplement promouvoir une véritable diversification de la production céréalière, pour ainsi mettre fin à la logique « du tout au riz » en cours depuis les années 80. Autrement dit, il s'agit pour chaque région de viser une autosuffisance en céréales, soit en riz, en mil, en sorgho ou en maïs.

La politique agricole basée sur l'autosuffisance régionalisée présente plusieurs avantages, notamment au niveau des coûts, au niveau de la participation paysanne et au niveau de la création de revenu pour les paysans.

- Pour ce qui est des coûts, l'exemple de l'introduction du riz dans la vallée montre qu'il ne suffit pas d'injecter des moyens et de transformer un

[181] CILSS., 2002 : Suivi renforcé de la situation alimentaire au Sahel. Rapport annuel du réseau de prévention des crises alimentaires au Sahel.

écosystème pour implanter et réussir durablement une culture. Il faut rappeler qu'entre 1985 et 1995, les régions qui ont absorbé le plus d'investissements dans le domaine agricole au Sénégal sont la vallée et la Casamance, respectivement 40 % et 28 % des investissements. Mais, l'examen des bilans céréaliers régionaux durant la même période montre que ce sont dans ces régions où les déficits ont été les plus graves et les risques d'insécurité alimentaire (voir encadré ci-dessus) plus pesants. On peut donc supposer qu'avec, avec moins de moyens, il est possible de doubler la production (déjà importante) des cultures vivrières traditionnelles (mil, et sorgho) dans les régions qui ont déjà une forte de tradition de consommation de ces cultures et dont les écosystèmes présentent des aptitudes naturelles. Le second avantage de l'approche régionale, c'est la réduction du risque de rejet. En effet, l'expérience de la riziculture au niveau de la vallée a montré que les paysans sont enclins souvent à se retourner vers les cultures traditionnelles qu'ils maîtrisent mieux dès que des contraintes (saturation des sols, déficience de l'encadrement, problèmes de marché, etc.) se posent avec les cultures nouvellement introduites. Elle conforte l'idée selon laquelle l'autosuffisance alimentaire ne peut pas être réduite à la seule production agricole. Il est important de l'asseoir sur les traditions et les habitudes culturales et alimentaires de la population concernée, mais aussi sur un système marchand (post-récolte) véritablement décentralisé. Le dernier avantage que véhicule l'approche régionale pour l'autosuffisance en céréales, ce sont les moyens financiers qu'elle pourrait induire pour les paysans. En effet, si on considère un accroissement de la production de céréales dans toutes les régions et une fois déduite la partie autoconsommée, il sera possible de dégager des surplus destinés aux marchés locaux, aux marchés urbains et à l'exportation, comme d'ailleurs l'atteste l'expérience avec le riz. Par exemple chaque année, grâce à une clause entre les producteurs de riz de la Vallée et les commerçants importateurs de riz brisé, ces derniers pendant une période de trois mois suspendent les importations. En lieu et place, ils rachètent le surplus de riz de la vallée pour l'écouler sur les autres marchés du pays. De façon certes moins structurée, c'est presque le même scénario auquel on assiste lorsque des surplus de mil du Bassin arachidier sont revendus dans les villes Thiès et de Dakar. Ce qui est important dans le commerce des surplus de céréales, c'est le fait que les paysans ne considèrent pas les revenus qu'ils en tirent comme des revenus occasionnels comme on l'entend. Pour eux ces revenus sont aussi importants que les revenus procurés par l'arachide, ce qui signifie qu'ils sont prêts à pratiquer les céréales de façon plus significative et à leur conférer une dimension économique au même titre que l'arachide. Au moment où l'arachide décline de plus en plus, il y a là un moyen et une opportunité d'utiliser les céréales comme des cultures de rente, ce qui ne serait pas incompatible avec leur fonction vivrière traditionnelle.

Par ailleurs, la politique d'autosuffisance ne sera efficace que si elle est couplée avec une politique de diversification des activités économiques en milieu rural, autrement dit avec la mise en œuvre d'une véritable politique de sécurité alimentaire. Cette dernière est nécessaire, car, comme on l'a vu avec la Casamance, et dans les zones Nord et Centre du Bassin arachidier, l'autosuffisance en céréales ne protège pas de la vulnérabilité et de l'insécurité alimentaire. En revanche, la capacité de la population rurale à fonder ses revenus sur plusieurs activités peut s'avérer stratégique dans les années de faibles productions ou de conjoncture économique difficile.

Section III. La consommation de céréales au Sénégal et la problématique du riz importé

Comme dans beaucoup de pays en développement, la consommation des céréales représente la base de l'alimentation quotidienne et des systèmes alimentaires au Sénégal. Souvent liés et façonnés par l'environnement géographique et les systèmes agricoles, les systèmes alimentaires en Afrique de l'Ouest ont en commun l'utilisation massive de céréales traditionnelles issues de la production agricole locale, d'où la dichotomie révélatrice longtemps entretenue entre les cultures de céréales, dites cultures de subsistance, et les cultures industrielles, dites cultures de rente. Cependant l'influence de l'Administration coloniale, l'ouverture des pays colonisés aux économies modernes et les vicissitudes climatiques ont entraîné la mutation des systèmes alimentaires. Une mutation très visible dans les pays côtiers, le Sénégal en particulier, où les systèmes alimentaires - urbains en l'occurrence - sont devenus extravertis, car déterminés par les importations de denrées alimentaires et principalement du riz brisé. Donc, à travers l'examen de la consommation des céréales au Sénégal, on vise à montrer la place grandissante du riz importé dans les consommations alimentaires, le rôle et l'impact des politiques agricoles dans la transformation des habitudes de consommation des populations en faveur du riz importé.

1. La structure de la consommation alimentaire au Sénégal

A l'instar des autres pays d'Afrique de l'Ouest, au Sénégal, c'est plutôt l'alimentation qui est la première source de dépense des ménages avec 53,2 %, suivie par le logement et l'habillement, pour respectivement 20,3 % et 8,1 %. Au niveau de la consommation alimentaire, le comportement des ménages est loin d'être uniforme. L'enquête ESAM-95 révèle que les comportements alimentaires des Sénégalais évoluent inversement selon le degré d'urbanisation de leur localité. Autrement dit, comme on le voit (figure 28), la part du budget de la consommation qui est affectée à l'alimentation augmente davantage pour les ruraux que pour les urbains.

Figure 27. Part du budget de consommation des ménages sénégalais consacrée à l'alimentation selon le milieu de résidence

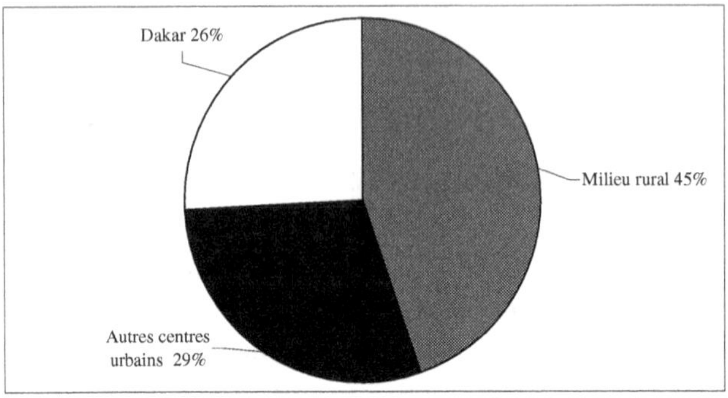

Rapportée à la structure de consommation et au lieu de résidence, la part du budget alimentaire consacrée à l'alimentation, mais également à celle consacrée à acheter les céréales diminue selon le milieu de résidence. Dans ces conditions, on mesure le niveau de l'insécurité alimentaire dans les zones rurales où plus de 40 % du budget alimentaire est destiné à l'achat de céréales (tableau 31).

Tableau 31. Répartition en pourcentage du budget alimentaire selon les ménages et le milieu de résidence au Sénégal

Produits	Dakar	autres villes	milieu rural	national
Céréales	30.3	31.7	40.4	34
Huiles et graisses	12.6	13.2	9.9	12
Poisson	12	10.8	5.9	10
Viande	11.9	9.5	7.4	10
Légumes	11.7	12.7	11.6	12
Sucres	6.5	7.7	8	7
Autres	15	14.4	16.8	15

Source : Enquête sénégalaise auprès des ménages (ESAM), 1995

La consommation de céréales (34 %) accapare la part la plus importante du budget alimentaire au sein des ménages sénégalais, dont 30,3 % dans l'agglomération de Dakar, 31,7 % dans les autres centres urbains et 40 % dans les zones rurales. Ces taux témoignent la présence massive des céréales dans les régimes alimentaires, mais également ils informent sur l'existence de deux modes très distincts de consommation entre les lieux de résidence, fondés sur les deux se différenciant par les types de céréales utilisées (riz en ville, maïs et mil/sorgho dans les villages), leur origine et les moyens de leur acquisition.

L'expansion des zones urbaines[182] s'est accompagnée de l'émergence et du développement d'un régime alimentaire fondé essentiellement sur la consommation du riz. Aujourd'hui, la consommation du riz représente 34 % du volume de la consommation céréalière nationale. Elle compte pour 54 % des céréales consommées en milieu urbain et 24 % en milieu rural (ESP, 1992). Ces chiffres sont d'autant plus éclairants qu'ils incitent à se rappeler qu'aucune des grandes villes sénégalaises, à l'exception de Ziguinchor, ne peut revendiquer une tradition alimentaire fondée sur le riz. Ce mode de consommation est donc le résultat de la pénétration coloniale, de l'ouverture de l'économie sénégalaise, mais surtout de la position portuaire stratégique de Dakar, qui a beaucoup favorisé l'importation du riz à de faibles coûts. Avant de se généraliser, la consommation du riz était limitée à la classe sociale aisée. La croissance démographique ajoutée à l'exode rural a fait que la consommation urbaine en riz progresse considérablement.

De nos jours, la forte demande en riz n'est pas couverte par la production locale. Elle est satisfaite grâce aux importations massives. Les céréales locales, malgré des surplus qui peuvent parfois être élevés selon les années, ne sont pas prisées par les populations urbaines qui préfèrent les riz en brisures venant des pays asiatiques. A cela, il s'ajoute l'inorganisation du marché céréalier national, qui bien sûr ne favorise pas l'écoulement du riz local. La concurrence qu'elle installe entre le riz local et le riz brisé, ainsi que les difficultés de transport à l'intérieur du territoire national placent finalement le prix du riz local à un niveau très élevé, qui malheureusement détourne la population vers le riz étranger. Malgré ces contraintes, la consommation en céréales locales est assez importante dans les villes de l'intérieur, 48 % de mil et 13 % de maïs contre 37 % de riz importé à Diourbel. La consommation totale de céréales locales dans les régions dépasse largement la quantité de riz consommée dans l'agglomération de Dakar. Comme le montre le tableau 30, il y a une sorte de confinement de la consommation alimentaire par rapport au site de production. Ainsi, dans chaque région, il est consommé d'abord ce qui est produit localement. Par exemple, en Casamance rurale, la consommation alimentaire est dominée par le riz (87 %) alors que dans Kaolack rural, c'est plutôt le mil, avec 78 %.

[182] De 20 % au début des années 60, les zones urbaines du Sénégal concentrent aujourd'hui plus de 35 % de la population totale. Aujourd'hui, rappelons que l'agglomération de Dakar concentre à elle seule 25 % de la population totale du Sénégal.

Tableau 32. Dépenses de consommation de céréales au Sénégal selon les ménages et les régions

Zones de résidence		Riz	Mil	Sorgho	Maïs	Blé	Autres	Total
zones urbaines	Dakar	66 %	31 %		3 %	0	-	100
	Diourbel	37 %	48 %	0.8 %	13 %	0	1.2 %	100
Zones rurales	Casamance	87 %	8 %	5 %	0	-	0	100
	Kaolack	11 %	78 %	8 %	3 %		0	100
Zone sahélienne (< 600 mm)		48 %	26 %	0	4 %	0.5 %	21.5 %	100

Source : FAO, 1995

Tout comme le lieu de résidence, les éléments du climat ont une place non négligeable sur la construction et le façonnement des régimes alimentaires, parce qu'ils agissent directement sur les systèmes de cultures et leurs dynamiques. C'est du moins ce qui apparaît dans une étude de la FAO (1995)[183] portant sur les modes de consommation alimentaire dans les pays de l'Afrique subsaharienne. D'après cette étude, la consommation de riz est beaucoup plus élevée chez les populations de la zone sahélienne (48 %) que chez celles vivant dans la bande soudano-sahélienne. Cette situation est expliquée dans cette étude par le fait que dans les villages sahéliens les productions en céréales sont extrêmement faibles et aléatoires et la dépendance au marché plus importante. Ce cas de figure est typique des villages situés dans la zone sylvo-pastorale et dans le Bassin arachidier. Il contraste avec la zone soudanienne où les précipitations sont plus importantes, de 600 à 800 mm par an, et où le riz brisé ne représente que 15 % des céréales consommées contre 74 % pour le mil, une céréale locale.

Au final, on remarque que la consommation de céréales est contrastée au Sénégal, et qu'elle est déterminée par la conjonction de plusieurs facteurs. L'abondance ou non des céréales locales dans une région donnée et la capacité de la population de les acquérir semblent être les facteurs qui déterminent le niveau de consommation au sein des ménages, parce qu'ils indiquent des pistes de solutions pour redynamiser la production et la consommation des céréales locales. Ils le sont d'autant plus que, malgré la forte consommation urbaine de riz, la part qui revient aux céréales locales dans la consommation des ménages demeure au total plus élevée.

---

183 FAO, 1995 : Le sorgho et les mils dans la nutrition humaine. Page consultée le 10 mai 2004 dans : http://www.fao.org/docrep/T0818F/T0818F00.htm

2. La problématique du riz au Sénégal

En 2003, à la veille de la fête de l'indépendance, le Président de la République du Sénégal déclarait : « nos avoirs extérieurs nets se sont améliorés de 65 milliards de francs CFA en 2002. Les résultats seraient autrement plus importants si nous n'avions chaque année à importer six cent mille tonnes de riz que nous payons en devises fortes. Produire pour manger, le Sénégal ne saurait rester enfermé dans ce cercle vicieux qui ne laisse aucune place à l'épargne nationale. Il nous faut importer moins de riz chaque année selon une planification soigneusement établie, ce qui nous permettra d'utiliser les milliards du riz à la satisfaction des besoins des Sénégalais. L'importation du riz est un handicap historique et nous devons l'aborder avec courage et lui trouver une solution. Le Sénégal est le seul pays du monde qui se trouve dans cette situation. »

Lorsqu'on tente une analyse pour comprendre la raison de l'importance de la place du riz importé dans la consommation alimentaire des Sénégalais, l'on est forcément obligé de constater que celle-ci contraste de façon manifeste avec les aptitudes agronomiques des sols du pays et les traditions alimentaires et agraires de la majeure partie de la population. Parce que le Sénégal est un pays sahélo-soudanien, il est donc assez défavorisé pour la culture d'espèces exigeantes en eau, comme le riz. A l'exception de la côte sud du pays, le reste du territoire est essentiellement un domaine de céréales sèches (mil, sorgho, niébé) et d'élevage. D'ailleurs, ce n'est pas un hasard, s'il a fallu attendre les années 70 et les conséquences des sécheresses de cette période pour que les autorités tentent de créer un potentiel de terres rizicultivables avec les barrages de Diama et de Manantali. C'est à partir de la mise en place de ses infrastructures que le Sénégal devient un pays dont le potentiel agricole permet d'envisager une politique d'autosuffisance en riz. Désormais, la production du riz peut s'effectuer sur presque l'ensemble du pays. Mais on peut observer que la production se fait principalement dans deux régions : au nord, dans le Delta et la Moyenne vallée du fleuve Sénégal, et au sud au niveau de la région de Ziguinchor et des départements de Sédhiou et de Vélingara. À ces deux grandes zones de production s'ajoutent plusieurs petites zones résiduelles[184] comme les Niayes, les vallées du Sine et du Saloum, les bas-fonds, etc.

[184] La notion de zones résiduelles fait référence à la faiblesse de la production de riz réalisée dans ces zones.

2. 1. L'histoire de la culture du riz au Sénégal

L'origine et la pratique de la culture du riz permettent de distinguer deux types de systèmes production de riz au Sénégal : les systèmes de production irriguée[185] qui sont localisés dans les vallées du fleuve Sénégal et de Manantali et les systèmes de production sous pluie qui sont développés dans la région sud, à Fatick, dans les Niayes et dans certaines zones résiduelles. Ces deux systèmes de production entretiennent deux formes de riziculture qui s'opposent aussi bien dans leur origine, dans les façons d'aménager les sols, par les systèmes d'encadrement, les objectifs de production, et les types de semences utilisées. Malgré l'existence de ces deux catégories de systèmes de production, le riz produit ne couvre pas les besoins vivriers du pays. On a décrit en détail les systèmes irrigués de production de riz, pour ce qui est des systèmes de production pluviale, la thèse de Pélissier (1966)[186] est encore suffisamment informative. Néanmoins, on ne peut pas s'empêcher de revenir sur ces systèmes de production de riz. Il faut dire que s'il est relativement aisé de remonter l'origine et le processus de développement de la culture du riz dans la vallée du fleuve le Sénégal[187], mais il ne semble pas en être le cas pour ce qui est de la riziculture traditionnelle. Cette dernière, très répandue en Casamance, présente une origine assez controversée. Elle est souvent considérée au Sénégal comme une forme de culture exogène en provenance des pays asiatiques ou d'importation portugaise. Pélissier (1996) qui a étudié dans sa thèse la question de l'origine et la pratique de la culture du riz en Casamance réfute cette idée et parle d'une « riziculture authentiquement africaine et une civilisation du riz en Casamance ». Il soutient que la culture du riz en Casamance est certainement d'origine africaine, car dès 1444 les explorateurs portugais découvraient que la plante était cultivée dans la Presqu'île du Cap-Vert. Le riz importé d'Asie par les Portugais a pris pied dans l'estuaire du Saloum parce que les populations de la région non seulement consommaient certaines variétés de riz, mais disposaient des techniques capables de les accueillir et de les faire prospérer. Il reprend une série de récits d'explorateurs portugais[188] datés du XVIIe et XVIIIe

[185] cf. Le chapitre sur l'agriculture irriguée dans la vallée du fleuve Sénégal.
[186] Les paysans du Sénégal. Les civilisations agraires du Cayor à la Casamance.
[187] cf. le chapitre sur « l'agriculture dans la vallée du fleuve Sénégal ».
[188] - Valentin Fernandes, 1938 : « Description de la Côte d'Afrique de Ceuta au Sénégal » (édité dans les premières années du XVIe siècle, paru à Lyon en 1566 et réédité en 1895 par Sc. Schefer, Paris, Leroux, 206 pages) raconte sur l'embouchure de la Casamance et ses affluents « cette terre est riche en vivres, à savoir riz, mil, haricots et chèvres, etc. »
- Eustache De La Fosse (1479-1480) dans « Voyage à la côte occidentale d'Afrique » dit : « nous avons trouvé du bon riz et du bon lait... je demandais à celui qui était notre pilote d'où venant ce riz... il me dit que ce riz venait des îles du Loos où il y avait plusieurs monticules de riz ».

siècle qui confirment que la culture du riz était déjà pratiquée sur une grande échelle en Afrique de l'Ouest, depuis la Gambie jusqu'à la Sierra Leone.

L'étranger qui visite la Casamance se rend compte que les systèmes de production que décrivait Pélissier en 1966 n'ont pas fondamentalement changé, même si les conditions pluviométriques qui les favorisés ont beaucoup évolué. Certes, la côte sud du Sénégal, en l'occurrence le Saloum et la Basse Casamance, a bénéficié de l'intrusion d'autres variétés de riz, et le contact de la population Diola autochtone avec les explorateurs et les immigrés en a laissé des traces. Il en est par exemple de l'abandon de la riziculture sèche alors que traditionnellement elle était une forme de culture assez prisée. Aujourd'hui, la forme de riziculture la plus répandue est la riziculture inondée, même si du fait de la persistance de la sécheresse, il existe ici et là le retour d'une forme de riziculture sèche.

De façon plus globale, on peut noter que les variations des formes de mise en valeur en Casamance s'inscrivent dans un processus évolutif déjà décrit dans les travaux de Pélissier. Mais, on pourrait aussi considérer qu'elles participent également des actions anthropiques et de la régression pluviométrique qui affectent la région.

2. 2. Evolution contrastée de la production du riz au Sénégal

A partir des années 70, la production en riz du Sénégal commence à s'intensifier du fait principalement des investissements de l'Etat et de l'encadrement que les services techniques apportent aux paysans. Cette option politique se traduit par le choix de l'irrigation pour produire en grande quantité et par des investissements massifs dans le domaine des infrastructures[189] pour la maîtrise de l'eau et contre la salinisation des sols. L'objectif est alors pour le gouvernement d'atteindre l'autosuffisance alimentaire par le riz, le produit de base de l'alimentation de la plupart des ménages sénégalais. Les investissements mis en place doivent en principe contribuer à moderniser les systèmes de production, asseoir les systèmes des cultures irriguées, et accroître la production.

- Gomes Eanes De Zurara, 1960 : « Chronique de Guinée ».

[189] Construction du barrage de Diama à St-Louis, de plusieurs petits barrages et digues anti-sels. en Casamance, et du barrage de l'Anambé à Kolda.

Cette politique donnera assez vite des résultats. A l'échelle nationale, le cumul des résultats régionaux montre une augmentation de la production de riz (tableau 33). En 2001 et 2002 (tableau. 32), elle représentait 30 % et 28 % de la production totale de céréales du Sénégal. Toutefois, la quantité produite par année est encore faible (moins de 200 000 tonnes) par rapport aux besoins annuels du pays, qui s'élèvent à 800 000 tonnes. Pendant ce temps, la demande en consommation de riz augmente régulièrement quasiment au rythme de l'accroissement de la population urbaine. Actuellement, les importations de riz qui sont utilisées pour combler le déficit vivrier (en riz) et de production atteignent le niveau de production annuelle en céréales locales, soit 700 000 tonnes. A l'échelle régionale, la production de céréales s'avère être moins un échec, mais révèle des disparités extrêmes entre les zones de production. La production de riz par des systèmes irrigués modernes provient principalement de la vallée du fleuve Sénégal. La part qui revient au bassin de l'Anambé est très faible, environ 20 000 tonnes l'an. En 2001, comme on peut le voir (tableau 32), la production en riz de la vallée du fleuve Sénégal représentait à elle seule 15 % de la production totale de céréales du Sénégal. Au niveau régional, cette production représentait 82,3 % de la production de céréales de la région de St-Louis.

Tableau 33. Evolution comparative entre les besoins de consommation et les offres en riz

	1998/1999	1999/2000	2000/2001
Population (+ 14 ans)	6 745 584	6 880 496	7 018 106
Consommation moyenne/hbt/an	60 kg	60 kg	60 kg
Demande totale	*404 735*	*412 830*	*421 086*
Production de riz (t)	113 100	141 700	149 500
Importations de riz (t)	452 000	535 300	658 070
Aides alimentaires (t)	8 238	1 997	8 993
Offre totale de riz	*573 338*	*678 997*	*816 563*
Stocks théoriques (t)	168 603	266 167	395 477
Rapport entre stocks et Demande	*42 %*	*64 %*	*94 %*

Source : Direction des statistiques agricoles du Sénégal

Les résultats présentés (tableau 34) confirment que l'option politique qui consistait au début des années 70 à spécialiser la vallée du fleuve dans la production de riz semble avoir été une bonne voie, même si la majeure partie de la production du fleuve provient de la zone du delta (département de Dagana). A elle seule, cette zone représente 70,5 % de la production totale de la vallée et 62 % des surfaces cultivées. En même temps, la fortement mécanisation et l'étendue des surfaces cultivées (grands périmètres irrigués villageois et les périmètres intermédiaires) font que la riziculture dans le delta atteint des rendements de cinq à sept tonnes à l'hectare. Le succès de la riziculture dans le delta témoigne donc une certaine réussite de la politique d'autosuffisance alimentaire voulue par les autorités sénégalaises. Aujourd'hui, le riz paddy, qui fait l'objet de commercialisation de St-Louis et un peu à Dakar, représente le surplus réalisé par les producteurs de la vallée.

Tableau 34. Tableau comparatif entre la production en riz et la production totale de céréales au niveau national et régional du Sénégal

Régions	2001/2002				2002/2003			
	Riz		Céréales (riz, mil, maïs, sorgho)		Riz		Céréales (riz, mil, maïs, sorgho)	
	Production par région (t)	%	Part du riz en %	Total céréales	Production par région (t)	%	Part du riz (%)	Total céréales
Fatick	914	0.37	0.9	105 813	1 157	1	1	99 860
Kaolack	398	0.16	0.2	213 291	145	0	0	252 251
Kolda	43 755	18	30.4	144 117	40 491	24	32	128 450
St-Louis	117 834	48	82.3	143 115	100 602	60	95	106 277
Tambacounda	2 840	1	2.5	113 403	2 760	2	3	79 059
Ziguinchor	78 114	32	86.0	90 789	23 540	14	64	37 042
Sénégal	243 855	100	30.1	810 528	168 695	100	24	702 939

Source : Direction des statistiques agricoles du Sénégal

On peut néanmoins regretter que l'élan de production notée dans le delta, tourné vers la commercialisation, n'ait pas connu une diffusion dans les autres zones de culture de riz[190] qui recourent à des systèmes de production identiques. En effet, faute d'encadrement dans ces autres zones, la production de riz paddy demeure encore si faible qu'elle ne dépasse pas le statut de culture de subsistance. Sur un potentiel rizicultivable de 220 000 ha de terre au niveau de la vallée du fleuve Sénégal, ce ne sont que 60 000 à 70 000 ha qui sont cultivées annuellement. Ces contre-performances semblent donner raison à ceux qui considèrent[191] que s'il doit y avoir un renforcement de la production de riz pour

[190] Notamment la Moyenne et la Haute vallée du fleuve Sénégal ainsi que la vallée de l'Anambé dans la région de Kolda dont le potentiel rizicultivable est monté à 20 000 ha en double cultures.

[191] Le Groupe de réflexion stratégique (GRS) pour l'agriculture mis en place en 1997 par le gouvernement du Sénégal rapporte un certain nombre de points sur la riziculture dans la Vallée du fleuve dans son rapport intitulé : Vision à moyen et long terme. Les stratégies et objectifs pour la réactualisation du PISA. Ainsi, on peut lire que :

- « Le coût des aménagements requis pour la conduite du riz dans la vallée du fleuve s'est révélé difficilement rentable. De plus, différentes études réalisées par l'ADRAO montrent le positionnement limite de la riziculture sénégalaise en général même si certains systèmes de

l'autosuffisance alimentaire, il doit se faire en priorité dans les terroirs traditionnels, en Basse et Moyenne Casamance, et dans les terroirs de bas-fonds comme les Niayes et les dépressions. La raison d'une telle position s'explique par le fait ces terroirs bénéficient d'une longue histoire en riziculture et les paysans y ont moins besoin d'encadrement pour pratiquer une riziculture à vocation nationale. Mais la réalité ne semble pas aller dans ce sens. La lecture des résultats des campagnes agricoles des deux dernières décennies laisse apparaître une baisse des productions dans les zones traditionnelles où se pratique une riziculture de type pluvial.

Au niveau de la région de la Casamance, la production de riz est globalement faible et irrégulière. De 90 735 tonnes en 1975 la production est tombée à 23 540 tonnes en 2002, alors qu'elle atteignait 78 114 une année auparavant. Les rendements réalisés sont extrêmement faibles, ne dépassent pas la tonne à l'hectare. Les fluctuations de la production, qu'on observe par ailleurs dans toutes les zones de production pluviale, rendent plus difficile l'établissement de prévisions dans le domaine des récoltes et des stocks. Au final, la contribution de la Casamance à l'offre alimentaire en riz à l'échelle du pays ne reflète pas les capacités naturelles de la région, soient 61 % de l'ensemble des terres destinées à la riziculture. Par exemple, pour la campagne 2001, par ailleurs considérée comme une bonne campagne agricole, la part de la région de Ziguinchor dans la production nationale de riz s'élevait à 32 % alors qu'au niveau régional, elle représentait 86 % du total des céréales produites dans la région.

Les conditions de production sont moins favorables en Casamance aujourd'hui qu'elles ne le sont pour les systèmes de production irriguée dans la vallée du fleuve. L'espacement des saisons, la baisse des pluies et la salinisation des sols affectent sérieusement le potentiel en riziculture. En plus de ces facteurs

---

production (les PIV) semblent être plus compétitifs que d'autres. La comparaison entre les marges réalisées sur différentes cultures par les producteurs montre que le riz de la vallée est la culture la moins rentable. Au total, nous ne considérons pas cette sous-filière comme un élément moteur pouvant relancer de manière significative la contribution du riz dans la croissance nationale. »

- « L'objectif d'autosuffisance en riz ne semble pas réaliste...Aussi, la place du riz doit être restituée par rapport à d'autres céréales » ;
- « On peut se demander si la place prépondérante accordée au riz par le Plan céréalier est compatible avec les ressources de l'économie nationale d'une part, avec le maintien de la structure des prix et le fonctionnement actuel de la filière d'autre part. Le système actuel revient à subventionner à la fois les consommateurs et les producteurs, ce qui est un double emploi » ;
- « Un kilogramme de riz produit dans la vallée coûte quatre fois plus cher que le riz importé ; dans ce secteur, les avantages comparatifs du Sénégal sont faibles. Cependant, la filière ne doit pas être supprimée ; elle sert à l'autoconsommation des populations locales ».

naturels, il y a cette absence d'organisation et d'encadrement qui affecte la culture du riz en Casamance, mais également la permanence du conflit du MFDC. Ce sont toutes ces conditions qui expliquent la baisse de la production de riz et qui confinent les riziculteurs de la Casamance dans des objectifs d'autoconsommation.

L'objectif de sortir « la riziculture Diola » de son statut de culture traditionnelle pour en faire le complément du riz de la vallée du fleuve Sénégal et de l'Anambé pour l'autosuffisance alimentaire du pays reste à atteindre. Pour y arriver, deux solutions s'offrent aux décideurs : mettre en place une politique agricole destinée à l'intensification de la production en riz, et qui est en mesure de satisfaire les besoins de consommation de la population, ou promouvoir une politique alternative visant à changer les habitudes alimentaires de la population afin de l'amener à consommer les céréales locales.

Aujourd'hui, aucune de ces deux solutions n'est mise en pratique. A la place, c'est plutôt une politique de libéralisation de la filière du riz, donc d'importation qui a été préférée par les pouvoirs publics, qui pose plus d'inconvénients sur la balance commerciale et la sécurité alimentaire nationale.

3. Importations de riz et aide alimentaire

Loin de pouvoir se satisfaire de la production locale de riz, le Sénégal à recourt considérablement à l'importation et ponctuellement à l'aide alimentaire pour satisfaire la demande nationale de consommation de riz. Cette denrée, qui est parmi les denrées les mieux distribuées à l'échelle internationale, représente avec le maïs et le blé la céréale la plus produite et la plus consommée au monde. Selon la FAO, 4 % de la production mondiale de riz sont destinés à la vente, le reste est autoconsommé dans les zones de production. Et dans ce cadre, ce sont les pays du continent asiatique qui assurent 90 % de la production mondiale et 70 % des quantités vendues sur le marché mondial.

Malgré les potentialités naturelles de production de céréales et d'autres denrées alimentaires d'origine agricole dont ils disposent, tous les pays africains situés au centre et à l'ouest sont obligés annuellement de recourir à l'importation de riz pour répondre aux besoins alimentaires de leur population. Pour la FAO, entre 1990 et 2000, les importations des pays de l'Afrique de l'Ouest n'ont baissé qu'une seule année, en 1993, pour ensuite continuer de croître jusqu'à culminer en 2000 au chiffre record de 2 923 800 tonnes.

Tableau 35. Les grands exportateurs de riz dans le monde (en millions de tonnes)

Pays	1998	1999	2000	Part mondiale
Chine	3.79	2.82	3.07	12 %
Etats-Unis	3.11	2.67	2.74	11 %
Inde	4.96	1.9	1.53	11 %
Pakistan	1.97	1.79	2.02	8 %
Thaïlande	6.54	6.84	6.14	25 %
Vietnam	3.73	4.51	3.47	15 %

Source : Base de données de la FAO (http://www.fao.org)

Face aux habitudes alimentaires des Sénégalais et à l'incapacité de l'agriculture nationale de produire le riz dont ils ont besoin, les pouvoirs publics ont choisi dès l'indépendance du pays de recourir à l'importation. Pour ce faire, ils ont mis en place une politique d'importation qui se résume en deux phases :

- *Une première phase qui a duré de 1960 jusqu'au début des années 90.* Durant cette période, c'est le gouvernement lui-même, par l'intermédiaire de la Caisse de péréquation et de stabilisation des prix (CPSP), qui importait le riz nécessaire à la consommation. Cette politique était inspirée par une vision socialiste du développement. Le gouvernement avait mis en place sur l'ensemble du territoire un réseau de boutiques de quartiers qui était coordonné par la SONADIS (société nationale de distribution). Cette société avait la charge de revendre le riz soit au détail soit en demi-gros aux ménages. Grâce à cette organisation et cette diffusion territoriale du riz sur l'ensemble du pays, on a rarement noté des problèmes d'accès à cette denrée[192] sauf si les importations connaissaient des retards. Jusqu'en 1994, il n'y avait pas de problèmes de riz encore moins de qualité, car la CPSP s'occupait d'importer, de réguler et d'assurer l'approvisionnement durable en riz grâce aux importations (UNEP, UCAD, 2003). Malgré le coût des importations de riz dans la balance commerciale, ces dernières n'ont jamais réellement été remises en cause. Au contraire, par la revente sur le marché national, l'Etat dégageait un surplus de gain qui lui permettait de subventionner la production du riz local et le prix d'achat de l'arachide auprès des producteurs.

Cette première phase extrêmement dirigiste s'estompe au début des années 80 avec l'application des Programmes d'ajustement structurel (PAS). Ces programmes imposent en effet au gouvernement sénégalais l'arrêt des

[192] Evaluation intégrée des impacts de la libéralisation du commerce sur la filière riz au Sénégal.

subventions à l'agriculture, l'abandon de l'encadrement de la production, la suspension de la fourniture des intrants agricoles et l'organisation de la commercialisation, et la fermeture ou le désengagement des services publics liés aux subventions, notamment la CPSP et la SAED.

- *La deuxième phase démarre concrètement à partir de 1993* avec la libéralisation du secteur agricole et de celui des importations de riz. En substitution, l'Etat a tenté entre 1981 et 1993 de mettre en œuvre le Plan céréalier national dont l'objectif était d'inciter les Sénégalais à consommer les céréales locales (mil, maïs et sorgho) et le niébé. Les tensions sociales[193] qui naîtront de cette tentative, notamment dans les grandes villes, précipiteront le retour aux importations, mais cette fois par le canal des importateurs privés. La libéralisation est l'occasion d'une floraison d'importateurs à la recherche de gains faciles. Ainsi en 2003 on dénombrait 43 importateurs contre 7, dix années auparavant. En quelques années, la course à l'importation du riz a fini par engendrer une accumulation de stocks et une saturation du marché ; deux éléments qui ont contribué à la réduction du nombre d'importateurs. Aujourd'hui, le marché national du riz est tenu par quelques gros importateurs. La plus grande partie des importations de riz du Sénégal provient des pays d'Asie et notamment de la Thaïlande. Si c'est le riz vietnamien qui dominait dans le marché jusqu'à la libéralisation, les importateurs semblent se tourner davantage vers la Thaïlande. Les quantités de riz en provenance de ce pays sont ainsi passées entre 1995 et 2001 de 144 800 tonnes (56 %) à 814 700 tonnes (100 %) soit de la moitié des importations à la totalité. En 2003, les importations nettes ont atteint 640 739 dont 70 % en provenance de la Thaïlande, 20 % de l'inde, 8 % du Vietnam et le reste de l'Union européenne, des Etats-Unis et l'Amérique latine.

D'autres sources d'importation existent, mais elles sont rarement sollicitées par les commerçants au Sénégal. Par rapport à la période du « socialisme » du Sénégal, les importations de riz ne sont plus intégrées dans une politique globale de développement. Au contraire, on constate qu'elles sont en concurrence avec les céréales locales. Le riz local est très coûteux face au riz

193 La consommation du riz fut perçue pendant longtemps comme l'indicateur d'un bien-être social et financier aussi dans les villes que dans les zones rurales. C'est progressivement qu'il est devenu une denrée de consommation de masse. Ce qui fait que la fixation des prix le concernant comporte une dimension politique qui confronte l'Etat et les syndicats. Pour ces derniers attachés à la préservation du pouvoir d'achat, tout renchérissement du prix du riz qui absorbe une bonne partie du budget des ménages est de nature à déclencher des revendications salariales et des manifestations dans la rue. Ce fut le cas à la fin des années 80 et les premières années qui ont suivi la dévaluation du franc CFA en 1994.

importé et les gains obtenus par la vente ne sont pas réinvestis dans l'agriculture comme cela se faisait auparavant quand existait la CPSP. L'étude de l'UNEP sur la filière du riz montre que les importateurs ne semblent pas s'intéresser à la production locale de riz. Ils ne constituent pas le segment du secteur privé désireux d'entrer dans l'agriculture. S'ils reconnaissent les contraintes des producteurs locaux, ils ne s'engagent pas pour autant dans la commercialisation du riz local. Tout au plus, recommandent-ils de rompre le tabou du riz brisé et de lever la taxation de 20 % qui pèse sur le riz entier, le gouvernement devant selon eux uniformiser la taxe sur le riz (UNEP/UCAD, 2003).

Tableau 36. Principaux pays fournisseurs de riz au Sénégal (en tonnes)

Pays	1995	1996	1997	1998	1999	2000	2001
Thaïlande	144800	135400	90600	174300	368800	626400	814700
Inde	49400	72300	73500	87400	14100	0	0
Vietnam	0	120'000	0	0	0	19'000	0
USA	33000	0	0	0	2000	200	2000
Pakistan	33700	0	0	0	2400	0	0
Total	260900	327700	164'00	261700	387300	64600	816700

Source : Base de données de la FAO

Figure 28. Evolution mensuelle et semestrielle des importations de riz en 2003

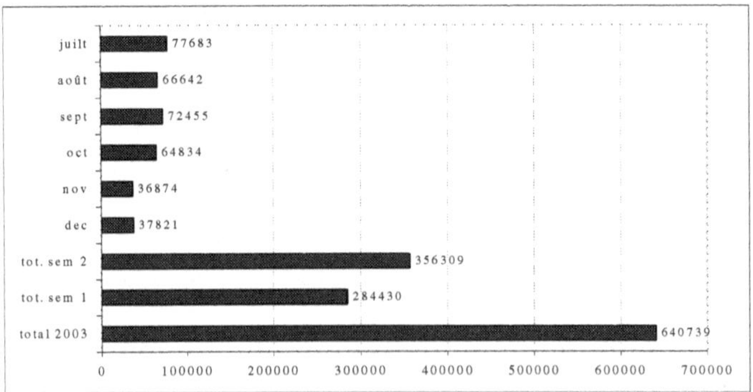

4. Impacts de la libéralisation des importations sur le riz local

En analysant la filière du riz du Sénégal, se pose forcément la question de la pertinence et de l'opportunité de la politique libéralisation du riz. Il convient de chercher à savoir jusqu'où cette politique libérale a fait avancer le projet d'autosuffisance alimentaire. Si on se pose une telle question, c'est parce qu'au moment de la libéralisation des importations, le gouvernement du Sénégal avait déjà engagé une politique agricole dont l'objectif déclaré était l'autosuffisance alimentaire, grâce d'une part au développement de la riziculture dans la vallée du fleuve Sénégal et dans l'Anambé et d'autre part à la promotion de la consommation des céréales locales traditionnelles. Aujourd'hui, force est de reconnaître que la production locale de riz n'a pas suffisamment décollé pour réduire les importations. Au contraire, elle est en stagnation, voire en diminution. Cette situation a fait que pour les producteurs, il se pose un véritable problème de compétitivité entre leur production et les importations. L'étude de l'ISE/PNUE (2003) montre en effet toute l'ambiguïté dans laquelle se trouve plongée la filière du riz local face aux importations.

Tableau 37. MAP nationale 2001/2002 rapportée à la production nationale de riz usiné

	Recettes	Coûts globaux		Bénéfices
		Intrants échangeables	Facteurs intérieurs	
Prix du marché	*31.55 (218)	8.08 (56)	18.64 (129)	4.83 (33)
Prix de référence	33.3 (230)	6.85 (47)	28.35 (196)	-1.9 (-13)
Divergences	-1.75 (-2)	1.23 (8)	-9.71 (-67)	6.72 (46)

*31,55 milliards de f. CFA, (218) FCA/Kg Source : ISE/PNUE, 2003

En utilisant la matrice d'analyse des politiques, une méthode prisée pour l'évaluation des politiques publiques économiques, les auteurs de l'étude ont mesuré les recettes, coûts et bénéfices que les agriculteurs obtenaient de la filière riz et ont évalué l'impact des politiques gouvernementales sur la rentabilité des systèmes rizicoles. Les conclusions auxquelles ils sont parvenus recoupent celles de l'Unité de politique agricole obtenues dans une étude réalisée quelques années auparavant (Duruflé, 1996). Les deux mettent en évidence une sorte de contradiction qui existe dans le traitement entre le riz obtenu sur le marché et celui produit localement. Sur le premier, la comparaison entre les recettes et les coûts globaux autorise un bénéfice de 4,83 milliards tandis que sur le second, la même comparaison donne une perte de l'ordre de

1,9 milliard pour une production totale de 144 640 tonnes. Selon les auteurs de cette étude, ces résultats ont l'inconvénient d'être globaux et de cacher les performances (tableau 38) réalisées dans la vallée du fleuve Sénégal et en Basse Casamance.

Tableau 38. MAP selon les principales de zone de production de riz du Sénégal

Zones de production	Part dans la production nationale (%)	Bénéfice économique (FCFA)	Coûts en ressources intérieures
Vallée du fleuve	55	53,7	14,6
Casamance	26	183,9	- 41,6
Bassin Anambé	19	- 357,2	248,2
National	100	- 13,1	46,4

Source : ISE/PNUE, 2003

Les bénéfices engrangés grâce au riz de la vallée et un peu moins sur celui de la Casamance, amènent à supposer que le riz local pourrait être compétitif, si on s'y prenait autrement au niveau de l'accès aux facteurs de production et pour la commercialisation. En revanche, au niveau national, la production n'est pas du tout rentable. Cette situation met à grand jour l'échec de la libéralisation du secteur du riz, intervenue à un moment où le riz de la vallée commençait à pénétrer le secteur marchand des autres régions.

Figure 29. Evolution annuelle du prix au détail du riz local et du riz brisé

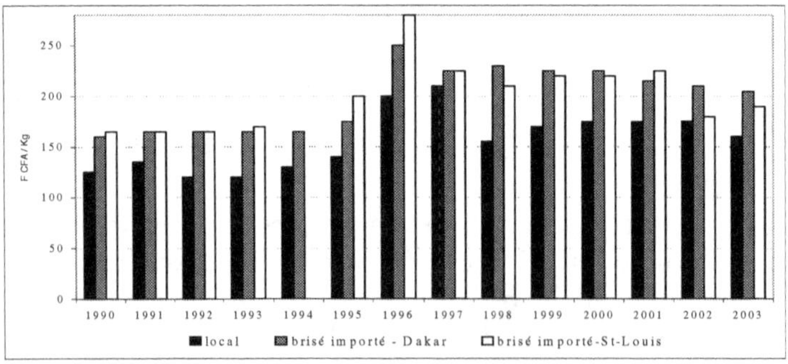

Parmi les objectifs déclarés en 1993 lors de la libéralisation des importations, se trouvait en grande ligne l'objectif : « rendre efficaces les marchés nationaux par le transfert de responsabilité et la transformation du riz par les producteurs ou organisations paysannes et la prise en charge des importations par le secteur privé ». Autrement dit, cette politique reposait sur l'idée selon laquelle si l'environnement économique de la production est favorable, la contribution de l'initiative privée au développement de la filière locale permettra d'approcher la couverture de la demande intérieure (PNUE/UCAD, 2003). Il est impossible d'affirmer que ces objectifs ont été atteints, et que la filière du riz se porte mieux depuis (figure 30). Les conséquences sur la filière du riz se situent principalement à deux niveaux, sur l'approvisionnement en riz du pays et sur les difficultés de vendre le riz local. Au niveau de l'approvisionnement du pays en riz, le constat est que, les importations ont été bien reprises par les privés nationaux et aucune pénurie ne fut constatée. En revanche, les producteurs locaux n'ont pas encore réussi à accroître leur production. Quant à la transformation du riz paddy, on peut toutefois noter, en ne tenant pas compte du prix proposé aux producteurs, que la production réalisée suffit pour subvenir aux besoins vivriers du pays pour une période de deux, voire de trois mois. Cependant, sa distribution reste cantonnée dans la vallée où le prix au consommateur est assez compétitif face au riz importé. D'ailleurs, on observe (figure 29) que le prix du riz produit dans la vallée se maintient à un niveau bas par rapport au riz importé pendant plus de dix ans dans la région de St-Louis. Cette bonne tenue du riz local sur le marché local et régional face aux importations conforte la thèse soutenue par les études récentes et les fédérations de producteurs selon laquelle une politique commerciale de protection du riz étendue sur tout le territoire permettrait aux producteurs de répondre convenablement à la demande nationale. Déjà, ce succès commercial a incité quelques producteurs privés à se lancer dans la culture irriguée du riz, faisant ainsi passer les surfaces aménagées de 4 000 ha à 27 000 ha entre 1993 et 2000 ; mais la production reste commercialisée et consommée dans la vallée du fleuve.

Actuellement, le problème qui se pose à la production de riz et qui est mis en lumière par la libéralisation des importations, c'est celui de son écoulement (voir l'encadré suivant). Il n'existe pas un réseau de diffusion du riz au Sénégal digne de ce nom, autrement dit un réseau qui reflète la place de cette denrée dans le régime alimentaire de la population. L'absence de marchés locaux organisés pour le riz national est un obstacle pour l'expansion de cette culture, et ce, malgré les potentialités qui existent. Comme le dit un grand producteur dans la vallée sur le sujet : « j'ai beau produire toute la quantité de riz dont le Sénégal a besoin, mais si je n'ai pas de marchés, ou que le prix qui m'est proposé ne supporte pas la concurrence du riz importé, je vais être obligé dans quelques années de faire comme tout le monde ici, c'est-à-dire que je vais me mettre à la production maraîchère ». Il s'y ajoute que depuis l'ouverture du marché du riz aux privés, le riz local souffre d'un manque de protection, et ce n'est pas la réunion annuelle que le gouvernement organise avant la campagne de production qui résout le problème. Cette rencontre qui réunit les producteurs du Comité interprofessionnel du riz (CIRIZ) et l'Union nationale des commerçants (UNACOIS) ne s'attaque pas au fond du véritable problème, celui de la réduction, voire l'arrêt des importations. Elle se limite à essayer de définir une période convenable pour écouler la production. D'ailleurs, celle-ci n'est pas respectée, et ce n'est pas l'incitation faite aux services publics et parapublics par le gouvernement à acheter les stocks de riz qui est une solution définitive (PNUE, UCAD, 2003). Quant aux producteurs, les solutions qu'ils proposent sont strictement d'ordre commercial, car pour eux, il faut lever la taxe de 20 % sur le riz entier, car elle ne stimule pas les producteurs, ne facilite pas la consommation du riz de la vallée, alors que la vente en grande quantité du riz local pourrait être beaucoup d'argent à l'Etat et ainsi aider au financement des céréales traditionnelles[194].

---

[194] Juste ou pas, cette idée est confortée par l'étude du PNUE et l'UCAD (2003) intitulée « Evaluation intégrée des impacts de la libéralisation du commerce sur la filière riz au Sénégal ». Selon cette étude, « l'Etat perçoit sur chaque kilogramme de riz local mis sur le marché dans le delta au prix de 200 FCFA entre 20 et 28 FCFA de taxes et les sorites de devises représentent 50 à 60 FCFA. Pour un kilogramme de riz importé à Dakar au prix de douane de 200 FCFA, la sortie de devises correspondante est de 174 F et l'Etat perçoit un droit de porte de 26 FCFA. Ainsi, la production locale supporte des taxes équivalentes à celles des importations, mais permet en même temps de réaliser une économie significative en devises puisque la sortie de devises est trois fois moins importante ».

Produits de la vallée du fleuve Sénégal : La commercialisation dévalue les efforts des paysans

Chaque année, ce sont 600 à 700 mille tonnes de riz qui sont importées par le Sénégal pour satisfaire les besoins des dix millions de consommateurs. Et pourtant, dans la vallée du fleuve Sénégal, en Casamance et dans l'Anambé, des producteurs assurent chaque saison des centaines de milliers de tonnes. Une goutte d'eau certes dans la vaste mer de la consommation sénégalaise, mais une production importante, tout de même. Avec 130 mille tonnes de riz récoltées en 2005, la vallée du fleuve Sénégal est une des principales zones de production du pays. Mais à l'image des autres filières agricoles, le riz se trouve confronté à de nombreuses difficultés dont la moindre n'est pas la commercialisation de la production. Selon A. Dia (Agence de régulation des marchés de Matam), « l'écoulement des récoltes reste un casse-tête pour les producteurs ». Situation qui a incité une grande majorité d'entre eux à se détourner de cette spéculation. Ainsi, après une production record de 17 193 tonnes en 2004 dans la région, la production a connu une chute vertigineuse, avec seulement 31 tonnes l'année suivante. Une chute que Dia explique par « l'absence de débouché », mais aussi l'enclavement des zones de production, le manque de promotion dont bénéficie le riz local, les pannes récurrentes des motopompes et le coût élevé des intrants. L'ARM pour l'équilibre : absente des habitudes alimentaires de la majorité des ménages sénégalais, avec des emballages pas du tout compétitifs et aucune forme de promotion, la production de riz s'est pendant longtemps accumulée dans les réserves de la région et les producteurs, pour assurer le remboursement des dettes contractées auprès de la Caisse nationale de crédit agricole, se sont tout simplement tournés vers le marché mauritanien, plus compétitif et plus accessible. C'est ainsi que le riz paddy est vendu de préférence en Mauritanie, au prix de 125 francs le kilo, contre 90 francs CFA au Sénégal, favorisant l'installation d'un véritable marché parallèle en direction de ce pays limitrophe. Toutefois, depuis deux ans, la présence de l'Agence de régulation des marchés vise à restaurer un certain équilibre avec la mise en place d'une politique d'intermédiation entre producteurs et commerçants. Une liste des acheteurs potentiels est élaborée chaque année et remise aux producteurs, qui peuvent ainsi entrer directement en contact avec les commerçants des grandes villes intéressés par leur production. L'ouverture d'une rizerie à Bokidiawé (département de Matam) participe également à booster la filière riz, même si les producteurs déplorent la faible capacité journalière de cette usine de décorticage qui est de 10 ou 11 tonnes par jour. A côté, une véritable politique de promotion du riz local s'est développée ces dernières années dans le pays, mais aussi dans toute la sous-région. C'est ainsi qu'on assiste à l'apparition de nouveaux emballages destinés à faire du riz local « un produit de haute qualité suscitant l'engouement des populations », explique Dia. Dans le même ordre d'idées, la participation aux foires et salons agricoles participe à cette promotion. *Tous les produits dans le même sac* : Le maïs produit toute l'année dans les immenses casiers de la région. Malgré l'existence d'une filière organisée autour du maïs et du sorgho, la commercialisation pose problème « surtout par manque d'organisation », A. Thioubou (Président de la filière Maïs-Sorgho de la vallée). En effet, très tôt, le marché est saturé avec les arrivées enregistrées en provenance de Podor. De plus, les superficies emblavées dans la région demeurent assez faibles, avec en moyenne 750 ha sur des exploitations de 0,20 ha par producteur. De ce fait, l'autoconsommation est importante et reste le seul recours une fois que le maïs est à sec et a perdu de sa valeur. Vendu entre 6 000 et 7 000 francs CFA le sac quand il est vert, il est cédé à 150 francs le kilo une fois à sec. Zone phare de la production de tomate, la vallée du fleuve Sénégal souffre depuis quelque temps de l'implantation à Dakar d'une usine de production de tomate concentrée importée de Chine. La Socas, principale acheteuse de la vallée s'est vu obligée de réduire ses achats provoquant l'ire des producteurs qui réclament la restriction des importations comme en bénéficie aussi bien le riz que l'oignon. Oignon qui, avec une production de 2 065 tonnes en 2005, retrouve petit à petit une place dans les spéculations de la région de Matam. Victime de l'absence d'infrastructures, elle a souvent été fatale à plus d'un producteur. Denrée vite périssable, sa production passe par la réalisation de magasins de stockage dont deux sont prévus cette année et seront réalisés par l'ARM à Matam et à Ganguel. Toutes ces productions subissent les dures lois du marché et leur prix fluctue d'une période de l'année à l'autre. De même, l'enclavement des zones de production et l'absence de camions pour le transport des récoltes vers les zones de commercialisation s'ajoutent aux difficultés rencontrées dans la commercialisation. Ainsi, les productions sont bradées dans les marchés hebdomadaires et profitent plus aux multiples intermédiaires qui s'activent dans le secteur qu'aux producteurs, d'où de la nécessité de mieux organiser les filières de façon à échelonner la production et assurer l'approvisionnement de toutes les régions du pays.

Mame Woury THIOUBOU http://www.lequotidien.sn/articles/article.CFM?article_id=34190

5. Conclusion partielle

L'analyse de la problématique du riz dépasse le cadre de l'alimentation des ménages sénégalais. Forcément, même si le riz n'est pas l'aliment traditionnel des Sénégalais, il est devenu le produit stratégique dans le système alimentaire actuel. Cette position fait qu'il a donné une autre tournure à l'agriculture du pays. De culture extrêmement localisée et ethniquement limitée, elle est passée au rang de culture fondamentale et nationale compte tenu de sa place dans le système alimentaire national. Aujourd'hui, un peu comme l'arachide dans le système économique du pays, le riz occupe une place de culture vivrière et de développement pour les paysans qui le cultivent.

L'analyse de la filière, ses rapports avec la politique de libéralisation et d'approvisionnement en riz, révèle plusieurs obstacles à surmonter pour parvenir à l'autosuffisance alimentaire. Une véritable volonté politique, accompagnée d'une organisation démocratique des producteurs, de leur accès au crédit, aux facteurs de production et à un marché rémunérateur, est en effet l'élément central d'une politique agricole alternative, dont la mise en œuvre pourrait aider à rentabiliser les ressources du pays, en commençant celles de la vallée, et ainsi créer une sécurité alimentaire durable et endogène.

La mise en œuvre de toutes ces mesures doit se faire dans le cadre d'interventions territorialisées, parce qu'il faut tenir compte des spécificités locales et s'assurer de l'implication des populations, qui doivent être associées dans la prise de décision et l'exploitation des ressources de leur territoire. Cette idée sous-entend qu'il est certes important au plan économique de mettre en place des mécanismes d'encouragement pour la production locale, et qu'il est nécessaire d'articuler ces mécanismes aux spécificités naturelles et sociologiques de chaque région parce qu'il serait hasardeux d'axer l'autosuffisance en céréales une politique nationale et sur une seule céréale, en l'occurrence le riz, comme les autorités ont voulu le faire jusqu'ici dans la vallée du fleuve du Sénégal.

Territorialiser la politique céréalière revient à réaliser une sorte d'effacement et de dépassement des régions agro-écologiques existantes, mais aussi à rechercher dans chaque région administrative les aptitudes céréalières à mettre en valeur. A plus petite échelle, une telle approche pourrait s'inspirer de la stratégie de gestion des terroirs villageois, et par le mécanisme de l'emboîtement des échelles arriver à un maillage céréalier de l'ensemble du pays. La mise en œuvre d'une telle approche signifie que les élus locaux et régionaux en collaboration avec les représentants des paysans, les organisations d'appui au développement et l'Union régionale des commerçants déterminent à travers des « *contrats de production céréalière* » les céréales à privilégier et les zones de production à cultiver. Une telle approche assure au moins deux avantages, la production et la durabilité de la production.

Pendant ce temps, l'Etat tout en essayant de rendre les céréales locales, notamment locales, compétitives le riz, face aux importations (baisser les taxes pour réduire les coûts de production et baisser les quotas de riz importé) interviendra sur trois volets. Dans un premier temps en encadrant la riziculture familiale traditionnelle dans toutes les régions où les ressources naturelles l'autorisent. Les expériences menées dans le département de Sédhiou par le Programme de développement rural intégré de la Moyenne Casamance montrent que cette forme de riziculture est performante et qu'avec des rendements à l'hectare de 2,5 T (contre moins d'une tonne actuellement), elle peut dépasser le stade de l'autoconsommation. Pour approvisionner le marché local, l'Etat devra nécessairement, dans un deuxième temps, favoriser l'implication des producteurs privés dans la culture du riz au niveau la vallée du fleuve et conférer un statut de zone franche à la vallée ou à certaines zones afin que les producteurs privés puissent récolter et être compétitive face au riz importé. Cette mesure doit s'accompagner d'un zonage de la vallée du fleuve pour que les populations locales puissent continuer à cultiver leurs terres sans craindre d'être dépossédées par les privés. Une telle politique sera plus efficace si elle s'accompagne de la limitation des quotas de riz issus de l'importation. L'objectif d'une autosuffisance complète en riz exige enfin le développement des céréales milicoles qui représentent la base de la nourriture dans les zones rurales sénégalaises. A ce niveau également, il est nécessaire d'avoir une politique de prix incitatifs, car l'expérience des programmes « Consommer local » ou « Promotion des céréales locales » qui visaient la transformation industrielle des céréales locales a montré que les Sénégalais aimaient certes consommer les céréales locales, mais à la condition qu'elles soient moins chères que le riz ou les produits alimentaires équivalents.

Partie 4. Le difficile mariage entre l'agriculture et la sécurité alimentaire au Sénégal

Section I. Analyse géographique des politiques agricoles du Sénégal

Une politique agricole peut être définie comme une politique économique dans le vrai sens du terme (efficacité, rentabilité) avec la seule particularité que son domaine d'application, en l'occurrence l'agriculture, est bien spécifique par rapport aux autres. Elle est constituée par un certain nombre d'instruments, parmi lesquels : le choix des cultures, l'appui ou non des prix aux producteurs, la commercialisation des produits, les instituts de recherche et la vulgarisation des techniques de production. La politique agricole vise donc soit la mise en valeur et l'aménagement d'un territoire, soit l'exploitation des ressources d'un territoire. Selon les pays et leur niveau de développement, la politique agricole peut se confondre avec une politique économique nationale (exemple des pays en développement) en fonction de la taille de la population rurale et de l'étendue de l'espace qu'elle recouvre. Dans les mêmes conditions, elle peut aussi être considérée comme une politique sectorielle, mais dans ce cas elle est souvent contestée à cause des moyens financiers qu'elle mobilise et ses implications territoriales.

Les politiques agricoles ont acquis leur justification au même titre que les politiques industrielles à partir de la crise des années 30 lorsque les Etats-Unis, face à la crise, ont mis en œuvre avec succès les instruments cités plus haut. Ils seront rejoints plus tard par l'Europe dans le cadre de la construction de la Communauté économique européenne (CEE) par la création de la Politique agricole commune (PAC). Régulièrement réadaptée en fonction de l'expansion spatiale de l'Union et remise en cause par l'OMC, les Etats-Unis et les pays en développement, elle reste une des politiques essentielles de l'Union européenne. Dans le cas de l'Afrique, dont l'économie était extravertie pour répondre aux besoins des pays colonisateurs, il faudra attendre l'accession des pays à l'indépendance pour que se mettent en place des politiques agricoles. Dans ce continent, les politiques agricoles ont beaucoup changé ces dernières décennies sous l'influence de la Banque mondiale, de FMI, et aujourd'hui de l'OMC. Les politiques ont évolué de l'interventionnisme de l'Etat au désengagement des pouvoirs publics, soi-disant qu'elles doivent s'adapter à un nouvel environnement économique. Selon Roger (2001)[195], « la poursuite à l'identique des politiques agricoles n'est plus possible ; elle est limitée par des facteurs

[195] *A quoi peut servir une politique agricole dans un pays développé ?*

internes, dont l'efficacité économique et les contraintes budgétaires, mais également par des facteurs externes comme la création de l'OMC et l'élargissement vers l'Est de l'Union européenne ». Même si Roger ajoute que ces changements ne signifient pas pour autant la fin des politiques agricoles, on peut noter que les objectifs qui leurs étaient assignés ont été élargis, voire substitués, à d'autres domaines. Par exemple, de l'accroissement de la production et de la productivité pour l'autosuffisance alimentaire et la domination géopolitique, les objectifs des politiques agricoles visent de nos jours la sécurité alimentaire, l'aménagement du territoire et la protection des ressources naturelles. Ce glissement des objectifs fait que les politiques agricoles modernes ont dépassé leur cible traditionnelle à savoir les agriculteurs et l'autosuffisance alimentaire. Mais la multiplication des acteurs qui accompagne le renouvellement des objectifs ne remet pas en question la centralité de l'espace et le rôle du territoire dans la mise en œuvre des politiques agricoles. Au contraire, en s'accompagnant de l'exigence de qualité, de labellisation et d'introduction de l'éthique dans la production agricole et la commercialisation des produits, les politiques agricoles contribuent au renouvellement des espaces ruraux et à leur fonction nourricière d'autrefois. Peut-on en déduire que ces les politiques agricoles retrouvent ainsi leur fonction de développement, comme ce fut le cas dans la période d'après-guerre ? Il est difficile de donner une réponse affirmative. En revanche, ce qui est intéressant dans ce changement, c'est de constater que les nouvelles fonctions qui sont conférées aux politiques agricoles remettent au centre des enjeux la nécessité de réguler et de protéger les territoires, et convoquent tous les acteurs du territoire pour leur mise en œuvre. C'est en tenant compte de ce nouvel environnement qu'on va analyser les politiques agricoles au Sénégal, leurs impacts sur le territoire et sur le développement du pays.

1. Les politiques agricoles du Sénégal

De l'indépendance à nos jours, on distingue deux grandes périodes en matière de politiques agricoles. Une première période qui couvre les années 80 jusqu'aux années 2000 et qui est marquée par une forte présence de l'Etat, et une seconde période qui va de 1980 aux années 2000, marquée par la mise en œuvre de politiques agricoles inspirées de l'économie libérale.

1. 1. La période 1960-1980 : Des tentatives de régionalisation de la politique agricole

En 1960, au lendemain de son indépendance, le Sénégal a hérité un système économique fondé sur la monoculture de l'arachide et un système alimentaire dualiste dans lequel la consommation de la population urbaine dépendait des importations de riz et celle de la population rurale des cultures vivrières traditionnelles. Cette situation, qui ne pouvait être supprimée immédiatement malgré les conséquences néfastes sur l'agriculture nationale, a obligé les pouvoirs publics à adopter une politique agricole allant dans le sens de ce système économique et de sa perpétuation. Dans ce contexte, la politique agricole qui sera ainsi mise en place comportera plusieurs objectifs, dont ceux du financement du développement et celui de l'autosuffisance. C'est dans ce cadre que l'Etat décida alors de mettre en place une politique nationale de développement rural. Cette politique avait pour objectif principal « l'élévation du niveau de vie des paysans pour faire d'eux de véritables agents économiques conformément à la voie socialiste du développement » que l'Etat avait choisie. Ce choix reposait sur le fait que les paysans constituaient la majorité de la population active et que c'est par eux et par la mise en valeur des milieux naturels que devait provenir le développement économique et social du pays. En agissant ainsi, l'Etat faisait de la politique agricole non pas un cadre global d'actions, mais plutôt une stratégie sur laquelle il fallait attacher des objectifs et des moyens pour le développement du pays.

Comme aux premières années des politiques agricoles dans les pays développés, le gouvernement sénégalais considérait que pour arriver au développement rural et par la suite au développement économique et social du pays, il fallait une organisation de la production et de la commercialisation (en l'occurrence l'arachide), accroître et diversifier les productions rurales (cultures vivrières), équiper les cultivateurs en facteurs de production et relever le niveau technique du personnel de l'encadrement. Pour atteindre ces objectifs, le gouvernement avait créé des structures économiques (les services de crédits ruraux, Banque Nationale de Développement du Sénégal, la Caisse de Péréquation et de Stabilisation des Prix) dont la vocation était l'encadrement et la formation des paysans, la vulgarisation des techniques modernes de culture, l'organisation des productions et des producteurs à travers la promotion des certaines variétés plus adaptées aux cadres écologiques. Il avait aussi essayé d'instaurer un contrôle social, politique (par les coopératives agricoles) et technique (loi du Domaine national) de l'espace rural.

La coopération rurale : en 1960, l'Etat crée le Service de la coopération rurale dans le but d'organiser les paysans en coopératives au sein de leur village afin de les aider à créer une économie d'échelle. Aux yeux de l'Etat, la coopérative était un outil stratégique, le lieu et le moyen d'appliquer la politique agricole. A cet effet, elle avait en charge toute la filière agricole d'amont en aval : le crédit de campagne, la production, la commercialisation et la consommation. Par les fonctions[196] qui leur étaient dévolues, les coopératives effectuent un maillage serré du territoire. Mais c'est au niveau du Bassin arachidier que la promotion des coopératives allait connaître les plus grands succès. Même si théoriquement les coopératives étaient destinées à toutes les cultures, leurs actions ont plus porté sur l'arachide que sur les céréales[197]. Dans les années 70-80, l'Etat dynamise la coopération rurale en créant des sociétés régionales de développement rural (SRDR) et de grands projets, dont la mise en œuvre suscite la création de groupements de producteurs (agricultures, jeunes, femme), qui travailleront pour organiser la production, distribuer les semences et faire de l'appui-conseil. Dans une étude sur les dynamiques organisationnelles en milieu rural au Sénégal[198], la Banque mondiale (2004, p. 14) souligne que « dès la fin des années 60, les pratiques de mauvaise gestion, l'absence d'éducation coopérative, la cooptation des leaders par l'Etat et le clientélisme ont eu pour résultat la désaffection des paysans vis-à-vis du mouvement coopératif et partant son déclin ».

Loi du Domaine national : au plan strictement agricole, cette loi avait deux objectifs : attribuer des terres aux paysans qui en étaient dépourvus par les lois coutumières et développer l'agriculture familiale dans les zones de terroirs, faciliter l'agrobusiness et les cultures expérimentales (riziculture dans la vallée du fleuve Sénégal) dans les zones pionnières dont la gestion relève de l'Etat.

Les zones écologiques homogènes : il s'agit d'un zonage national à partir des critères physiques comme le sol, le climat et la végétation. Au plan agricole, l'idée poursuivie c'était qu'au niveau de chaque de zone, il fallait substituer « l'approche par produit » par une « approche intégrée »[199]. Pour ce faire,

---

[196] Parmi les fonctions des coopératives, il y avait la structuration des filières à partir des producteurs, l'organisation de la distribution des intrants et la commercialisation, le démantèlement de l'économie de traite et aider les nationaux à prendre en charge la filière arachidière.

[197] Le nombre de coopératives passa de 161 à 2254 coopératives entre 1960 et 1979, dont 1750 dans l'arachide, 113 pour le mil, 61 pour la riziculture, 28 pour le maraîchage, etc.

[198] Organisations paysannes et développement rural.

[199] Lles expressions « approche par produit » ou « approche intégrée » véhiculent une vision méthodologique du développement rural en Afrique subsaharienne. Comme par hasard, on peut remarquer que depuis 1960, chaque décennie a coïncidé avec une vision différente sur la façon

l'ensemble des activités agricoles et les diverses actions de développement en direction du monde rural devaient être conduites par une SRDR[200], une structure mise en place par l'Etat (tableau 39) et qui avait pour fonction principale de promouvoir dans la zone la variété agricole la mieux adaptée.

Tableau 39. Zones agro-écologiques et Sociétés régionales de développement rural (SRDR) correspondantes

Zones homogènes	Société régionale de développement rural	Année de création
Bassin arachidier	SODEVA - Société pour le développement et la vulgarisation agricole	1976
Fleuve	SAED - Société d'aménagement des eaux du Delta	1974
Casamance	SOMIVAC - Société de mise en valeur de la Casamance	1976
Sénégal oriental	SODEFITEX - Société de développement des fibres textiles	1974
Niayes	BUD Sénégal	1966

Source : Bilan global des réalisations du gouvernement du Sénégal,1982

Les zones agro-écologiques homogènes, les SRDR, la coopération rurale et l'ONCAD sont donc les principaux outils dont s'était doté l'Etat pour promouvoir le développement rural. Dans le domaine agricole, ces structures avaient permis à l'Etat de faire fonctionner son programme agricole. Il s'y employait de deux façons, en assurant d'une part par un mécanisme de

---

d'arriver au développement rural. Ainsi de 1960 à 1970 c'était l'approche par produit, de 1970 à 1980 l'approche intégrée, de 1980 à 1990 la responsabilisation paysanne et dans les années 90 c'est l'approche « gestion de terroirs » ou « gestion des ressources naturelles » qui a été privilégiée et qui a évolué vers la fin des années 90 en « gestion communautaire des terroirs villageois ».

[200] Les SRDR sont des sociétés publiques d'encadrement, d'assistance et de commercialisation des produits agricoles. Certaines existaient pendant la période coloniale, mais la majeure partie d'entre elles est née à partir de 1974 avec la division du territoire national en zones écologiques homogènes. Elles ont été pensées pour pallier d'une part l'échec de financement des campagnes agricoles, l'approvisionnement en semences, en intrants et la fixation des prix aux paysans et d'autre part, corriger le faible pouvoir d'achat des paysans. En plus des SRDR, d'autres services d'appui à la production agricole et développement rural ont été créés à cette époque. On peut citer :

- SP (Société de Prévoyance) pour l'arachide et les céréales ;
- MAS (Mission d'aménagement du fleuve Sénégal) ;
- CRZ (Centre de recherches zootechniques) ;
- UNICOP (Union des coopératives) dans les zones maraîchères et d'horticulture ;
- SMDR (Société mutuelle pour le développement rural)
- CRAD (Centres régionaux pour l'assistance au développement) ;
- ONCAD (Office national de coopération et d'assistance pour le développement rural) ;
- PNVA (Programme national de vulgarisation agricole) ;
- Les Centres d'expansion rurale polyvalent (CERP) pour la formation des paysans aux nouvelles techniques de culture, etc.

péréquation, aux cultivateurs des prix stables, quelles que soient les fluctuations des cours mondiaux de l'arachide, et d'autre part en apportant aux paysans les intrants (semences et engrais), les équipements l'assistance technique (encadrement et vulgarisation) et en leur facilitant l'accès au crédit. Toutes ces années d'encadrement ont été des années de mise en œuvre de politiques dirigistes qui ont eu des conséquences sur l'aménagement du territoire et sur la tenue des cultures céréalières.

1. 2. Conséquences des politiques agricoles dirigistes sur les cultures de céréales

Au cours de la période 1960/1980, malgré une volonté de mettre en valeur l'agriculture dans toutes les régions du Sénégal, les politiques agricoles appliquées l'ont été dans le sens de conforter la filière de l'arachide et d'accroître sa production pour l'exportation. La conséquence d'un tel choix, c'est que l'arachide a dominé et domine encore toute la production agricole. Quelques exemples en sont l'illustration.

Au début de 1970, sur une superficie de 907 000 ha pour l'arachide et 741 000 ha pour les céréales, la culture de l'arachide obtenait une production beaucoup plus élevée, 829 000 tonnes contre 321 000 tonnes. L'explication de cette différence se trouve dans l'affectation des investissements. Ces derniers sont en effet allés principalement à l'arachide et à la zone du Bassin arachidier, parce qu'à cette époque, le Sénégal ne disposait pas de politique agricole pour l'autosuffisance alimentaire et la population des villes (lieux de consommation du riz) était très faible par rapport à la population totale. D'ailleurs, les chiffres qui existent ne disent pas exactement la part des investissements qui était affectée aux cultures vivrières entre 1960 et 1980. Mais on peut supposer qu'ils n'étaient pas élevés. Ce qu'on sait en revanche, c'est qu'à partir de 1977, les choses changent. La baisse des cours mondiaux de l'arachide, les sécheresses successives (1968, 1970, 1972, 1973, 1977), la baisse des céréales traditionnelles, l'impact sur la consommation alimentaire et l'exode rural[201] conduisent l'Etat du Sénégal à reprendre le programme[202] d'irrigation du fleuve Sénégal créé quelques années auparavant par l'Administration coloniale. Ce changement traduit un glissement des objectifs de la politique agricole, qui

[201] Entre 1960 et 1980, la taille de la population urbaine est passée de moins 20 % à 33 %.

[202] Il s'agit de la Mission d'aménagement du fleuve Sénégal dont l'objectif était plus tourné vers la production de la canne à sucre dans le delta du fleuve. Elle est aussi à l'origine de l'aménagement des premiers périmètres hydro-agricoles destinés à la production de riz paddy.

passent de l'arachiculture pour une agriculture d'échange et de rentrée de devises à la riziculture et au développement de la culture du mil pour l'autosuffisance alimentaire. Les investissements dans le domaine de la riziculture montent très vite. Ils culminent à trente milliards de FCFA en 1980 (dont la moitié entre 1978 et 1980), soient 10 % du total des investissements dans l'agriculture durant cette décennie. Les surfaces consacrées à la riziculture suivent la tendance, elles passent de 411 ha à 9 691 ha entre 1975 et 1980.

Les résultats obtenus ont conforté l'option céréalière d'autant qu'à la même période, les importations de riz commençaient à peser lourd dans la balance commerciale. L'objectif de réaliser une plus grande production de céréales devient une constante dans les réformes du secteur agricole, malgré les changements, parfois discutables, imposés par les institutions de Bretton Woods. Le choix d'une telle voie amène le gouvernement à changer de politique de développement agricole, et par incidence de développement rural. Il supprime toutes les SRDR, à l'exception de la SAED et de la SODEFITEX dont les missions étaient respectivement l'encadrement de la culture du riz et celui de la culture des céréales traditionnelles.

La suppression des sociétés de développement représente un tournant dans la mobilisation, la gestion et le contrôle des ressources agricoles dans les zones rurales sénégalaises. En effet, en disparaissant, elles emportent avec elles les coopératives et laissent un vide important à propos du contrôle des ressources agricoles. A leur place, ne vont pas tarder à se mettre en place d'autres formes d'organisations paysannes comme les Groupements d'intérêt économique (GIE), les Groupements de jeunes et les Groupements de femmes. Ces groupements représentent des formes d'organisations d'inspiration libérale et s'inscrivent tous dans le cadre de la politique d'ajustement économique du secteur de l'agriculture et prônent une agriculture commerciale.

La période 1960-1980 marque la fin d'une forme d'agriculture tournée vers l'exportation. Elle est aussi le début de la déclinaison d'une agriculture de rente au profit d'une politique agricole nationale. Elle traduit la traduction d'une prise de conscience des pouvoirs publics de la nécessité de mettre l'agriculture au service de l'autosuffisance alimentaire. La nouvelle agriculture qui se développe tente alors de rompre avec le poids imposant de l'arachide en essayant de se recentrer sur l'entité terroir villageois et la responsabilisation du paysan ; un paysan qui est désormais perçu comme un producteur, au sens économique du terme. Cette agriculture mise en œuvre sous le sceau de l'ajustement structurel va s'avérer une vingtaine d'années plus tard comme impertinente pour lutter contre l'insécurité alimentaire.

2. Les politiques d'ajustement dans le domaine de l'agriculture

« L'ajustement structurel est un processus qui vise de manière fondamentale à instaurer une relation plus étroite et stable entre l'économie domestique d'un pays et l'économie internationale »[203]. Très contraignantes pour les pays qui les appliquent, les politiques d'ajustement se sont imposées au début des années 80 dans les pays en développement comme la réponse unique à la crise économique qui les frappait et comme « le moyen d'accéder aux financements extérieurs dont ils avaient besoin »[204]. Le Sénégal n'a pas été en reste. Il s'est efforcé comme bien d'autres pays africains de réformer le secteur de l'agriculture pour l'affranchir du poids et des conséquences de la baisse du cours de l'arachide, mais également pour conférer aux cultures vivrières traditionnelles la dimension marchande qu'elles n'avaient pas jusque-là. Cette situation a duré une trentaine d'années, et ce sont tous les secteurs de l'économie nationale qui ont été touchés par les réformes entreprises dans ce cadre. Dans le domaine agricole, les politiques se succédaient les unes après les autres sans être fondamentalement différentes. Il s'agit par exemple, de la nouvelle politique agricole (NPA) de 1981 à 1988, la politique d'ajustement du secteur agricole (PASA) de 1988 à 1994, la politique d'investissement du secteur agricole (PISA) de 1995 à 2000, et depuis 2000, la nouvelle loi d'orientation de l'agriculture

En plus des politiques générales ci-dessus, cette longue période est marquée par l'apparition des projets de développement, également inspirés de la vision libérale et productiviste de l'agriculture que véhiculent les principes de l'ajustement. Quand on les analyse, on se rend compte que les politiques d'ajustement ont tenté de réguler l'exploitation des ressources naturelles et des moyens financiers du gouvernement dans le but d'optimiser les rendements agricoles. Ces mêmes politiques ont réorienté les investissements agricoles vers les régions qui disposent d'aptitudes à l'irrigation ou qui bénéficient d'une pluviométrie importante, le tout devant offrir plus de chances d'accroître la production alimentaire. Il s'agit là d'une sorte de stratégie de rupture, dont le but était de mettre fin à l'orientation sociale et commerciale que l'agriculture sénégalaise poursuivait depuis l'accession du pays à l'indépendance. Cette stratégie de rupture s'exerce par une série de mesures, dont le désengagement de l'Etat du secteur de la production de l'agriculture et l'arrêt des subventions, la libéralisation des prix et la création des marchés des céréales, la réduction des effectifs des SRDR (voire leur suppression), la baisse du prix du riz importé au

203 Azoulay et Dillon, op. cit.
204 Idem

consommateur et la mise en place de comités interprofessionnels regroupant les acteurs de chaque filière, ainsi que la promotion du « consommer local » pour l'accroissement de la consommation des céréales traditionnelles.

Ces mesures ont conduit à la libéralisation du secteur de l'agriculture. Au même moment, dans le cadre de la politique de sécurité alimentaire, l'Etat mettait en place pour la première fois un Plan céréalier national[205] dont la vocation était de promouvoir les cultures de céréales et la consommation des produits locaux. La mise en pratique de ces mesures est confiée aux associations des producteurs, aux groupements de promotion des femmes, aux organisations non gouvernementales et aux projets de développement. L'Etat se désengage, désormais l'activité agricole est laissée à l'initiative et au financement des associations communautaires de base, qui sont libres de solliciter ou non, selon leurs contraintes et le système de crédit géré par la CNCAS. Mais sans les moyens de financements adaptés, sans encadrement, sans renouvellement du matériel agricole, la plupart des paysans se sont retrouvés sans les moyens de cultiver convenablement.

A ces résultats inattendus, s'est ajoutée l'absence de contrôle et de régulation sur les mesures de l'ajustement, dont la conséquence visible est la floraison de projets et de sous projets, parfois douteux, sans liens, ni synergie, incapables de pallier le désengagement de l'Etat des fonctions qu'il assumait auprès de la paysannerie. Le crédit agricole, mis en place dans les années 80, et les mutuelles créées par les ONG mettent en avant des critères d'accès au prêt qui excluent les pratiquants de l'agriculture familiale, c'est-à-dire la catégorie de paysans appauvrie par la libéralisation des prix, par la baisse des productions et par un système foncier incapable de leur garantir les prêts bancaires dont ils ont besoin. Dans ce contexte, on comprend l'hécatombe de la production agricole dans les années 80 et 90. Par exemple, la production d'arachide commercialisée n'atteint même plus les 200 000 tonnes alors qu'elle était plus de 1 000 000 de tonnes en 1975. Encore aujourd'hui, elle peine à redémarrer. Pendant ce temps, dépourvus de moyens de production et non encadrés, les paysans délaissent les cultures de rente au profit des cultures vivrières traditionnelles, mais, là aussi, sans grand succès.

[205] Cet aspect est analysé dans les stratégies alimentaires.

3. Les conséquences des politiques d'ajustement structurel sur l'agriculture

Malgré le fait d'être sous ajustement structurel et obligé de se désengager, l'Etat du Sénégal n'a pas pour autant complètement cessé d'injecter de l'argent dans le secteur de l'agriculture. Mais ce qu'on constate lorsqu'on examine les investissements réalisés pendant la période 1985-1997, c'est le déséquilibre qui caractérise les affectations d'argent entre les régions d'une part, les catégories de cultures (vivrières pluviales, irriguées, commerciales, etc.) et d'autre part la non prise en compte des conditions d'existence économique et sociale des paysans. Ces manquements, on le verra, pèseront beaucoup dans les difficultés et les échecs rencontrés par les politiques d'ajustement.

Tableau 40. Répartition des investissements publics dans l'agriculture selon les régions, le nombre et les surfaces cultivées, 1985 à 1997

Régions	Investisse-ment total (milliard CFA)	% Investisse-ments	% population concernée	Invest/hbt (F.CFA)	Surface (ha) cultivée 85/97	% surfaces cultivées	Investisse-ment par ha. cultivée
vallée du fleuve	89 558	40	8.7	156 900	30 000	1.4	2 985 270
Casamance	62 379	27.9	11.4	83 000	320 500	14.5	194 610
Bassin arachidier	10 701	4.8	46.8	3 475	1 515 800	68.5	7 060
Sénégal oriental	11 228	5	4	43 100	184 800	8.4	60 750
Zone sylvo-pastorale	6 089	2.7	4.1	22 600	136 100	6.2	44 725
Niayes	2 077	0.9	25 hors Dakar	n. d.	21 000	0.9	98 900
Cap Vert	2 991	1.3		3 085	2 000	0.1	14 955 500
Part de l'agriculture	185 023	17.4	n. d	n. d	n. d	n. d.	n. d.

Source : Ministère de l'agriculture du Sénégal. n. d. signifie "chiffres non disponibles"

Au niveau régional, les disparités sont très grandes (tableau 40) entre les régions. On constate que la vallée du fleuve a absorbé 40 % des investissements alors qu'elle ne représente que 9 % de la population totale et moins de 2 % des surfaces effectivement cultivées. La Casamance qui concentre 61 % des terres destinées à la riziculture et 11 % de la population a reçu 28 % des investissements publics. Le Sénégal Oriental a reçu 5 % des investissements pour 4 % de la population alors qu'elle est considérée comme une région dotée d'importantes potentialités agricoles et forestières. Le Bassin arachidier qui produit l'essentiel de la richesse agricole (59 %) du pays et qui concentre la quasi-moitié (47 %) de la population rurale a reçu 5 % seulement des investissements. Au niveau social (tableau 39), la disparité des investissements se répète. On observe que les régions où les investissements publics ont été plus importants pendant la période de l'ajustement structurel sont les régions les moins pauvres. Il en est ainsi du Bassin arachidier qui regroupe les régions de Diourbel, Fatick, Kaolack et Thiès, et qui est la zone où les populations ont été le plus durement affectées par la pauvreté rurale, au désengagement de l'Etat et à la nouvelle orientation céréalière de l'agriculture sénégalaise au détriment de l'arachide.

La situation vécue dans le Bassin arachidier est similaire à celle de Sénégal Oriental, de la Casamance et de la zone sylvo-pastorale. Dans ces différentes zones, les conséquences de l'application pendant une dizaine d'années des politiques agricoles libérales (NPA, PASA et PISA) se résument à une désarticulation régionale de l'agriculture sénégalaise et à un appauvrissement de la population rurale (tableau 41).

Tableau 41. Pauvreté, investissements et production agricole par région

Régions agro-écologiques	Régions administratives	% habitants pauvres	% investis	contribution à la valeur de la production (%)	croissance de la production (%)
Vallée du Fleuve	St-Louis	4.4	40	6.1	8.1
Casamance	Kolda, Ziguinchor	28.5	27.9	18.9	moins 2.5
Bassin arachide	Thiès, Diourbel Fatick, Kaolack	51.3	4.8	59.1	moins 1.5
Sénégal oriental	Tambacounda	3.8	5	10.2	moins 2.3
Z. sylvopastorale	Louga	12	2.7	5.7	moins 7.4
Niayes		n.d.	0.9	n.d.	n.d.
Cap Vert		n.d.	1.3	n.d.	n.d.

Source : Ministère de l'Agriculture du Sénégal

Au niveau des paysans du Bassin, les périodes d'ajustement structurel sont marquées par l'absence du crédit agricole et par une forte réduction de la consommation d'engrais. Barthélemy (1997, p. 89)[206] postule que : « c'est la baisse progressive des revenus ruraux qui a empêché les paysans de prendre eux-mêmes le relai des institutions parapubliques, et outre la réduction de la production par actif, ils ont eu également à faire face à la dégradation des prix réels payés aux producteurs[207] ». Les conséquences qui sont ainsi soulignées tranchent avec les objectifs qui étaient déclarés et qui consistaient à améliorer les revenus et à renforcer la sécurité alimentaire.

---

[206] La croissance au Sénégal : un pari perdu.

[207] Pour l'arachide, les prix réels payés aux paysans ont baissé de 50 % entre 1960 et 1990.

Lorsqu'on analyse plus finement les investissements, on est tenté de parler d'une sorte d'incohérence structurelle vu leur répartition selon les régions. En effet, l'affectation des investissements n'a pas été articulée aux spécificités de l'agriculture sénégalaise, encore moins à leur rendement réel dans l'économie. Par exemple, le secteur des cultures irriguées (dans la vallée et en Casamance) absorbe 56 % des investissements alors qu'il ne représente que 11 % de la valeur totale de la production agricole nationale, 16 % de la production céréalière et concentre une faible proportion de ménages pauvres. Pendant ce temps, l'agriculture pluviale dont la contribution à la production agricole nationale est estimée à 89 %, assure 84 % de la production de céréales et occupe 96 % des surfaces cultivées ne reçoit pas plus de 25 % des investissements réalisés dans le secteur agricole.

Les disparités ainsi soulignées agissent dans le sens contraire des principes qui doivent présider à un aménagement équilibré du territoire, d'équité territoriale et sociale, et de réalisation de l'autosuffisance alimentaire. En effet, par sa structuration habituelle, l'agriculture sénégalaise comporte une composante pluviale largement dominante. Dans un tel cas de figure, le fait de délaisser les céréales traditionnelles et l'arachide (qui entre dans cette catégorie et qui représente la première source de revenus dans le monde rural) au profit des cultures irriguées ne facilite guère la réalisation de l'autosuffisance alimentaire. C'est pourquoi, ce choix paraît pour le moins paradoxale, d'autant plus que les objectifs de production assignés à la vallée du fleuve de 126 000 et de 390 000 tonnes de riz pour les années 1995 et 2000 ne représentent que 50 % et 75 % de la couverture alimentaire du pays. Bien entendu, l'idée n'est pas de réfuter le renforcement de la culture du riz irrigué, mais on peut supposer que la meilleure démarche aurait été, vu la structuration de l'agriculture du pays, de mettre un accent tout aussi important sur les cultures vivrières traditionnelles et dans une moindre mesure sur l'arachide.

L'argument en faveur du renforcement des cultures vivrières trouve sa justification dans les récents résultats obtenus au niveau de la vallée du fleuve. En 2002, le taux de couverture alimentaire supporté par la vallée représentait 20 % de la quantité consommée dans le pays. Dans une certaine mesure, ce taux très moyen peut être interprété comme un échec, même si ce n'est pas le cas. Il conforte l'idée qu'on se fait de la répartition des investissements dans le secteur agricole en fonction des régions et des espèces cultivées. Aussi, il vient rappeler que, quel que soit le potentiel de terre (220 000 ha) rizicultivable de la vallée du fleuve et les formes d'aménagement retenues pour atteindre l'autosuffisance ou la sécurité alimentaire, la politique mise en œuvre doit nécessairement promouvoir, et ce, en même temps, les cultures pluviales[208] et les cultures irriguées.

L'option stratégique qui consistait à intensifier uniquement la culture du riz dans la vallée du fleuve pour aboutir à l'autosuffisance alimentaire privilégiée par l'Etat du Sénégal ne semble pas viable. Ce point de vue rejoint celui exprimé par la commission économique pour l'Afrique et que rapportent Azoulay et Dillon[209] dans leur ouvrage quand ils disent que « les programmes d'ajustement structurel n'ont pas atteint leurs objectifs parce qu'ils n'ont pas traité les vraies causes de la crise africaine ». Effectivement, les politiques de désinvestissement dans l'agriculture ainsi que la responsabilisation des paysans et la création de marchés céréaliers se sont avérées être des instruments sans ancrage dans les spécificités territoriales et sociales. Leur mise en œuvre n'a fait qu'aggraver les problèmes alimentaires auxquels étaient confrontées les populations, car en supprimant les subventions aux intrants, aux matériels agricoles et aux biens de consommation, mais aussi en réduisant les revenus tirés de l'arachide, les politiques d'ajustement ont pris une grande part dans l'aggravation de la pauvreté rurale et l'installation de l'insécurité alimentaire au Sénégal.

---

[208] Actuellement, la taille démographique qui est de 47 % dans les zones des cultures pluviales - ce qui est une des conséquences du développement de l'agriculture de rente dans ces zones - fait qu'il est impossible de conduire une politique agricole qui marginaliserait cette zone sous le seul prétexte que l'aptitude du milieu n'y est pas favorable à la culture du riz.
[209] Op. cit.

Section II. Dynamiques démographiques, potentiels de croissance et impacts sur l'alimentation

Le mariage entre l'agriculture et la sécurité alimentaire pose la question centrale de la territorialité alimentaire, c'est-à-dire du rapport entre les hommes et les ressources qui les font vivre. Cette question prend une grande place dans les sociétés où le niveau technologique des matériels agricoles est moins développé, et par conséquent n'affranchit pas la population de sa dépendance de ses ressources naturelles. Au Sénégal, elle conduit à étudier le fait démographique sur les trois aspects suivants : l'alimentation, les modes de consommation et la production agricole. Il s'agit là de quelques aspects sur lesquels on mesure l'impact de la croissance de la population, car il en existe plusieurs d'autres qui ont également leurs incidences sur l'agriculture céréalière et sur la consommation alimentaire en général.

1. Tendances démographiques

Le Sénégal présente les mêmes caractéristiques que les pays situés au sud du Sahara, c'est-à-dire qu'il a un système productif agricole peu dynamique malgré sa part sociale (65 % de la population) et une croissance démographique élevée, de l'ordre de 2,7 % l'an. Pour ce qui est de la croissance de la population du Sénégal, elle est identique à celle de la population de la région ouest africaine[210], elle est passée entre 1960 et 1990 de 47 339 000 habitants à 100 795 000 habitants, soit un taux de croissance de 2,5 %. Pour ce qui est de l'effectif de la population du Sénégal, les dénombrements administratifs et les recensements généraux indiquent une variation de la population nationale de plus 1 000 000 en 1904 à plus de 2 000 000 d'habitants en 1958, soit un taux annuel de croissance de 1,3 % au cours de cette période. En 1976, la population totale atteint la taille de 5 000 000 et plafonne à presque 7 000 000 en 1988. Les estimations tirées des enquêtes démographiques nationales de 1960-1961 et de 1970-1971, ainsi que des recensements de 1976 et de 1988 permettent d'analyser cette croissance sur les niveaux national et régional.

---

[210] On n'insistera pas sur le peuplement en Afrique de l'Ouest, car il a été l'objet de plusieurs études. A titre d'exemple, on suggère l'étude de l'OCDE et du CILSS en 1993 sur « les perspectives à long terme en Afrique de l'Ouest ».

Figure 30. L'évolution de la population en Afrique à partir de 1960

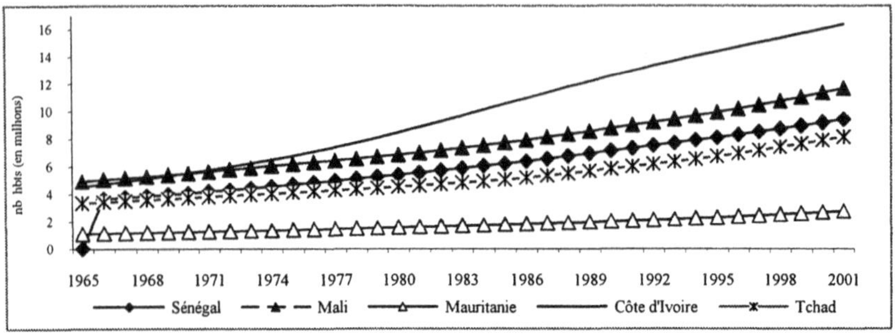

Tableau 42. Taux de croissance moyen annuel de la population du Sénégal

Années	Population	Taux moyen de croissance annuel	
		Période	Pourcentage
1960	3 110 000	1960-1970	2.3
1970	3 906 000	1990-1976	4.2
1976	4 998 000	1976-1988	2.7
1988	6 897 000	1990-1988	2.9

Source : RPGH 1976 et 1988

Figure 31. L'évolution de la population du Sénégal jusqu'en l'an 2025

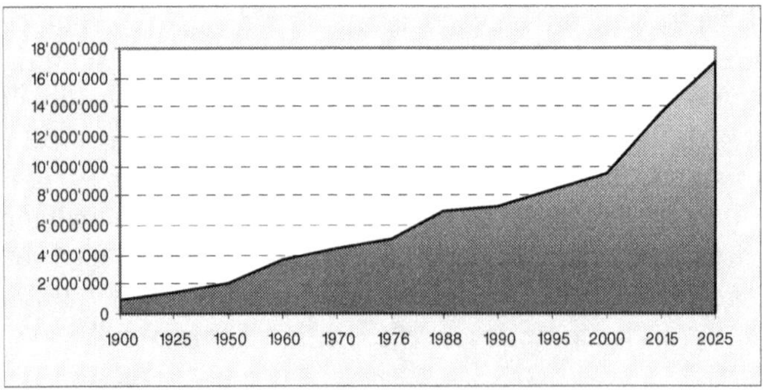

Les premiers dénombrements, probablement sous-estimés, attribuaient au Sénégal un poids démographique dépassant de peu le million au début du XXe siècle. Cinquante ans après, ce nombre s'élevait à 2 500 000, à 3 500 000 en

1965, 5 000 000 en 1975, 6 000 000 en 1983, 8 500 000 en 1996 et plus de 9 000 000 en 1999. Selon les estimations des Nations Unies et les projections de l'agence nationale de la statistique et de la démographie, la population du Sénégal aura plus que doublé entre 1988 et 2015, atteignant presque quinze millions.

Comme le montrent les taux moyens de croissance annuelle dans la période 1960/1988 (tableau 42), le rythme de croissance démographique de la population sénégalaise est très élevé. Quel que soit le taux de croissance retenu, la population globale a doublé tous les vingt ans. Par exemple de 1960 à 1988, elle a plus que doublé, passant respectivement de 3,1 millions d'habitants à 6,9 millions. Cette extraordinaire évolution est essentiellement le résultat de l'accroissement naturel de la population. Il s'agit d'un accroissement naturel simple à comprendre, car est consécutive à plusieurs facteurs comme le recul de la mortalité, la disparition des grandes endémies, les progrès de la santé publique, mais également le maintien d'une natalité forte et régulière.

2. La population du Sénégal selon les régions

Lorsqu'on examine la croissance démographique à l'échelle des régions (tableau 43), on se rend compte que l'accroissement de la population est un phénomène général, mais qu'il est très variable d'une région à une autre.

Tableau 43. Taux de croissance démographique selon les régions du Sénégal

Régions	Effectifs (en mille)					Taux de croissance annuel			
	1960	1970	1976	1988	2015	1960-70	1970-76	1976-88	1960-88
Dakar	444	681	941	1 489	2 326	4.3	5.5	3.8	4.3
Kolda/Ziguinch	530	618	731	990	1 865	1.5	2.9	2.5	2.2
Diourbel/Louga	503	630	843	1 109	1 949	2.2	5	2.3	2.8
St-Louis	345	389	515	660	840	1.2	4.8	2.1	2.3
Tambacounda	151	244	287	386	518	4.8	2.8	2.4	3.4
Fatick/Kaolack	72	798	1 006	1 320	2 300	0.9	4	2.2	2.1
Thiès	410	54	675	941	1 310	2.9	3.6	2.7	3
Sénégal	3 110	3 906	4 998	6 897	9 526	2.3	4.2	2.7	2.9

Source : Agence nationale de la statistique et de la démographie du Sénégal

Les études démographiques qui portent sur les régions sont très rares au Sénégal. Néanmoins, à travers les différents recensements et enquêtes nationaux, il en ressort que la vitalité démographique est un fait commun à toutes les régions. Trois raisons sont à l'origine de ce phénomène, la natalité, la mortalité et les migrations.

2. 1. Une natalité galopante

Pour ce qui est de la natalité, le taux donné est celui de 41 naissances d'enfants vivants par an pour mille. En comparaison, le taux moyen de la mortalité s'élève à 13 pour mille. La combinaison d'une forte natalité et d'une mortalité relativement faible[211] conduit à un taux d'accroissement naturel de 2,5 % en moyenne depuis 1960. L'enquête démographique et de santé (EDS, 1992) révèle qu'en général prés d'une femme sur deux, précisément 48 % environ, se marie avant l'âge de 18 ans, et qu'une femme sur trois a son premier enfant avant d'avoir atteint 20 ans.

Au niveau des régions, on remarque une brutale augmentation des taux de croissance annuels dans la décennie 1970-1980, quelle que soit la région. Schoenmarckers (1988) avance l'explication selon laquelle, l'accélération du rythme de croissance démographique ne provient pas tant d'une baisse des taux de mortalité que d'une augmentation des niveaux de fécondité. Il considère que c'est un phénomène propre aux pays d'Afrique situés au sud du Sahara, qui sont les seuls au monde où l'on a une augmentation de la fécondité au cours des décennies 70/80 et 80/90. Même si on note une tendance à l'infléchissement du taux de croissance nationale, les chiffres affichés actuellement dans certaines régions demeurent encore élevés. Ils sont élevés et surprenants. En effet, jusqu'au début des années 80, il existait des régions du Sénégal comme Kolda, Ziguinchor, St-Louis et Fatick où les taux annuels de croissance démographique étaient contenus en dessous de 2,5 %, ce qui était faible comparativement aux taux d'aujourd'hui. Au niveau national, le taux de croissance atteint 2,9 % contre 4,3 % pour la région de Kolda, 3,4 % pour Tambacounda, 3 % pour Thiès et 2,8 % pour Diourbel et Louga.

2. 2. Impacts alimentaires de la croissance démographique

Les conséquences de l'explosion démographique sont très diverses. Elles touchent tous les segments de la vie sociale et économique du pays. Même si le

[211] Selon l'étude du WALPTS, en Afrique de l'Ouest la mortalité générale diminue depuis les indépendances, d'où un gain moyen d'espérance de vie à la naissance de plus ou moins 10 ans entre 1955 et 1985. Dans cette période, le Sénégal a fait un gain de 9,6.

fait démographique n'est pas forcément à l'origine de la complexification des systèmes alimentaires et des difficultés d'approvisionnement en céréales que connaît la population, il n'en demeure pas moins que la croissance démographique est un facteur contraignant. En milieu rural, parce qu'elle a accru la pression sur les ressources naturelles et précipité l'épuisement des sols, elle participe considérablement à la transformation des activités agricoles et pastorales, et ainsi influence les disponibilités alimentaires. Dans les zones urbaines également, la démographie galopante peut être considérée comme la principale contrainte dans la gestion des systèmes alimentaires urbains, car elle accroît très sensiblement la demande en consommation alimentaire.

La croissance démographique pose un problème simple, mais difficile à surmonter ; il s'agit du différentiel de croissance entre la population et la production vivrière du Sénégal. Par exemple entre 1976 et 1988, la population totale du Sénégal a augmenté de l'ordre de 2,7 % l'an, mais durant la même période, la production agricole alimentaire par personne était de moins 1,4. Le résultat est par conséquent, une diminution importante de la production agricole vivrière disponible par habitant. Cette situation est d'autant plus inquiétante qu'on peut légitimement penser qu'elle n'a pas beaucoup évolué entre-temps au vu de l'accroissement des importations de denrées alimentaires. Le déséquilibre alimentaire qui découle du différentiel de croissance démographique et de la production agricole vivrière entraîne une intensification ou une expansion de la pression anthropique sur les ressources naturelles, la disparition des jachères et l'exode rural (figure 32). Ces conséquences sont observables dans toutes les régions du Sénégal, avec une plus grande acuité dans le Bassin de l'arachide[212] et la Haute vallée[213].

Parallèlement au déséquilibre entre le poids démographique et la production agroalimentaire, le Sénégal se trouve confronté aujourd'hui à un problème structurel, lequel engendre un autre déséquilibre. Ce déséquilibre est théorisé par Pool (1998) qui l'a appelé le *niveau de dépendance démographique*, autrement dit le rapport numérique entre ceux qui travaillent et produisent et ceux qui ne travaillent pas, mais qui consomment. Pour se rendre compte de comment se pose ce problème, il suffit d'observer la structure par âge de la population (figure 33).

---

212 cf. le chapitre « l'agriculture dans le Bassin arachidier ».

213 Selon les enquêtes administratives locales, la Haute vallée a perdu 40 % de sa population active entre la le de la sécheresse des années 70 et 1990.

Figure 32. Représentation schématique des rapports entre mouvements de la population et l'insécurité alimentaire (adapté de Schoenmarckers, 1988)

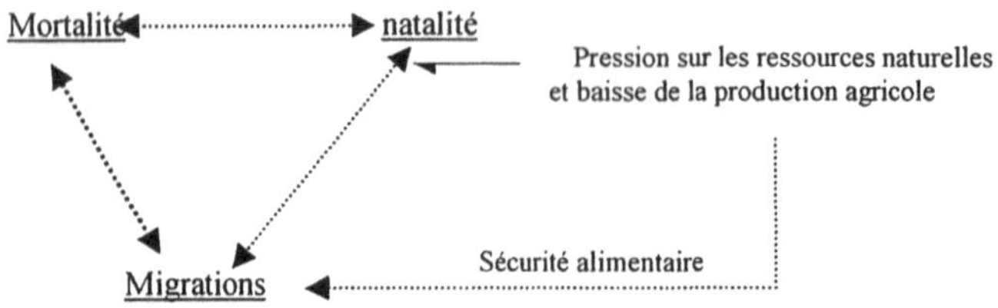

Figure 33. Structuration de la population (en milliers) sénégalaise selon l'âge et le sexe

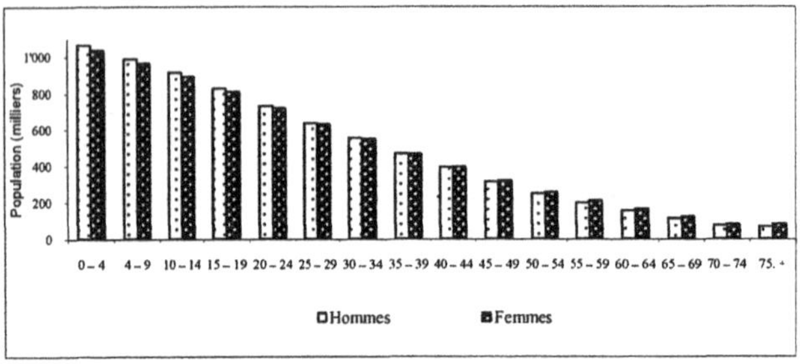

On observe (figure 33) que les moins de 15 ans représentent 45 % de l'effectif total et les personnes âgées environ 3 %. Par conséquent, c'est près de la moitié de la population qui est en situation de dépendance alimentaire. Cette situation n'est pas spécifique au Sénégal, car on la retrouve dans tous les pays d'Afrique. Elle pose un véritable problème parce qu'elle est « la variable essentielle en matière de santé africaine. Sans son amélioration, il sera difficile de faire chuter la mortalité des enfants et de baisser la fécondité. Or cette grande jeunesse actuelle et à venir est un frein à toute politique et à tous les programmes de production agricole et alimentaire, car le paysan produit essentiellement pour ses enfants. Il lui est difficile d'investir pour un domaine vague et lointain » (Pool, 1988 : 486).

Les flux de population qui arrivent chaque année dans les villes sont un manque de bras pour les zones rurales de départ, accroissent la demande en consommation et renforcent les habitudes alimentaires urbaines. Au final, les villes sénégalaises ont presque toutes, sans exception, doublé leur population en l'espace de vingt ans (tableau 41). Pendant ce temps, la campagne n'est plus en mesure de satisfaire les besoins en céréales des populations qui y vivent, encore moins pour celles des villes. Sans apporter les corrections à ces déséquilibres, les pouvoirs publics ont cherché davantage à satisfaire la demande en consommation alimentaire des villes. Et pour ce faire, ils ont en quelque sorte accentué la politique agricole coloniale qui consistait à promouvoir les cultures commerciales (arachide et coton) destinées à l'extérieur au détriment des cultures céréalières vivrières, qui sont la base des systèmes alimentaires traditionnels.

3. La répartition spatiale de la population

La population sénégalaise est une population dispersée. Un aperçu de la carte de la répartition de la population selon les densités (carte n° 14) montre une opposition entre l'est et l'ouest du pays avec une ligne de partage qui part de Dagana au nord à Bignona au sud. On constate que la majorité de la population réside notamment dans la partie ouest, le long de l'océan et les zones maraîchères.

Carte 14. Répartition de la population selon les densités au km^2 par département en 2001

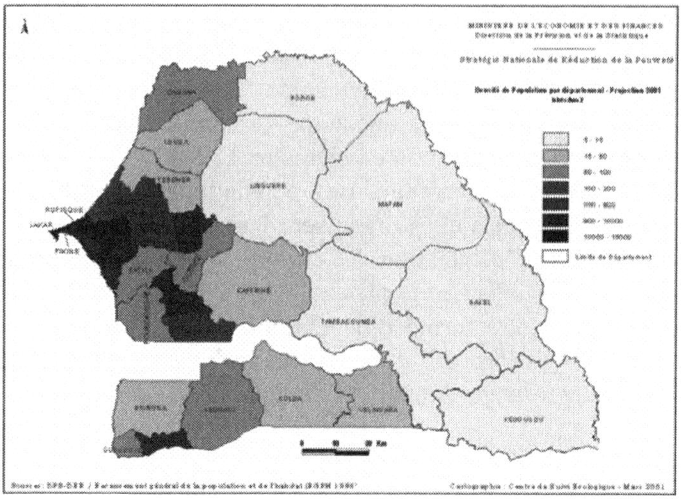

Tableau 44. Répartition spatiale de la population, densités et taux d'accroissement moyen annuel

Régions	Population		Densités	
	Pop. totale	Pourcentage	habitants/km²	% en 1988/1997
Dakar	2 087 345	23,7	3 795	3,7
Ziguinchor	504 150	5,7	69	2,6
St louis	794 630	9	18	2
Tambacounda	482 287	5,5	8	2,5
Kaolack	1 022 078	11,4	64	2,5
Thiès	1 209 110	13,7	183	2,8
Louga	541 011	6,2	19	1,1
Fatick	598 607	6,8	75	1,8
Diourbel	823 116	9,4	189	3,1
Kolda	741 472	8,4	35	2,5
Ensemble	8 802 304	100	45	2,7

Source : Agence nationale de la statistique et de la démographie du Sénégal

Les contrastes sont importants entre les régions. L'agglomération (tableau 42) de Dakar qui comprend les villes de Dakar, Guédiawaye, Pikine et Rufisque concentre à elle seule plus de 23 % de la population totale, ce qui représente plus de 3700 habitants au kilomètre carré. Cette concentration de population pose bien sûr des problèmes par rapport à l'utilisation des sols et à l'accès aux produits alimentaires[214]. A l'opposée de la région de Dakar, la région de Tambacounda qui est la plus vaste parmi toutes les régions du pays ne compte que 5,5 % de la population, soit 8 habitants/km^2. A côté des fortes densités comme celles de l'agglomération dakaroise et des grands centres urbains, en l'occurrence les capitales des régions, il existe des points de concentration dans les villes secondaires et les zones rurales. Dans ces endroits, la population n'est pas souvent concentrée autour d'un seul point. Elle est plutôt dispersée autour d'une ou de plusieurs zones sur des bases essentiellement agricoles ou pastorales pour ce qui est du milieu rural. Par opposition aux points de concentration de peuplement, on a une autre forme plus classique de répartition de la population, c'est la répartition en chapelet. Elle est assez répandue dans la zone climatique sahélo-soudanienne. Les populations s'installent le long des cours d'eau, autour desquels elles organisent leurs activités. En général, quand elles adoptent ce mode d'occupation, les cultures vivrières sont pratiquées dans la zone des bas-fonds tandis que le plateau est réservé aux cultures pluviales de rente et à l'élevage. Cette forme d'occupation de l'espace est visible sur le fleuve Sénégal, dans la zone des Niayes, autour des rivières de la Casamance, autour des vallées du Soungrougrou, de l'Anambé et le Kayanga, etc.

[214] Cf. le chapitre sur « les systèmes alimentaires urbains ».

4. La structuration de la population

Quels que soient le paramètre considéré, les catégories d'âge, la répartition par sexe ou encore le lieu de résidence, le déséquilibre apparaît comme la principale caractéristique de la population du Sénégal.

4. 1. La diversité sociologique

Le paysage socioculturel du Sénégal est composé de cinq grands groupes sociologiques : Wolof, Hal Pular, Sérer, Mandingue et Diola.

La diversité ainsi observée puise ses racines dans l'histoire de la région. Elle proviendrait de la rencontre de trois grandes civilisations ethniques de la région de l'Afrique de l'Ouest (Diouf, 1994) :

- La civilisation négro-africaine : Elle est transmise par les nombreuses langues nationales, dont le wolof, le peul, le sérer, le diola, le malinké et le soninké ;
- La civilisation arabo-islamique : Elle commence vers le Ve et le VIe siècle, a amené une langue de culte, un livre sacré et un système normatif et juridique fortement codifié, qui a beaucoup inspiré le droit foncier coutumier ;
- La civilisation occidentale : En l'occurrence française, elle est arrivée avec le commerce et la colonisation, et elle s'est propagée non seulement avec sa langue, mais aussi avec la Bible, la littérature, l'Administration, l'idéologie philosophico-politique et juridique français.

Tableau 45. La répartition de la population du Sénégal selon les régions et les groupes sociologiques

Régions	Ethnies	%	Ethnies	%	Ethnies	%
Louga	Wolof	74,58	Peul	19,57	Maure	5,63
Diourbel	Wolof	63,85	Serer	26,45	Peul	4,7
St louis	Toucouleur	48,16	wolof	27,73	Peul	14,78
Kaolack	Wolof	48,2	Sérer	30,38	Peul	8,7
Sénégal Oriental	Peul	28,5	Toucouleur	16	Mandingue	15,5
Dakar	Wolof	46	Toucouleur	13,13	Peul	5,25
Thiès	Wolof	3,6	Sérer	29,71	Peul	4,93
Casamance	Diola	31,38	Peul	26,37	Mandingue	15

Source : Agence nationale de la statistique et de la démographie du Sénégal, RGPH - 1988

- *Le groupe Hal Pulaar* : il constitue incontestablement l'un des groupes sociologiques le plus connu d'Afrique et sûrement le plus disséminé. Les Peuls, comme on les appelle le plus souvent, représentent un pourcentage non négligeable de la population dans les pays suivants : Mauritanie, Sénégal, Mali, Tchad, Guinée, Guinée-Bissau, Sierra Léone, Liberia, Burkina, Niger, Nigeria. Dans ces pays, ils portent des noms différents : Peul, Fulas, Fulanis, Pulaars, Haal-Pulaar, Toucouleurs. Musulmans pour la grande majorité d'entre eux, leur activité traditionnelle est l'élevage. Au Sénégal, les Peuls peuplent principalement les régions du Sénégal Oriental (28,5 %), la Casamance (26,37 %) dont plus 70 % en Haute Casamance, Louga (19,57 %) et St-Louis (62,94 %). Les légendes qui touchent à leur origine et leurs activités sont très nombreuses, notamment celles qui concernent le cheptel. On dit par exemple qu'ils viendraient d'Éthiopie ou d'Egypte. Leurs similitudes avec les guerriers Massaïs du Kenya sont nombreuses : peuple nomade vénérant les bovins qui font leur richesse à tel point qu'en tuer ou en vendre est un acte impensable, voire un sacrilège. Cette vénération fait aussi la pauvreté des Peuls. Au fil des années, les conditions pluviométriques devenues plus difficiles, ajoutées à l'explosion démographique et à l'extension des terres cultivées ont contraint beaucoup de Peuls à exercer d'autres professions. Un grand nombre d'entre eux a été ainsi tenté par l'exode rural vers les centres urbains comme Dakar, St-Louis et Thiès, ou par une reconversion dans l'agriculture. L'exemple le plus récent de reconversion de Peul éleveurs nomades s'est déroulé dans la vallée du fleuve Sénégal, où suite à la régularisation du débit du fleuve, ils se sont sédentarisés grâce à la culture irriguée du riz, ce qui les a contraints à marginaliser les activités d'élevage, lesquelles ont finalement presque disparu de la zone.

- *Le groupe Wolof* : il représente 43 % de la population du Sénégal et la langue Wolof, parlée dans toutes les régions, s'impose de plus en plus comme la langue nationale du pays. Les Wolofs peuplent essentiellement la région de Dakar (46 %) où ils représentent le peuplement originel, les régions de Kaolack (48,16 %), de Diourbel (63,85 %), une partie de St-Louis (48,16 %) et de Thiès (37,6 %). Ils sont traditionnellement des agriculteurs à l'exception de ceux de Dakar qui étaient dans la pêche. La coïncidence entre l'aire géographique des Wolofs (Dakar et St-Louis) et les centres administratifs nationaux et postcoloniaux a largement contribué à l'expansion de la langue, des habitudes de consommation alimentaire et de diverses coutumes wolof dans les autres groupes ethniques. A titre d'exemple, si la consommation du *tiép bou dieun*[215] est entrée dans les habitudes alimentaires des Sénégalais jusqu'à en devenir le

---

[215] Expression wolof signifiant riz au poisson.

plat national, cela découle principalement de l'influence de la culture wolof sur les autres. Car, traditionnellement, de tous les groupes ethniques, le sous-groupe Lébou est le premier à avoir délaissé l'agriculture de subsistance et pour à la place consommer du riz importé.

- *Le groupe Sérer* : Au Sénégal, les Sérer avec 15 % constituent le troisième groupe sociologique après les Wolofs et les Hal Pulaar. Leur terroir traditionnel est le Bassin arachidier, les régions de Thiès de Sine-Saloum. Ils sont agriculteurs, pasteurs et pêcheurs. Traditionnellement, ils ont su développer des pratiques agro-pastorales originales faites d'une forte connexion mystico-religieuse entre la nature et l'homme, et sont réputés pour leur savoir-faire en matière de cultures milicoles. Cependant, sous l'influence grandissante de la culture wolof et celle de l'expansion de la culture de l'arachide, mais également de la monétisation des échanges, les Sérer ont dû s'adapter en transformant leurs systèmes de production (Lericollais, 1990)[216], qui étaient jusque-là performants pour leur assurer la sécurité alimentaire. Ces transformations ont eu des conséquences sur leur système alimentaire traditionnel. Peut-être moins que les Wolofs, les Sérer se sont aussi mis à la consommation du riz, de telle sorte que cet aliment est, avec le mil, devenu une des céréales de base de leur système alimentaire. La situation géographique, qui les situe dans les régions à dominance wolof, fait qu'ils subissent plus que d'autres ethnies l'offensive des systèmes de production wolof et leurs conséquences sur l'extension des défrichements et l'expansion de la culture de l'arachide au détriment des cultures vivrières.

- *Le groupe Diola* : les Diola sont, sur le plan de l'occupation spatiale, le groupe socio-ethnique sénégalais le plus finement localisé. Jusqu'au début des années 80, ils se cantonnaient dans la région naturelle de la Basse Casamance où ils représentent 60,66 % de la population (RPGH-1988). L'enclavement[217] de la région, qui n'est en contact avec le reste du pays que dans sa partie orientale, a permis aux Diola de préserver une forte identité alimentaire et leur tradition de riziculteurs. A la différence des autres ethnies du Sénégal, ils ont toujours eu le

---

[216] Op. cit.

[217] L'enclavement de la Casamance est régulièrement comme un facteur explicatif de la crise qui sévit dans la région depuis 1982. Selon Diouf (1994, p. 150) « le tracé arbitraire des frontières coloniales n'a pas fini de créer des problèmes en Afrique. Il est difficile de trouver sur le continent un cas plus aberrant que celui de la Casamance, qui est coupée du reste du Sénégal par l'enclave gambienne sous contrôle britannique. La Casamance se trouve placée en sandwich entre la Gambie au nord et la Guinée-Bissau au sud, n'ayant qu'une frontière réduite à l'est, avec le Sénégal Oriental ; une frontière qui ne concerne que la Haute Casamance. Une telle situation géographique ne peut que favoriser l'isolement et le sentiment d'être autre, surtout que la Basse Casamance n'a pas une seule frontière avec une autre région du Sénégal. »

riz comme aliment principal. Le mil était ici un aliment d'appoint, et ce, rarement. La Basse Casamance, qui est la région des Diola, est la seule région du Sénégal qui affichait jusqu'à l'éclatement de la crise séparatiste en 1982 une autosuffisance alimentaire par le riz local. Aujourd'hui, le système agraire en pays Diola est fortement marqué par le poids des nombreuses années d'instabilité, par l'évolution pluviométrique régressive et par la salinisation des sols. Une chose qui était presque inexistante dans le système social Diola, l'exode vers les grands centres urbains comme Dakar est devenu un moyen pour combler les besoins alimentaires des familles laissées sur place.

- *Le groupe Manding* : les Manding présentent une répartition plus diffuse que les Diola. Contrairement aux Peuls, aux Wolofs et aux Sérers, ils représentent un groupe ethnique dont le nombre baisse au fil des années (tableau 5). Au dernier RPGH-88, ils représentaient 5 % de la population totale contre 7 % en 1976 et 9 % en 1948. On les retrouve disséminés dans de nombreuses régions. Ils résident plus spécialement dans la région de Tambacounda, notamment dans les départements de Kédougou et de Bakel. Ils sont traditionnellement agriculteurs et commerçants, et bénéficiaient d'un système alimentaire basé sur ces deux activités. Aujourd'hui, du fait de l'expansion de l'arachide et du coton, et à l'image des autres groupes ethniques, ils ont adopté un système alimentaire qui accorde une grande place aux échanges.

4. 2. Répartition spatiale et modes de consommation alimentaire

En fonction des pratiques alimentaires ou agroalimentaires, on distingue au Sénégal cinq groupes ethniques : Wolof, Hal Pulaar, Sérer et Manding.

Figure 34. Répartition de la population du Sénégal selon les ethnies

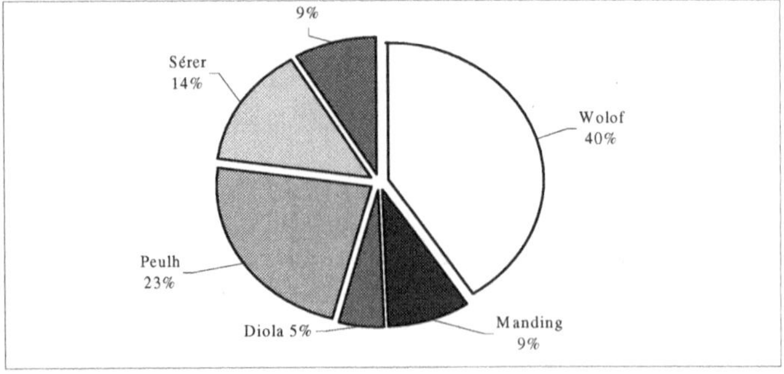

L'analyse de la population sénégalaise sous l'angle socio-ethnique est d'autant plus intéressante, qu'au-delà des chiffres sur le poids et la répartition spatiale, elle renseigne au plan alimentaire sur les systèmes alimentaires et les modes de consommation. Diouf (1994, p. 17)[218] qui reprend Bromley considère que « l'ethnie en plus d'être un ensemble stable d'êtres humains historiquement constitué sur un territoire, possède des particularités linguistiques, culturelles qui agissent dans le sens de conforter une unité de conscience ». On peut après Diouf, ajouter que cette unité de conscience s'est traduite par des pratiques agricoles, pastorales et forestières identiques qui, à leur tour, ont abouti à la création de modèles et de systèmes alimentaires différents des autres formations semblables. Ce sont ces dissemblances qui expliquent que, d'une ethnie à l'autre, les rapports à l'espace, à sa mise en valeur, aux cultures vivrières ne soient pas les mêmes[219]. Par exemple chez les Peuls, traditionnellement les céréales sont marginales, car les systèmes alimentaires sont commandés par l'élevage et un nomadisme régulier. En revanche, chez les Wolofs, les systèmes alimentaires sont beaucoup plus complexes. Selon qu'on se trouve ou non dans la zone arachidière ou qu'on s'en éloigne, les cultures vivrières céréalières sont reléguées au second plan au profit de l'arachide ou intégrées dans le système alimentaire. Pendant ce temps, chez les Diolas, le rapport avec le riz est d'ordre civilisationnel, c'est-à-dire que toutes les stratégies de satisfaction des besoins alimentaires gravitent autour de la culture du riz.

Chaque groupe ethnique a ainsi développé un système socio-productif et alimentaire spécifique, facilement identifiable[220] et qu'il est naturellement tenté de conserver. Cependant, sous l'effet de la modernisation, des changements pluviométriques et des migrations, la tendance serait plutôt à un effacement voire à une homogénéisation des systèmes productifs et de consommation alimentaire des zones rurales. Les cohabitations, le métissage des ethnies et la modernisation de l'agriculture ont poussé vers l'émergence de systèmes productifs et de consommations identiques, notamment dans les zones urbaines.

[218] Sénégal : les ethnies et la nation.
[219] cf. le chapitre sur l'étude régionale de l'agriculture sénégalaise.
[220] cf. chapitre sur les systèmes alimentaires ruraux.

5. La population rurale sénégalaise

L'étude de Cour (1994)[221] sur la région ouest-africaine démontre une mutation de la dynamique démographique. Elle révèle que le taux de croissance de la population rurale atteint un taux annuel de 1,8 % sous l'effet de la crise économique et du ralentissement du taux de croissance urbaine qu'il était beaucoup plus important quelques années auparavant. Au niveau de la répartition, les fortes concentrations de population des Collines des pays des Lacs s'opposent vigoureusement aux déserts humains des vastes paysages du Sahel. Selon les chiffres de la FAO[222], en 1993, on passait de moins de 10 habitants au km^2 au Niger à plus de 200 au Burundi. Dans cette vaste amplitude, le Sénégal avec ses 49 habitants au km^2 apparait comme un pays à la densité faible. Toutefois, l'espace agricole sénégalais est plus densément occupé (166 hbts/km^2) que dans beaucoup d'autres pays.

Tableau 46. Indicateurs sur la population rurale en Afrique au sud du Sahara

Pays	Nombre d'habitants/km^2			Terres agricoles dans l'ensemble des terres (%)	
	Toutes terres		Terres agricoles (1)	Terres de cultures (2)	
	1993	2020	1993	1993	1991
Bénin	44	97	215	267	21
Burkina Faso	36	73	73	276	50
Burundi	225	430	260	448	88
Cameroun	26	55	81	176	33
Côte d'ivoire	40	101	77	350	52
Ghana	68	143	210	597	34
Kenya	45	99	64	1072	71
Niger	7	15	71	246	10
Nigeria	126	277	161	361	79
Sénégal	46	79	166	386	28
Sierra Léone	63	123	133	252	45
Zimbabwe	28	54	143	389	20

Source : Nations unies (1993) World Resources Institute (1994). (1) Les terres dites agricoles regroupent les terres de cultures et les prairies (ou pâturages) permanentes. (2) Les terres de cultures sont les terres cultivées, les pâturages temporaires et les terres en jachère courte.

---

[221] Etude des perspectives à long terme en Afrique de l'Ouest : Pour préparer l'avenir de l'Afrique de l'Ouest. Une vision à l'horizon 2020.

[222] Les données que nous utilisons et celles qui figurent dans le tableau proviennent de la base de données de la FAO, www.fao.org. Elle présente les superficies de quatre grands types de terres : cultures, pâturages, forêts et zones boisées, autres terres. Ces données doivent être prises avec prudences et surtout considérées comme des ordres de grandeur, car quand on les compare avec les données nationales des services sénégalais, les écarts sont parfois importants.

Tableau 47. Répartition de la population du Sénégal selon la zone de résidence

URBAIN	1988		1992		1994	
	Chiffres absolues	%	Chiffres absolues	%	Chiffres absolues	%
Hommes	910 360	49%	982 220	48%	1 011 144	47%
Femmes	957 110	51%	1 049 344	52%	1 128 092	53%
Total	1 867 470	100%	2 031 564	100%	2 139 236	100%
RURAL	1988		1992		1994	
	Chiffres absolues	%	Chiffres absolues	%	Chiffres absolues	%
Hommes	1 229 690	48%	1 261 015	46%	1 390 219	46%
Femmes	1 357 410	52%	1 479 772	54%	1 656 779	54%
Total	2 587 100	100%	2 740 787	100%	3 046 998	100%

Sources : RPGH (1988), ESP (1991-1992), ESAM (1994-1995)

Figure 35. Répartition de la population urbaine selon les régions au Sénégal

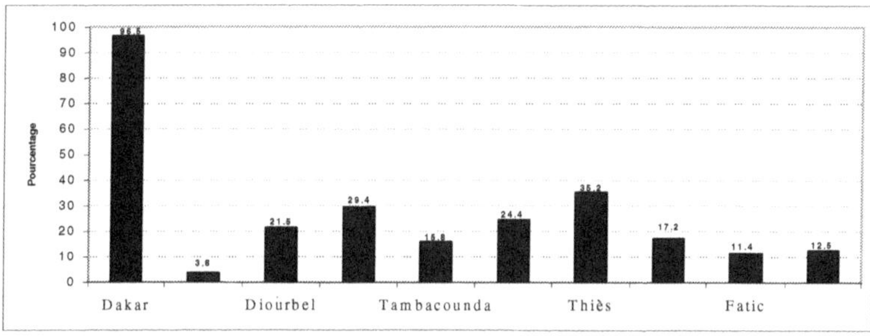

Actuellement, ce sont plus six Sénégalais sur dix qui vivent et travaillent en milieu rural. Selon l'enquête ESP-1992, le pays compte 61 % de population rurale, dont 65 % qui sont employés dans l'agriculture. Mais, l'importance de ce poids social et l'empreinte territoriale qui en découle ne se reflètent pas malheureusement sur le plan économique. Lorsqu'on interroge le PIB, on note que la part du monde rural ne cesse de régresser. De 26,5 % pour la période 1960-1966, elle est tombée à 21,3 % entre 1985 et 1989. Entre 1997 et 1998, la part du secteur secondaire est passée de 19,8 % à 20,6 %, celle du tertiaire de 50,4 % à 51,3 %, celle du secteur a sensiblement chuté, passant de 19 à 17,8. Alors que le taux de la croissance démographique est constant, il existe de grandes différences entre les taux de croissance de la population rurale et celle de la population urbaine. Le taux moyen de croissance urbaine atteint 3,83 % entre les recensements de 1976 et 1988, tandis que celui de la population rurale est de 2,07 % dans la même période. Cette dynamique s'est traduite, depuis 1970, par une forte expansion urbaine au détriment des zones rurales. La région du fleuve a perdu presque 25 % de sa population au court de cette période (Cour et coll., 1994 : 107).

Figure 36. Sénégal, la proportion d'actifs dans l'agriculture selon le sexe

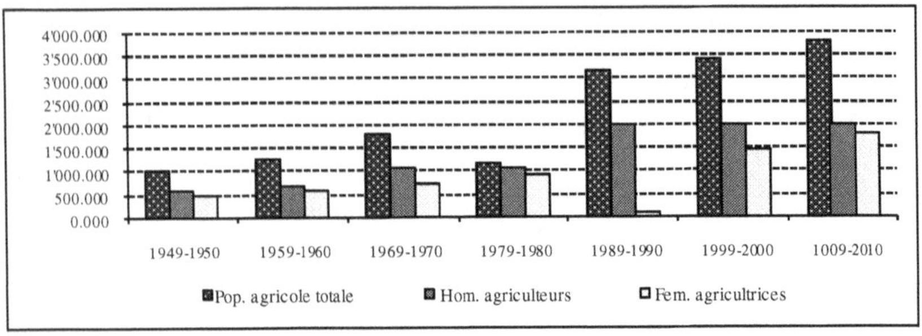

Figure 37. Forte proportion de population agricole par rapport à la population totale

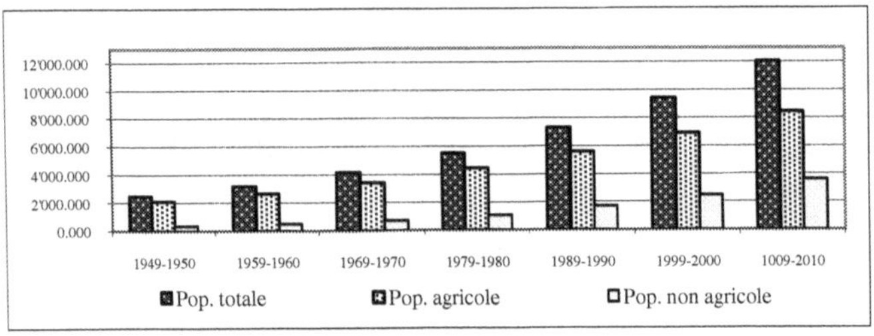

Figure 38. Répartition de la population agricole selon le sexe

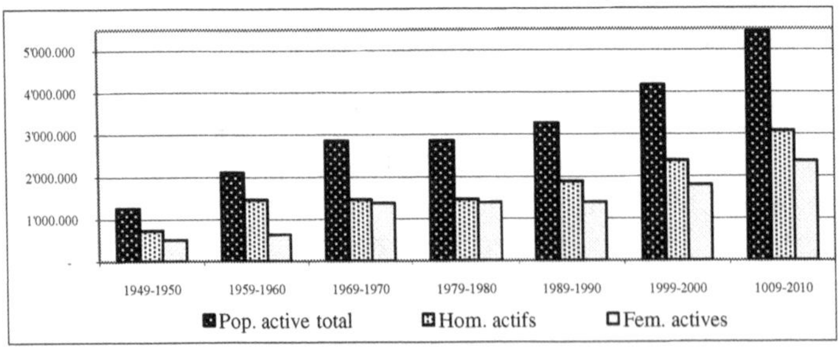

Section III. Le cadre physique de la production agricole et alimentaire au Sénégal

Le cadre physique est indissociable du contexte agro-alimentaire en vigueur au Sénégal. Parmi les composantes du cadre physique dont l'état détermine souvent les systèmes alimentaires et commande leur évolution figure le sol. Cet élément du milieu physique agit comme l'interface entre les hommes et les systèmes agro-alimentaires qu'ils adoptent. Présenté sous cet angle, on comprend aisément l'intérêt d'aborder les sols dans une analyse globale des systèmes alimentaires, surtout lorsque ces derniers reposent sur la production agricole. En effet, de façon générale, les éléments qui commandent l'évolution des sols sont également les mêmes qui commandent la production agricole. Il s'agit entre autres du climat, de la topographie et des écoulements.

1. Sols et systèmes fonciers au Sénégal

Le Sénégal est souvent présenté comme un pays ayant un relief monotone, car très peu accidenté. Néanmoins, on peut différencier deux principaux types de reliefs :

- Le bassin sédimentaire qui occupe l'ouest et le nord-est du pays et qui est constitué de sédiments et de matériaux dont la mise en place remonte au tertiaire et au quaternaire. Le bassin sédimentaire couvre la plus grande partie du territoire national.
- Le plateau escarpé qui se situe dans le sud et le sud-est du pays et constitué à une époque plus ancienne qui remonte au paléozoïque et au précambrien.

L'étude la plus complète et la plus récente sur le relief du Sénégal[223] propose un découpage du relief en quatre sous-ensembles :

- Le premier sous-ensemble coïncide avec le Ferlo, le Boundou, la Gambie et la Falémé et les formations paléozoïques dans le Kédougou. C'est

---

[223] Cartographie et télédétection des ressources de la République du Sénégal : Etude de la géologie, de l'hydrographie, des sols, de la végétation et des potentiels d'utilisation des sols.

une région accidentée et fortement latérisée. C'est ici qu'on retrouve le sommet le plus élevé du Sénégal, à 445 m environ ;

o Le deuxième sous-ensemble recouvre le Bassin du fleuve Sénégal, le delta du Sine et Saloum, et la Gambie. Il est composé par des matériaux alluviaux et des dépôts lacustres. Il représente une unité particulière du relief, car régulièrement recouverte par la marée, et est le siège principal de la mangrove ;

o Le troisième sous-ensemble est représenté par la bande côtière, qui s'étend de St-Louis aux îles du Saloum. Ce type de relief est irrégulier et composite. On y trouve la Grande Côte (plages à pentes douces suivies par les hautes dunes ayant des directions irrégulières et séparées par les dépressions marécageuses appelées Niayes), la péninsule de Dakar, et la Petite Côte (bande sableuse suivie de promontoires irréguliers) de Dakar à l'estuaire du Saloum ;

o Quant au quatrième sous-ensemble, il est celui qui occupe la majorité de la surface du pays. Il s'agit du bas plateau et de plaines rocheuses recouverts de sédiments d'origine éoliens, d'alluvions et par endroits de croûtes latéritiques. Ce type de relief témoigne une fragilité certaine dans son évolution, mais il tient une place de choix dans l'agriculture du pays. Il représente la partie du territoire la plus sollicitée par l'agriculture pluviale. Au plan administratif, il coïncide avec les régions de la Casamance, Kaolack, Diourbel, les départements de Kébémer, de Bambey, de Thiès et l'ouest du département de Tambacounda.

2. Les sols du Sénégal

La diversité des sols du Sénégal recoupe la variation du relief. Chaque unité du relief sénégalais correspond à un type de sol particulier. Ils jouent un rôle capital dans l'agriculture sénégalaise, et ils sont un facteur de production au même titre que les matériels agricoles, la qualité des semences et les engrais. Dans la plupart des cas, c'est l'état des sols qui conditionne la variation des rendements, surtout dans les dernières années, où les pluies ont baissé et le matériel vieillissant n'a pas été renouvelé. Cette place fondamentale fait qu'ils constituent une des composantes essentielles dont il faut tenir compte pour réaliser l'autosuffisance alimentaire. Au Sénégal, les sols sont assez connus parce qu'ils ont fait l'objet de plusieurs études[224] considérées comme des références. Mais les travaux les plus récents, qui sont du CILSS (2001) et de la FAO (2002), ont l'avantage d'insister sur la qualité, la dégradation, mais aussi

---

[224] Maignien (1965), Kaloga (1966), DAT/Remote Sensing Institute (19 86), Khouma (1995), CILSS (2001), FAO (2002), etc.

sur la conservation des sols. Avec ces travaux se dégage une typologie pédologique représentative (tableau 48) et informative des aptitudes agronomiques du pays.

Tableau 48. Typologie des grands sols du Sénégal

Catégories de sols	Pourcentage de surface recouverte
sols minéraux bruts de cuirasse sur schiste	2,40%
sols minéraux bruts de cuirasse sur grès argileux	8,10%
sols gravillonnaires sur cuirasse	11,60%
sols brun-rouge subarides sur sable	14,2
sols ferrugineux tropicaux faiblement lessivés sur sable (*dior*)	20%
sols ferrugineux tropicaux faiblement lessivés sur grès sablo-argileux	17,20%
sols ferrugineux tropicaux lessivés cuirassés sur schistes	12,40%
sols faiblement ferralitiques sur grès sablo-argileux	6,2%

Source : FAO, 2002

Il ressort de cette typologie que les sols du Sénégal sont en grande partie composés de sols d'apport. Par conséquent, ils véhiculent une fragilité permanente liée à leur pédogenèse et au fait que les conditions climatiques qui ont présidé à leur formation n'existent plus aujourd'hui. Au niveau de leur mise en valeur, ils souffrent en général de la pauvreté de leur fertilité, de leur faible capacité de rétention d'eau, des problèmes de salinisation, et dans certaines zones une forte éolisation. A ces contraintes d'ordre naturel, il convient d'ajouter les actions d'origine anthropique qui, selon les zones, représentent le facteur principal qui contribue le plus à leur dégradation.

2. 1. Les sols minéraux de cuirasse et les sols gravillonnaires

Ils recouvrent une surface estimée à environ 22,1 % du territoire national. Localisés dans les hauts plateaux Est et Sud-est du pays, ils témoignent de l'Eocène sénégalais. Ils sont constitués de deux types : les sols minéraux de cuirasse qui se trouvent sur les schistes et les autres qui se recouvrent du grès argileux. Du fait de l'évolution régressive de la pluviométrie, les sols minéraux de cuirasse se présentent sous forme de gravillons et des blocs de pierres. Par endroits, ils peuvent être recouverts d'un léger manteau sableux ou sablo-argileux. Généralement, ils sont utilisés comme des zones de parcours, car leur valeur agronomique est pauvre. Leur position topographique en hauteur fait qu'ils contribuent à l'intensification du ruissellement et des ravinements dans les zones dépressionnaires, des zones par ailleurs fortement recherchées par les cultivateurs.

2. 2. Les sols dunaires éolisés

Les sols dunaires sont caractéristiques du milieu sahélien. Au Sénégal, ils s'étendent depuis le Nord du pays jusqu'aux confins sud du Bassin arachidier. Ils se sont constitués lors de la phase sèche ou ogolienne du quaternaire, entre 20 000 et 12 000 ans BP. Cependant, c'est la reprise des pluies lors du pluvial tchadien entre 12 000 et 8 000 ans BP qui a permis leur remaniement, puis leur fixation par la végétation, et enfin la transformation des matériaux en sols. L'évolution pédoclimatique de la zone sahélo-soudanienne permet de spécifier trois types de sols : les sols brun-rouge subarides, les sols ferrugineux et les sols hydromorphes.

2. 2. 1. Les sols brun-rouge

Les sols brun-rouge recouvrent une superficie assez étendue, environ 14,2 % du territoire. Ils sont localisés dans la partie nord du Sénégal, autour de la vallée du fleuve jusqu'à la lisière nord de la zone sylvo-pastorale. Ils sont formés sur les dunes ogoliennes, sont d'une forte porosité et sensibles à l'érosion éolienne, ce qui en fait des sols pauvres au plan agronomique et donc peu inadaptés aux principales cultures pluviales. C'est pourquoi les zones qu'ils recouvrent servaient de pâturages aux éleveurs transhumants pendant la saison des pluies.

2. 2. 2. Les sols ferrugineux tropicaux

Ce sont les sols les plus répandus au Sénégal, ils recouvrent presque la moitié du territoire. Leur texture et leur qualité agronomique varient du nord au sud en fonction de l'importance de la pluviométrie et de la densité de la végétation. On distingue trois catégories parmi ces sols : les sols tropicaux ferrugineux faiblement lessivés sur sable (*dior*), les sols tropicaux ferrugineux lessivés sur grès argilo-sableux (*deck dior*), les sols ferrugineux lessivés cuirassés sur schistes. En langue wolof, les sols tropicaux ferrugineux portent l'appellation *dior*, c'est-à-dire sable, et se rapprochent des sols brun-rouge. Mais, du fait de l'imprégnation plus faible et moins profonde de l'humus et de la couleur rouge, ils sont classés comme des sols ferrugineux tropicaux lessivés, peu lessivés ou non lessivés (CILSS, 2001). Ce sont des sols pauvres en phosphore, qui ont une très faible capacité de rétention d'eau, mais au plan agricole cette faiblesse est compensée par le fait qu'ils sont sablonneux et cela permet aux plantes d'aller chercher l'eau profondément. Cette particularité fait que ce sont des sols très prisés pour les cultures exigeantes en eau comme les céréales milicoles (mil et sorgho), et justifie que leur domaine fut choisi très tôt pour servir de zone d'accueil de la culture arachidière. Cependant, ces mêmes caractéristiques morphogénétiques ont fait qu'ils ont été déboisés et mis en culture sans arrêt, d'où aujourd'hui leur épuisement et le glissement du Bassin de l'arachide vers le sud du pays, plus favorable au plan pluviométrique.

2. 2. 3. Les sols hydromorphes

Ils sont particuliers et rares, interdunaires, se développent sur la roche-mère et se divisent en deux catégories : les sols hydromorphes organiques de la zone des Niayes[225] en contrebas des dunes blanches, riches en matières organiques, bien structurés et aux aptitudes agronomiques bonnes à moyennes, et les sols hydromorphes sur matériaux divers très étendus. Dans la partie soudanienne et soudano-guinéenne du pays, ils portent le nom de vertisols en référence à leur forte en argile et en limons. Dans cette zone, ils sont consacrés aux cultures de coton, de sorgho et de riz. Cependant, il est recommandé une utilisation équilibrée de ces sols, car si leur fertilité chimique est élevée, ils présentent des propriétés physiques parfois défavorables.

2. 3. Les sols ferralitiques

Moins répandus, environ 6,2 %, que les sols tropicaux ferrugineux, ils sont localisés principalement dans la zone climatique soudanienne du Sénégal, notamment en Casamance et dans le département de Kédougou. Leur formation remonte au pluvial tchadien. Ils sont reconnaissables par leur couleur rouge uniforme, leur contenue en fer et alumine, ainsi que leur richesse en argile. Ils représentent le type de sols très convoités pour les cultures d'arachide et de coton. Les recommandations en matière d'aménagement les qualifient comme des sols à risque parce que peu profonds dont la mise en valeur agricole précipite les érosions et l'affleurement de la cuirasse, et d'où la préconisation de mesures de protection comme le reboisement et les activités d'élevage.

---

[225] cf. le chapitre sur l'agriculture dans la zone des Niayes.

3. Mise en valeur agricole des sols et contraintes

3. 1. Un potentiel agro-pédologique limité

L'étude[226] réalisée en 1984 par la Direction de l'aménagement du territoire (DAT) et l'Agence américaine d'aide au développement (USAID) pour faire le bilan et évaluer les aptitudes agronomiques des différents sols apporte d'intéressantes informations sur les sols du Sénégal, et révèle que le pays ne dispose en réalité que de très peu de ressources pédo-agronomiques. Les terres effectivement cultivables sont estimées à 3,8 millions d'hectares, soit 19 % de la totalité, les terres médiocres, voire inaptes pour l'agriculture représentent 47 %, et les terres ayant de fortes contraintes et aboutissant à des rendements très faibles sont évaluées à 36 % par rapport au total. Annuellement, ce sont 65 % du potentiel de terres cultivables qui sont réellement mises en culture, le reste, 35 %, n'est pas exploité pour diverses raisons.

Tableau 49. Potentiel et utilisation des terres du Sénégal par zone agro-écologique (*1000 ha)

	Casamance	Sénégal Oriental	Bassin arachidier	Zone sylvo-pastorale	Vallée du Sénégal	Niayes	Total
Terres arables	297,3	161,5	1748,9	107,8	40	17,2	2372,7
Cultures pluviales	1.2	0.8	0.6		60	6.4	69
Cultures irriguées	0	0	0	0	30		30
Cultures de décrues	451,5	237,7	419,2	42,2	170	12,6	1333,2
Total	*750* *20 %*	*400* *11 %*	*2168,7* *57 %*	*150* *4 %*	*300* *8 %*	*36,.2* *1 %*	*3804,9* *100 %*
forêts, savanes, parcours classés …	658	2000	760,8	2039,5	750	89,3	6297,6
zones non classées et non cultivables	1400	3000,7	1313,2	1888,1	1785,5	154,8	9542,3
Total	*2808*	*5400,7*	*4242,7*	*4077,6*	*2835,5*	*280,3*	*19644,8*

Source : adapté de CONSERE, du PNAE, 1995

Malgré la surface limitée des terres cultivables (tableau 49), elle n'est pas la véritable cause de la mauvaise couverture des besoins céréaliers par l'agriculture nationale. Les véritables causes pourraient être la prédominance de l'agriculture pluviale (95 %), et une exploitation peu rationnelle des sols. Cette situation est d'autant préjudiciable et déplorable pour le Sénégal que la ressource pédologique arable est limitée et est très fragile. Mais le plus regrettable est que cette ressource qui est extrêmement rare est exploitée d'une

[226] Cartographie et télédétection des ressources de la République du Sénégal : étude de la géologie, de l'hydrographie, des sols, de la végétation et des potentiels d'utilisation des sols.

façon (agriculture pluviale extensive et continue) qui précipite son épuisement et accroît la dépendance alimentaire du Sénégal. Dans un contexte pareil, on comprend que la gestion des sols soit devenue depuis une dizaine d'années une composante prioritaire des stratégies de développement rural. Témoin de ce regain d'intérêt, le foisonnement des projets de développement rural axés sur la gestion du terroir villageois[227] et des ressources naturelles. Pratiquement, dans chaque région du Sénégal, il existe un programme ou plusieurs ONG dont les activités englobent des volets de protection et d'amendement des sols.

3. 2. La saturation des sols

Les enquêtes effectuées dans quelques villages situés au nord et au sud du Bassin arachidier, ajoutées à la baisse des rendements, témoignent la carence des sols (tableau 48) et le souci des paysans à relever les niveaux de fertilité. Parmi les contraintes à la production, les paysans interrogés citent : la baisse de la fertilité des sols pour 57,28 % d'entre eux, les défrichements pour 15 %, la pression démographique et l'absence de jachères pour 64,7 %, ainsi que le manque de terres pour 72,82 %.

Figure 39. Perception paysanne de la qualité des sols cultivés

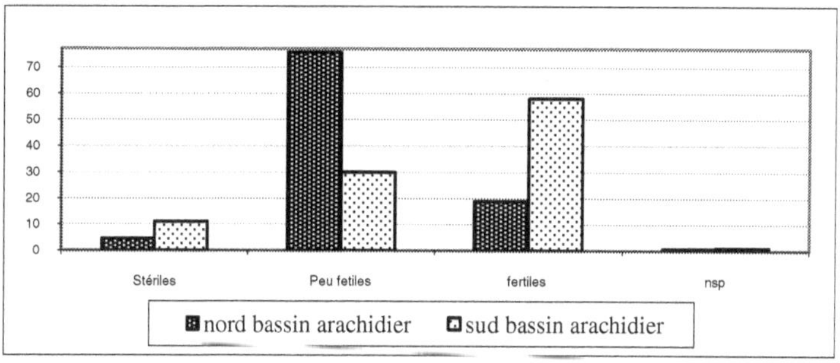

L'épuisement et la dégradation de la qualité des sols sont des contraintes prononcées par les cultivateurs, quelle que soit la zone d'enquête. Le phénomène est plus accentué dans le Bassin arachidier, notamment quand il s'agit des cultures vivrières et de l'arachide (tableau 50, 51). En moins d'une vingtaine d'années environ, les rendements ont chuté de moitié. Par exemple dans la région de Diourbel, les rendements en céréales qui culminaient à

[227] cf. Les transformations du monde rural du Sénégal. Université de Genève, 2001.

749 kg/ha pendant la période 1980/1985 ont baissé de 50 % pour atteindre 339 kg/ha dans la période 1996/1999. Dans la même période, ceux de l'arachide ont passé 845 kg/ha à 481 kg/ha (Gaye, 2001). La même tendance baissière est observable dans les autres régions pour les catégories de spéculations.

Tableau 50. Variation des rendements moyens de céréales par hectare cultivé selon les régions

Nom	1980/85	1985/90	1991/95	1996/99
St Louis	569	457	253.8	380
Louga	581	235	379.8	299
Thiès	785	508	514	423
Tambacounda	985	830.8	790	827
Diourbel	749	531.4	592.2	339
Kolda	858	926.6	944	812
Ziguinchor	800	765	668.6	663
Fatick	614	637.8	639.6	485
Kaolack	650	814.6	818.4	805

Source : Direction des statistiques agricoles du Sénégal

Tableau 51. Variation des rendements moyens en arachide par hectare selon les régions

Régions	Moyenne	Moyenne	Moyenne	Moyenne
Louga	764.5	787	519	466
Thiès	849	684	479	511
Tambacounda	1000	1078	988	1143
Diourbel	84.5	724	614	481
Kolda	1129.5	1237	1065	1066
Ziguinchor	1161	1332	1040	904
Fatick	900	962	763	818
Kaolack	850	1048	934	1055

Source : Direction des statistiques agricoles du Sénégal

Ces chiffres, qui sont par ailleurs les résultats officiels des campagnes agricoles, convergent avec les témoignages des paysans rencontrés. Ils confirment leur désarroi face à l'épuisement des sols et à l'insuffisance de la production pour couvrir les besoins alimentaires. A ce sujet, les propos de A. Ngom, cultivateur et chef ménage, rencontré dans le village de Ngoundiane, sont éloquents : « Mes sols sont pauvres maintenant. Au début de l'indépendance (1960), je pouvais récolter une tonne de mil sur un hectare, nourrir la famille de mon père. Mais aujourd'hui, il faut que je cultive deux à trois hectares selon l'abondance de la pluie pour espérer avoir la même quantité. Pour cultiver autant, je suis obligé d'étendre mes champs sur les sols deck-dior et deck[228]. En tout cas, je ne peux pas nourrir ma famille avec mes champs, je dois compter sur l'argent que m'envoie mon fils qui travaille à Dakar ».

Certes, le témoignage de Ngom est le constat du niveau avancé de la saturation des sols, mais on note qu'il met l'accent sur la baisse de la production vivrière. Il faut dire que le phénomène de l'épuisement des sols n'est pas nouveau dans le milieu rural sénégalais. Déjà, dans les années 30, il y a eu des déplacements de populations pour désengorger le vieux pays sérer. Ensuite dans les années 70, il y a eu la création des villages pionniers et la Société des terres neuves pour organiser l'extension de la culture de l'arachide et l'installation de nouveaux villages sur les terres plus fertiles de l'est du Sénégal. Déjà, dans les années 60, les densités en milieu rural atteignaient déjà 80 à 100 habitants au km^2 en 1960 (Lericollais et coll., 1990)[229]. Aujourd'hui, la croissance démographique s'étant accrue et les flux de population s'y ajoutant, les densités dépassent les 150 habitants par km^2 dans plusieurs villages du Bassin de l'arachide et de la Haute Casamance. Cette pression démographique a contribué à la disparition des formes traditionnelles de gestion des sols qui présentaient au moins l'avantage d'entretenir un système de jachère, de sauvegarder les ressources naturelles et de garantir une sécurité alimentaire locale (Lericollais[230], Masselière, 1984[231]).

Les témoignages des paysans sur l'épuisement des sols sont confirmés autrement par Gastellu (1981)[232]. Ce dernier évoque surtout l'interprétation que les paysans ont faite de la loi du Domaine national[233] et la création des communautés rurales, dont l'impact est l'accélération de la mise en cultures des jachères, les paysans craignant que les terres laissées vacantes soient redistribuées. La jachère, outil principal de gestion de la fertilité des sols et lien entre l'élevage et l'agriculture disparaît progressivement de l'espace rural sénégalais. En disparaissant des systèmes de culture, les jachères ont contribué à la baisse des productions et ainsi ont cassé l'équilibre qui existait entre

---

[228] *deck*, *dior* sont des mots un wolof, ils signifient respectivement dur et sableux. Les sols *deck* et *deck-dior* sont des sablo-argileux, assez riches en matières organiques. Ils sont localisés dans les dépressions interdunaires. Auparavant, ils n'étaient pas cultivés par les paysans, car ils les trouvaient très durs à exploiter. Aujourd'hui du fait de l'épuisement des sols *Dior*, les *deck-dior* et *deck* sont très convoités.

[229] *Evolution du rôle du bétail dans la gestion de la fertilité des terroirs sérer au Sénégal.*

[230] Idem

[231] *Culture commerciale, cultures vivrières. La transformation de l'espace de production agraire de Kayor central et septentrional.*

[232] L'égalitarisme économique des Sérer au Sénégal.

[233] Cf. le chapitre sur les systèmes fonciers.

l'agriculture et la sécurité alimentaire des populations. Masselière[234] le dit autrement (1984, 63) : « l'épuisement des sols et des réserves foncières au Sénégal, et la désagrégation des rapports lignagers ont mis les systèmes de production dans l'incapacité de remplir leurs fonctions comme au temps de l'économie coloniale ». A la suite de Gastellu, ils sont nombreux (Garin et coll. 1990, Seck 1997, Lericollais 1998) les auteurs qui ont pointé la loi du Domaine national parmi les composantes des politiques agricoles qui ont déstructuré l'agriculture pluviale et familiale sénégalaise et installé l'insécurité alimentaire dans le monde rural. Par exemple, après le vote de la loi du Domaine national, plus personne n'osait mettre une parcelle en jachère au risque d'une désaffectation par la communauté pour défaut de mise en valeur ou gel de terres et de réaffectation à un autre moins aisé. Aujourd'hui, face à la perte de fertilité des sols, on voudrait que les paysans pratiquent la jachère, mais elle est désormais impossible en raison principalement du manque de terres dû à la pression démographique. Ceci conduit évidemment à une surexploitation et par conséquent à une dégradation des sols (Khouma, 2000 : 41). Dans une agriculture de type traditionnel, avec des moyens rudimentaires de production, la dégradation des sols contribue considérablement à la baisse des récoltes et au déséquilibre des systèmes de production. Les conséquences d'une telle situation dépassent de loin le seul aspect de la productivité agricole.

[234] Op. cit.

Tableau 52. Sols du Sénégal : aptitudes et contraintes à la mise en valeur agricole

Zone agroécologique	Régions administratives	Type de sols	Mode d'occupation	Problèmes
Zone sylvopastorale	Linguère Louga	1.Sols ferrugineux tropicaux faiblement évolués (à sables siliceux) 2.Sols ferrugineux tropicaux peu lessivés (sablo-argileux ou à concrétion ferrugineuse) 3.Sols bruns subarides 4.Sols bruns rouges subarides	Parcours ; Arachide parfois Parcours ; Arachide Mil Niébé	Baisse pluviométrie Erosion éolienne, disparition du couvert végétal, très faible aptitude agricole, feux de brousse, surexploitation des pâturages, insuffisance des eaux de surface
Fleuve	St-Louis Podor Matam Dagana	1. Sols peu évolués d'origine non climatique d'érosion à texture grossière, pierreuse ou caillouteuse d'apports hydromorphes (légèrement humifère en surface) ou faiblement halomorphes 2. Sols bruns subarides hydromorphes 3. Sols ferrugineux tropicaux lessivés en fer 4. Sols halomorphes non dégradés 5. Sols hydromorphes minéraux à pseudo-gley	1.Aptitudes agricoles très réduites. Limitées aux parcours d'hivernage. Culture du riz d'inondation. Pâturage de saison sèche 2.Sorgho, mil et arachide 3. Arachide 4. Riz irrigué ou sorgho de décrue 5. Sorgho de décrue ou maïs	Salinisation et acidification Appauvrissement des terres Disparition du couvert végétal
Nord Bassin arachidier	Kébémer Tivaoune Diourbel Thiès	1. Sols ferrugineux tropicaux peu lessivés (sols Dior) très sableux (plus de 95 % de sables) donc souvent très dégradés 2. Sols bruns subarides (ou sols deck) interdunaires hydromorphes présentant un déficit du drainage	Très favorables à la culture de l'arachide (aptitude souvent limitée par l' appauvrissement et le déficit pluviométrique) Terrains de parcours en saison sèche, culture du sorgho en saison des pluies	Erosion éolienne Disparition de la jachère Baisse pluviométrie Pauvreté des sols Surexploitation et dégradation des pâturages

Sud Bassin arachidier	Kaolack Nioro Koungheul	1. Sols ferrugineux tropicaux lessivés (ou sols beiges) avec une texture sableuse et un lessivage de l'argile 2. Sols peu évolués d'origine non climatique gravillonnaire sur cuirasse latéritique 3. Sols ferrugineux tropicaux lessivés à taches et concrétions ferrugineuses (« terres neuves »)	1. Arachide 2. Culture du sorgho, vocation pastorale croissante, sols peu épais et inaptes à la culture, - mais favorables au parcours (avec respect de la capacité de charge) 3. Arachide	Très dégradés par l'arachide, érosion éolienne pauvreté des sols Baisse pluviométrie Salinisation et acidification Erosion hydrique Disparition du couvert végétal
Niayes	Dakar Thiès ouest Louga ouest	Sols hydromorphes moyennement organique à gley Sols lithomorphes (argiles noires pauvres en matières organiques) Sols minéraux bruts Sols peu évolués	Maraîchage Sorgho Reboisement Reboisement	Salinisation et acidification Baisse nappe phréatique Ensablement des cuvettes Pression démographique
Basse et Moyenne Casamance	Ziguinchor Sédhiou	Sols ferrugineux tropicaux lessivés à concrétion et cuirasse Sols faiblement ferralitique Sols halomorphes non dégradés Sols hydromorphes moyennement organiques	Arachide Arachide, mil et maïs Riz irrigué Riziculture sur billons	Salinisation et acidification Erosion hydrique Dégradation du couvert végétal Insécurité
Sénégal Oriental Haute Casamance	Kédougou Tamba Bakel Vélingara Kolda	Sols hydromorphes (alluvions argileux) Sols lithiques Sols ferrugineux tropicaux lessivés à concrétion ferrugineuse Sols ferrugineux tropicaux lessivés à pseudo-gley Sols hydromorphes moyennement organiques à pseudo-gley	Coton Coton Arachide, Coton et mil Parcours Riz	Pauvreté de sols Erosion hydrique et éolienne Baisse de la pluviométrie Dégradation du couvert végétal

Source : adapté de Maignien (1965), Ndiaye, Khouma, Badiane et Sène (1999), ministère de l'Intérieur/PNAT (1985)

4. Le système foncier du Sénégal

Au début des années 60, lendemain du système colonial, le nouveau gouvernement du Sénégal met en place une nouvelle loi foncière dont le but principal était de contribuer à « moderniser l'agriculture du pays, atteindre l'autosuffisance alimentaire et impulser la politique d'industrialisation ».

4. 1. Le système foncier sénégalais

Dans sa configuration actuelle, le système foncier du Sénégal a connu trois grandes phases d'évolution : le système foncier traditionnel, le système foncier colonial et le système postcolonial marqué par l'avènement de la Loi du Domaine national.

4. 1. 1. Le système foncier traditionnel

Le système foncier traditionnel faisait partie du dispositif qui permettait à chaque famille d'accéder aux moyens de subsistance, et à chaque adulte de pouvoir contribuer à la sécurité alimentaire du groupe. Il était organisé sur de vastes territoires, avec à leur tête des maîtres de la terre (laman), qui ne sont ni des rois ni leurs représentants. Reprenant Duchemin (1952), Gastellu (1981)[235] précise que le droit lamanal est le plus élevé dans la hiérarchie des droits sur la terre parce que le plus ancien. Il résulterait d'une alliance conclue entre l'ancêtre utérin du maître des terres et un esprit localisé ; et cette alliance a été conclue quand cet ancêtre a procédé à la délimitation de l'ensemble des terres sur lesquelles ils allaient désormais exercer sa juridiction. Le fonctionnement du système foncier coutumier était assez simple, mais strictement organisé. Il mettait en relation étroite le fait d'avoir la responsabilité alimentaire et la capacité physique à cultiver. C'est pourquoi on accédait à la terre dès l'instant qu'on se mariait ou qu'on avait les moyens physiques de cultiver la terre pour aider le chef du groupe familial dans la prise en charge de l'alimentation du groupe. Les autorisations d'accès à la terre étaient à la charge du maître de la terre, qui les accordait en fonction de l'appartenance lignagère, du droit d'aînesse et de la situation matrimoniale ou du droit à l'héritage. Le maître de la terre contrôlait les nouveaux défrichements en donnant ou non le droit de hache

[235] Op. cit.

(*borom ngadie*)[236] ou le droit du feu (*borom daye*) à chaque personne ou famille qui venait s'établir dans le village ou qui voudrait accroître ses terres. Toutes les terres lignagères ont été obtenues de cette façon, et il revenait ainsi au chef du lignage d'en organiser l'affectation des terres aux membres de sa lignée. Au-delà de la gestion des terres attribuées à telle lignée ou à telle autre, le plus important dans les systèmes fonciers coutumiers, c'est le sens qui était donné à l'accès à la terre. En effet pour la population, accéder à la terre signifiait une intégration sociale et disposer des ressources productives qui permettent d'assurer l'autosuffisance alimentaire. L'autre sens qui était attaché à l'accès à la terre, c'est le fait que celle-ci représentait un moyen de garantir la sécurité alimentaire de l'individu attributaire et du groupe familial auquel il appartient. Ce système a fonctionné régulièrement jusqu'à l'arrivée de l'Administration coloniale.[237]

4. 1. 2. Le système foncier colonial

Il a consisté en une occidentalisation des systèmes existants pour des objectifs militaires et économiques. Il fallait pacifier le territoire conquis pour faire accepter la présence française, mais aussi le mettre à contribution pour la satisfaction des besoins de l'industrie métropolitaine en matières premières. Pour y arriver, la métropole avait pris un certain nombre de dispositions juridiques inspirées du Code civil français pour remplacer les droits coutumiers des populations autochtones. En procédant ainsi, l'administration coloniale pouvait alors introduire les cultures qu'elle voulait. Elle a alors spécialisé certaines zones dans la production de certaines cultures, l'arachide dans le centre du Sénégal, le riz irrigué dans la vallée du fleuve Sénégal et le maraîchage dans les Niayes. Le tracé territorial établi à l'époque subsiste de nos jours et influence encore les choix opérés en matière d'aménagement. Tout comme, datent de cette époque certaines stratégies de mises en culture des terres

[236] Dans le droit foncier coutumier du Sénégal, le droit de hache et le droit de du feu sont des titres d'occupation qui permettent à leur détenteur d'exploiter indéfiniment la terre qui leur est octroyée. Le maître de la terre (qui octroie les droits) ne peut pas remettre en cause le contrat qui le lie au détenteur du droit de la hache ou du droit de feu, car comme l'écrit Pélissier (1966) « aussi longtemps que ces derniers s'acquittent des obligations coutumières à l'égard du maître, leur droit de culture est imprescriptible et héréditaire ».

[237] Selon Caverivière et Debéne (1988), « la transformation du système foncier traditionnel a commencé en 1865 avec l'arrêté Faidherbe et s'est poursuivie en 1904 avec l'introduction de la notion de terres vacantes. Selon ces deux auteurs, le premier a permis à l'Etat français de disposer de terrains dits vagues et de s'octroyer le droit d'être le seul successeur légitime des rois de qui les *lamans* tenaient leur pouvoir ; tandis le second signifiait clairement que les terres qui n'étaient exploitées pendant une dizaine appartenaient désormais à l'Etat français ».

largement décriées de nos jours, car considérées comme les facteurs de l'épuisement des sols et de la baisse des productions agricoles.

4. 1. 3. Le système foncier postcolonial

Il est marqué par l'application de la loi 64 - 46 de juin 1964 dite loi du Domaine national, adoptée au lendemain de l'indépendance[238]. Cette loi s'apparente à l'arrêté Faidherbe,[239] car elle définie le Domaine national comme étant « l'ensemble des terres non classées dans le domaine public, non immatriculées et dont la propriété n'a pas été transcrite à la conservation des hypothèques à la date d'entrée en vigueur de la présente loi ». Au sens juridique, cette définition permet de considérer le Domaine national comme le statut commun auquel sont soumises toutes les terres qui ne sont pas classées. Pour Boutillier (1989, p. 472)[240], l'adoption de la loi du Domaine national permet à l'Etat de s'approprier toutes les terres, d'ignorer les formes traditionnelles d'appropriation et leur substituer un régime censé être plus compatible avec la politique de développement. Pour la première fois donc, grâce à cette loi, l'Etat du Sénégal arrive à quantifier à 95 % la surface foncière à sa disposition pour mener les actions de développement qu'il s'est fixées par rapport à la superficie totale du pays. Mais derrière cette quantification foncière, apparaît le souci de l'Etat d'exercer le contrôle spatial et la maîtrise des ressources présentes dans son territoire. D'ailleurs, il introduit deux notions novatrices, la régulation foncière et la gestion foncière qu'il applique dans une partition du territoire national en quatre zones ; chaque zone correspondant à une aire géographique spécifique dans laquelle sont affectées des activités de développement mieux adaptées à ses spécificités[241].

---

[238] Art. 2 de la loi 64-46 du 17 juin 1964. Cette loi a coïncidé avec la mise en place du premier Plan quinquennal de développement économique et social du Sénégal indépendant.

[239] D'après Golan (1990), la loi foncière sénégalaise était au lendemain de l'indépendance une sorte de synthèse mal assimilée du Code civil français, du droit musulman, du Torrens Hill Act, du système du livret foncier et de pratiques coutumières encore vivaces.

[240] Irrigation et problématique foncière dans la vallée du Sénégal

[241] Les zones urbaines sont constituées par les terres situées sur le territoire des communes et des plans d'urbanisme. Elles sont destinées surtout à anticiper les problèmes que devait engendrer l'expansion des villes, répondre aux besoins d'espace pour les habitations, les commerces et les industries. Les zones classées sont représentées par les forêts, le réseau hydrographique et les zones protégées. Les zones pionnières, ce sont des zones rurales qui ont un potentiel de production considérable et qui sont faiblement peuplées et peu exploitées. Elles étaient considérées comme « des zones d'actions spéciales, de projets autonomes ». Elles étaient destinées à recevoir les expériences des services de l'Etat dans les domaines de l'agriculture et de l'élevage, et à ce titre « elles sont mises en valeur dans les conditions fixées par les plans de développement et les programmes d'aménagement ». Ces zones ont été utilisées par les SRDR

Cependant, depuis la fin des années 80, il n'existe que deux catégories de terres, les terres de terroirs et les terres urbaines. Les terres des zones classées et des zones pionnières ont été reversées dans les terres de terroirs. Ces dernières qui représentent la grande partie des terres du Domaine national sont gérées par les conseils ruraux, qui ont le pouvoir de l'affectation et de la désaffectation aux personnes résidentes ou non dans leur communauté rurale. En effet, selon la loi, « l'affectation peut être effectuée en faveur soit d'une personne habitant la communauté rurale, soit de plusieurs membres regroupés en association ou coopérative ». De plus, elle est faite en fonction de la capacité des bénéficiaires d'assurer directement (ou avec l'aide de leur famille) la mise en valeur de ces terres conformément au programme de développement établi par le Conseil rural. L'affectataire ne bénéficie que d'un droit d'usage, qui peut avoir une durée indéterminée. Les résultats du recensement national de l'agriculture (1998-1999) démontrent une grande stabilité des mouvements fonciers (tableau 53, figure 38). La preuve, la forme dominante d'acquisition de la terre reste l'héritage, parce qu'en cas de décès de l'affectataire, ces héritiers peuvent continuer l'exploitation de la terre. Quant à la désaffectation, elle est très rarement effectuée. Elle se fait dans les conditions où il y a un mauvais entretien de la terre par l'affectataire, une insuffisance de la mise en valeur ou bien si l'affectataire ou sa famille cesse l'exploitation de la terre. Cette disposition est rarement appliquée.

Tableau 53. Les différentes formes d'accès à la terre au Sénégal

Modes d'accès à la terre	Superficies cultivées par des hommes en %	Superficies cultivées par des femmes en %	Total en %
Héritage	58,96	6,95	65,91
Achat	0,74	0,15	0,89
fermage ou métayage	1,41	0,13	1,54
Prêt	12,11	4,36	16,47
Donc	5,4	0,71	6,11
Autre modalité	8	1,08	9,08
Total	86,62	13,38	100

Source des données : Recensement national de l'agriculture, 1998-1999

pour l'introduction et la vulgarisation dans les milieux paysans les nouvelles techniques de culture et d'élevage. Les zones de terroir constituent l'autre composante des terres rurales. Elles représentaient les terres habituellement exploitées par les paysans, sous l'autorité des Communautés rurales qui veillent à leur mise en valeur selon les lois et règlements. Elles étaient le plus souvent consacrées aux cultures pluviales, à l'élevage et à l'extension de l'habitat rural.

Figure 40. Les différentes formes d'accès en pourcentage à la terre au Sénégal

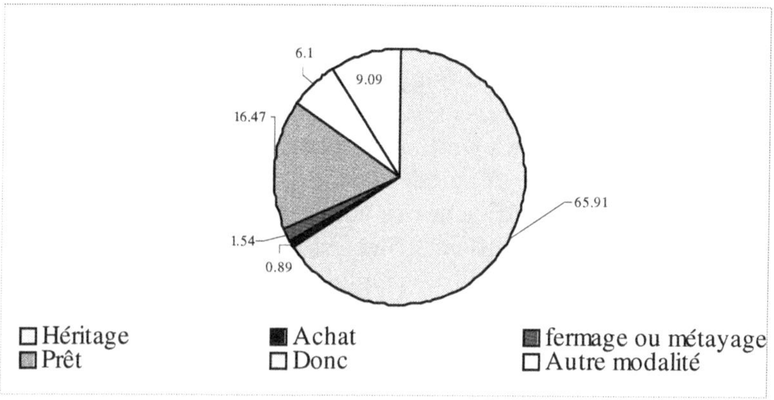

4. 2. Un système foncier décrié et « inadapté à la modernisation de l'agriculture »

De plus en plus, la loi du Domaine national est remise en question. Très souvent, les arguments qui sont mis en avant portent sur deux points : la saturation de l'espace rural[242] et l'épuisement des sols. D'autres pointent l'inadéquation de la loi pour une agriculture moderne et productive (Boutillier, 1989 ; Seck, 1997 ; Lericollais, 1998 ; Khouma et coll., 2000). Elle est présentée aussi, par certains analystes, comme étant une loi inadaptée pour l'agriculture de subsistance et qu'elle n'aurait fait que contribuer au recul des cultures vivrières, à l'accroissement de la pression sur les terres cultivables, à l'abaissement des rendements, bref au déséquilibre des systèmes de production agro-pastoraux traditionnels de subsistance (Masselière, 1984 ; Lericollais, 1998 ; Lericollais et coll., 2000).

---

[242] Selon Lericollais et coll. (1990) « Du fait du développement de la culture de l'arachide et la parcellisation de l'espace agricole qu'elle a provoquée, la responsabilité en matière de gestion foncière est passée du chef de la concession familiale (*yal m'bind*) à l'individu. Cette forte individualisation engendrée par la loi a sensiblement modifié la gestion de l'espace. Il n'existe pratiquement plus de brousse où les troupeaux peuvent paître. Dans cet espace fini, les rares pâturages en dehors des abords immédiats des mares sont aujourd'hui des jachères accidentelles provoqués par l'abandon des certaines terres par les migrants ou le manque de semences d'arachide pour les emblaver... Il en résulte des conflits, parfois sanglants avec les pasteurs, de plus en plus repoussés dans des zones marginales, à mesure que les champs conquièrent les rares espaces disponibles pour le bétail ».

Il est vrai que les rapports traditionnels qui faisaient le lien entre les systèmes fonciers coutumiers et les systèmes alimentaires ont été considérablement perturbés par l'application de la loi du Domaine national. Sur le plan alimentaire, le système foncier moderne à contribuer au renforcement d'une dépendance alimentaire qui n'existait pas auparavant dans le milieu rural. Mais les changements des modes d'accès et d'appropriation des terres, en particulier le remplacement des systèmes coutumiers par la loi du Domaine national, ont encouragé l'individualisation des modes de mises en valeur, le renforcement des cultures commerciales au détriment des cultures vivrières, et l'effritement des systèmes familiers d'autosubsistance. Les critiques du système foncier actuel mettent l'accent sur ces déséquilibres. La loi du Domaine national a détruit les systèmes communautaires ou collectifs de gestion de l'espace et des terres, et a engendré l'individualisation par l'introduction de la notion d'affectataire sans donner à ce dernier la pleine jouissance de ses droits, notamment celui de décider du sort de cette terre (Khouma et coll., 2000 : 42). Aujourd'hui, le problème qui est posé c'est celui de la modernisation de la loi du Domaine national afin qu'elle soit adaptée aux objectifs de l'Etat en matière de sécurité alimentaire et de protection des ressources naturelles.

Dans le domaine agricole, les années 80 et 90 ont été marquées par la mise en place de plusieurs barrages anti-sels ou de régulation de débit, mais également par la construction de plusieurs petites digues de protection. Plusieurs objectifs étaient recherchés à travers ces infrastructures : la modernisation de l'agriculture nationale, la vulgarisation de la riziculture, la fixation des populations dans leurs terroirs et l'accroissement de la production de riz pour l'autosuffisance alimentaire. Toutefois, ces objectifs ont été très peu atteints ou ne l'ont pas été du tout. Par exemple, sur les 220 000 ha rendus potentiellement cultivables par les barrages de Diama et Manantali sur le bassin du fleuve Sénégal, seul 70 000 sont annuellement cultivés, alors que selon les normes, il faut en moyenne 100 000 hectares – à raison de 0,75 ha par actif – par an pour couvrir les besoins en céréales de la population dans la vallée. Donc, le double objectif qui visait dans un premier temps l'autosuffisance alimentaire de la vallée et dans un deuxième temps la sécurité alimentaire du pays n'a pas été atteint.

Au final, on se rend compte que la dépendance alimentaire, que par ailleurs l'Etat pensait combattre avant l'année 2000, n'est pas seulement due aux facteurs physiques. Selon beaucoup de spécialistes, la loi du Domaine national agit comme un frein pour le développement agricole, parce qu'en plus, d'avoir contribué à l'expansion de l'arachide et à l'affaiblissement des cultures vivrières et de l'élevage, elle n'a pas aidé l'agriculture sénégalaise à se moderniser, qui est l'objectif pour lequel il avait été adopté. Si on en revient à la vallée du fleuve Sénégal, cette loi a agi comme un facteur bloquant plutôt que comme un catalyseur (Boutillier, 1989)[243]. En effet, en ayant mis en avant le principe de « l'accès généralisé à la terre », le nouveau régime foncier a privilégié l'égalité sociale et l'accès pour tous à la terre, mais elle a sacrifié le principe de la productivité et la variabilité des capacités de production qui ne sont pas les mêmes selon les paysans. Pour dépasser les blocages, susciter les initiatives privées et créer les conditions de la mise en valeur de la vallée du Sénégal, l'Etat du Sénégal avait en 1995 mis en place un Plan d'action foncier, qui proposait une « option mixte qui favorise la pleine propriété et renforce les pouvoirs des communautés rurales en matière d'affectation et de cession foncière ». Visiblement, le Plan d'action foncier n'a pas atteint les objectifs escomptés. Au niveau de la vallée où elle était destinée en priorité, on observe l'installation de quelques producteurs agricoles privés, mais il s'agit surtout de paysans ou fonctionnaires qui connaissaient bien la zone. Pendant ce temps, la pratique de la riziculture recule dans les exploitations familiales.

Commis par l'Etat du Sénégal pour étudier le secteur agricole et proposer un schéma de développement après les programmes d'ajustements structurels, Seck (1997), Duruflé (1997) et le Groupe de recherche stratégique (1998) ont dénoncé les modes d'accès et d'appropriation de la terre en vigueur au Sénégal. La loi du Domaine national et le plan d'action foncier ne proposent pas de solutions concrètes pour la sécurisation et la garantie foncière, alors que ce sont là les deux problèmes que pointent les investisseurs qui souhaitent travailler dans l'agriculture dans la vallée du fleuve (Seck, 1997). Quant à ceux qui n'habitent pas la communauté rurale, ils ne trouvent pas les solutions concrètes qui leur facilitent l'accès à la terre. Ce manque constitue un facteur démotivant pour attirer l'investissement privé, qui est pourtant, selon les pouvoirs publics, censé prendre la relève de l'investissement public dans la Vallée. En tout cas, une plus grande production de riz nécessite la sécurisation de la tenure foncière, par une affectation durable des terres, qui donne le temps nécessaire pour amortir les investissements.

Malgré toutes les insuffisances de la loi du Domaine national, malgré le caractère insistant des requêtes pour son assouplissement, il semble qu'il faille procéder avec prudence, surtout quand il s'agit d'introduire une dose de

[243] « Du point de vue du développement économique, il serait aberrant que la superficie des terres attribuées représente un goulot d'étranglement pour une augmentation de la production agricole. Pourquoi ne pas imaginer des exploitations paysannes de 5, 10 voire 20 ou 50 ha ? Or une distribution de type égalitaire des terres oblige la communauté rurale à aligner la superficie de la terre attribuée sur une exploitation ».

libéralisation. La nouvelle Loi d'orientation agricole préconise « à côté de l'agriculture familiale de développer l'agrobusiness et en faire un creuset d'investissement pour le développement économique du pays et la sécurité alimentaire ». Même s'il est vrai que les capitaux privés sont nécessaires pour tirer la production agricole à un niveau convenable, la demande nationale en céréales, les expériences d'autres pays, notamment en Amérique latine, incitent à la prudence parce que, si on suit l'esprit de la loi d'orientation agricole, le risque d'avoir une agriculture conflictuelle est réel, car la loi fait une scission claire entre l'agriculture familiale et l'agriculture commerciale et industrielle[244]. Il ne faudrait pas perdre de vue que l'agriculture du Sénégal est d'abord familiale, qu'elle est de type pluvial pour plus 95 %, et que plus de 65 % de la population active tire ses principaux revenus de l'agriculture. Donc, généraliser la propriété foncière privée, comme proposée par la Banque mondiale et reprise par certains experts sénégalais et par la loi d'orientation agricole, comporte le risque de dualiser l'agriculture sénégalaise (agriculture familiale, agriculture privée productiviste) sans pour autant assurer la réalisation de l'autosuffisance alimentaire.

5. Le climat du Sénégal

Situé en pleine zone tropicale, en bordure de l'océan atlantique, entre 12° et 16°30 de latitude nord et 11°30 et 17°30 de longitude ouest, le Sénégal présente un climat en deux temps : une saison des pluies qui dure deux à quatre mois et une saison sèche chaude le reste de l'année. Cette division du climat s'accompagne de quelques contraintes au plan agricole qui trouvent leur origine dans la variabilité interannuelle des pluies et de l'assèchement précipité des sols. Dans ce contexte, on comprend que, même en année d'abondance pluviométrique, la production agricole en général et céréalière en particulier, est souvent insuffisante pour couvrir les besoins alimentaires de la population.

[244] La réforme foncière préconisée dans la loi d'orientation réduit les compétences des collectivités locales dans l'affectation et la désaffectation des terres qui sont dans le domaine national. Elle suggère que les conseils ruraux ne sont pas compétents dans les périmètres affectés aux exploitants agricoles commerciaux et industriels, autrement dit aux agrobusiness. La loi annonce la création d'une Agence de l'espace agricole (AGE) qui sera chargée de gérer les terres affectées aux agrobusiness et l'élaboration d'un contrat avec l'Etat (et non avec la Collectivité locale) d'occupation du domaine national dont la durée varie de 15 à 50 ans.

5. 1. Les influences d'origine atmosphérique

Au niveau aérologique, trois types de vents commandent le climat au Sénégal. Il s'agit des alizés maritimes comme celui de l'anticyclone des Açores et l'anticyclone de Sainte-Hélène, de l'alizé continental saharien plus connu sous le nom de l'harmattan et de la mousson.

5. 1. 1. Les alizés maritimes

Ce sont des vents qui sont orientés nord, nord-ouest. Ils sont sensibles sur la zone côtière et presque sans effets sur les régions situées à l'intérieur du pays. Ce sont des vents frais et humides, qui adoucissent les températures et apportent régulièrement de la rosée ou des pluies occasionnelles. Au plan agricole, ils entretiennent un microclimat dans la frange ouest du pays et un écosystème particulièrement favorable au maraîchage.

5. 1. 2. L'harmattan

Ce vent de direction nord-est provient de la dépression saharienne, ce qui explique son caractère chaud et sec. Il est responsable des températures élevées et des forts taux d'évaporation et d'évapotranspiration enregistrés sur la plus grande partie du territoire sénégalais. Au plan agricole, c'est un vent qui cause beaucoup de difficultés à l'agriculture sénégalaise. En plus d'un pouvoir desséchant énorme, il accélère l'érosion éolienne et draine des vents de poussières et de sables néfastes aux cultures, surtout dans les parties nord, nord-est et centre du pays.

5. 1. 3. La mousson

Elle prend sa source dans l'atlantique sud et se dirige progressivement vers le nord du pays. Au fur et à mesure qu'elle avance vers le nord, elle se substitue à l'harmattan qui perd sa force. Ce n'est qu'à partir du mois d'octobre qu'elle commence son retrait vers le sud du pays. La particularité de sa ligne migratoire fait que les régions centre et nord sont les dernières à connaître la saison des pluies, mais également les premières à connaître la sécheresse, d'où une saison des pluies plus écourtée. Les vents de la mousson sont très importants sur l'ensemble de l'Afrique de l'Ouest, car ils sont responsables des pluies enregistrées pendant l'été, la période vitale. Ils déterminent aussi le calendrier agricole des cultures pluviales.

5. 2. Les saisons climatiques

Le temps climatique du Sénégal se compose de deux saisons : la saison des pluies qui dure deux à quatre mois, exceptionnellement cinq mois selon les régions, et la saison sèche très longue. Si souvent la saison sèche et la saison des pluies sont assimilables à des suites de mois sans pluies ou avec des pluies, pour la direction de l'aménagement du territoire du Sénégal (1985), les deux saisons sont plus complexes à définir, car elles sont difficiles à délimiter dans le temps et dans l'espace. Selon la position latitudinale du front intertropical, la transcription spatiale et temporelle de la pluviométrie est très variable d'une région à l'autre. Depuis la fin du mois d'août, moment où le soleil est à son zénith au-dessus du Sénégal, jusqu'à son retour en mai, un air plus froid en provenance du nord sévit au Sénégal et crée les conditions atmosphériques causes de l'harmattan, c'est la saison sèche. Comme la position de la terre par rapport au soleil évolue et que l'influence solaire revient se centrer sur le tropique nord, il se produit un déplacement du front intertropical vers le nord qui entraîne avec lui les masses d'air humide ; les pluies de mousson qui en résultent définissent la saison des pluies ou hivernage (DAT, 1989 : 22)[245]. La saison des pluies démarre en premier dans le sud-est du pays, dans le département de Kédougou, puis progressivement, elle se répand dans le pays, d'abord dans la région de Casamance, ensuite dans le centre et enfin au nord, emportant avec elle le front et les masses d'air humide. Quant à la saison sèche, elle revient aussi vite qu'elle était effacée par les pluies. Elle correspond à la saison morte, sans activité productive dans l'espace rural sénégalais.

5. 3. Une pluviométrie régressive et irrégulière

Il est important de noter que le début, la durée et la répartition de la pluviométrie sont trois éléments essentiels pour l'agriculture sénégalaise. Lorsqu'on examine les séries pluviométriques régionales (figure 41) et les cartes (n° 15, n° 16), la présence de ces trois éléments est quelque chose de frappant. Ils se manifestent par l'importante grande irrégularité interannuelle

[245] Etude de la géologie, de l'hydrologie, des sols, de la végétation et des potentiels d'utilisation des sols.

des pluies enregistrées, la variation des quantités précipitées du nord au sud, et le rétrécissement de la durée de la saison des pluies (voir carte des isohyètes).

Figure 41. Répartition très irrégulière de la pluie au Sénégal selon les régions

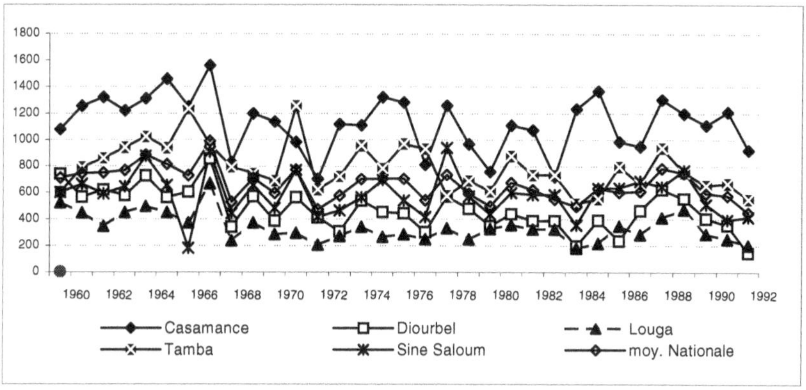

Carte 15. Evolution et répartition de la pluviométrie au Sénégal pour les périodes 1951-1960 et 1990-2000

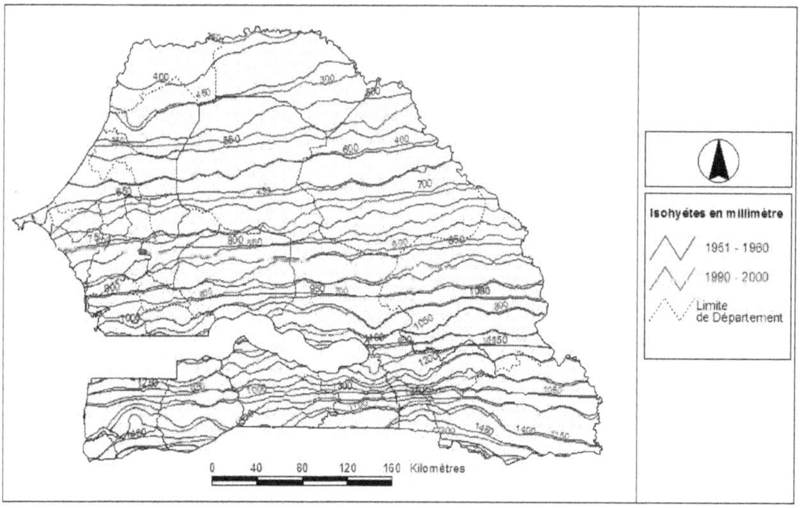

Carte 16. La régression de la pluviométrie au Sénégal entre les périodes 1950/1960 et 1990/2000

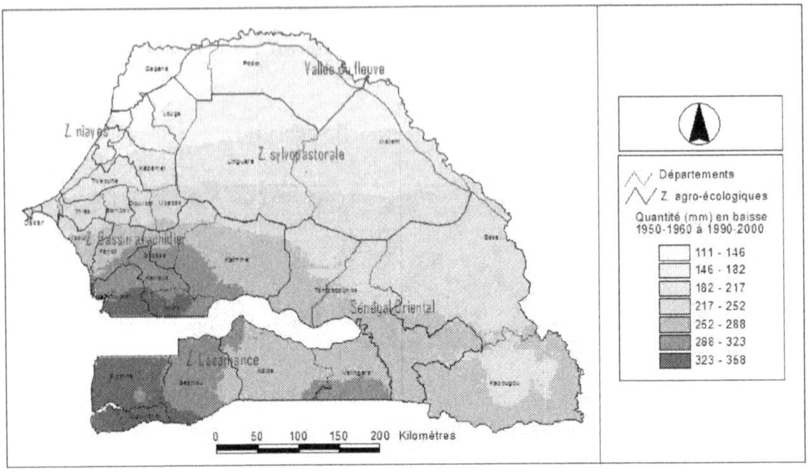

Lorsqu'on examine la carte des isohyètes (carte 17) des périodes 1941/1970 et 1971/2000, on est frappé par la migration des lignes vers le sud du pays et la baisse des quantités de pluies qui l'accompagnent. Par exemple, l'isohyète 400 mm, autrefois dans le nord du Sénégal, se retrouve de nos jours au centre du pays, soit plus de 200 kilomètres plus bas. Cette situation est identique pour les autres régions et elle s'inscrit dans une tendance générale observable depuis quelques décennies. La preuve, c'est l'ensemble de la zone nord et la partie nord-ouest (Dakar à St-Louis) qui sont soumis à une pluviométrie de moins de 200 mm par année. Dans la région nord, cette baisse de la pluviométrie atteint 150 à 200 mm. Dans les régions du centre, elle est encore plus marquée, car variant entre 250 et 300 mm, soit moins 25 %. Dans ces conditions, on comprend que certaines zones, particulièrement celles de la partie nord qui était déjà peu favorisée, soient devenues des zones marginales pour l'agriculture pluviale et que les paysans s'y adonnent à l'arachide uniquement pour son fourrage (les rendements étant devenus très faibles), pendant que d'autres espèces qui étaient des spéculations mineures disparaissent (le coton) ou deviennent des cultures principales (manioc, *bissap)*.

Dans une étude plus récente, parue en 2002[246], il est fait une mention claire du recul des activités agricoles directement liées à la pluviométrie. Dans la région

[246] Région de Diourbel : évolution de la production agricole.

de Diourbel, l'évolution de la gamme de spéculations est marquée par la régression voire la disparition de certaines espèces et variétés alors que d'autres ont pris de l'importance. Ainsi, le mil a quasiment disparu de cette zone tout comme le sorgho à cycle long à cause du raccourcissement de la durée de l'hivernage (Faye et coll., 2002 : 2). On peut aussi mesurer l'impact de la sécheresse dans les systèmes de cultures par la disparition du maraîchage dans la zone. Par exemple, aujourd'hui, il n'est fait aucune mention dans les statistiques agricoles des cultures maraîchères alors que dans son rapport de synthèse de la campagne agricole 1964/1965, l'inspection de l'agriculture de la région de Diourbel indiquait 115 hectares de maraîchage et une production de 575 tonnes. Les corrélations réalisées dans le Bassin arachidier nord (Louga et Diourbel) entre l'évolution de la pluviométrie et les surfaces cultivées font apparaître une « désaffectation des surfaces mises en culture de l'ordre 140 000 hectares dans les vingt dernières années »[247]. En ce qui concerne la tenue des cultures de céréales, les résultats de la campagne agricole 2004/2005 affichent une baisse des superficies et de la production de l'ordre de 21 % et 22 %. Selon le rapport mensuel sur la sécurité alimentaire (octobre 2004), cette situation est liée au retard de la saison des pluies à s'installer et à son arrêt prématuré[248]. On constate donc que l'accentuation de la variabilité interannuelle ou mensuelle des pluies est allée dans le sens d'une diminution des quantités de pluies enregistrées. Cette situation a créé des sécheresses rapprochées dont les conséquences ont été sur l'agriculture une transformation des systèmes de production, mais également la baisse ou la disparition de certaines spéculations. Au plan spatial, la variation de la pluviométrie s'est accompagnée par une translation des isohyètes, des activités et des hommes vers le sud du pays.

5. 3. 1. Répartition spatiale et raccourcissement des temps de pluie

Les données pluviométriques indiquent une grande variabilité des quantités et la durée de la saison des pluies selon les régions au Sénégal, mais aussi elles augurent le caractère aléatoire des conditions alimentaires en milieu rural. Dans l'année, c'est la poche sud-est du pays qui est la première zone à être arrosée dès la deuxième moitié du mois de mai. Généralement, le scénario de l'expansion spatiale de la pluie est le même d'une année à l'autre. Les quantités de pluies augmentent dans les quinze premiers jours de juin et se répandent dans la zone du sud (Vélingara, Kolda, Ziguinchor) et dans la zone est comme Tambacounda et Bakel. Les premières pluies utiles affectent le sud-est

[247] Idem
[248] Rapport mensuel sur la sécurité alimentaire - octobre 2004.

(Kédougou) à partir du milieu du mois de mai, puis se répandent en augmentant durant la première quinzaine du mois de juin dans le Sud (Kolda, Ziguinchor), dans l'Est (Tambacounda, Bakel) et dans le Centre-Sud (Kaolack). La deuxième quinzaine de juin marque le début de la saison des pluies dans le Saloum méridional (Nioro et Koungheul) et le Centre-Sud du pays (Kaolack). C'est au début du mois de juillet que la zone sahélienne, notamment le Centre du pays, commence à être arrosée ainsi que le Centre-ouest (Dakar, Thiès, Mbour et Fatick). Les zones situées dans la partie nord de la bande sahélienne (Linguère, Louga, Podor, Matam) sont les dernières à connaître la saison des pluies. L'expansion progressive de la saison des pluies du sud vers le nord a des conséquences importantes sur les activités agricoles et sur le choix des espèces cultivées.

Carte 17. Raccourcissement des temps de pluie au Sénégal

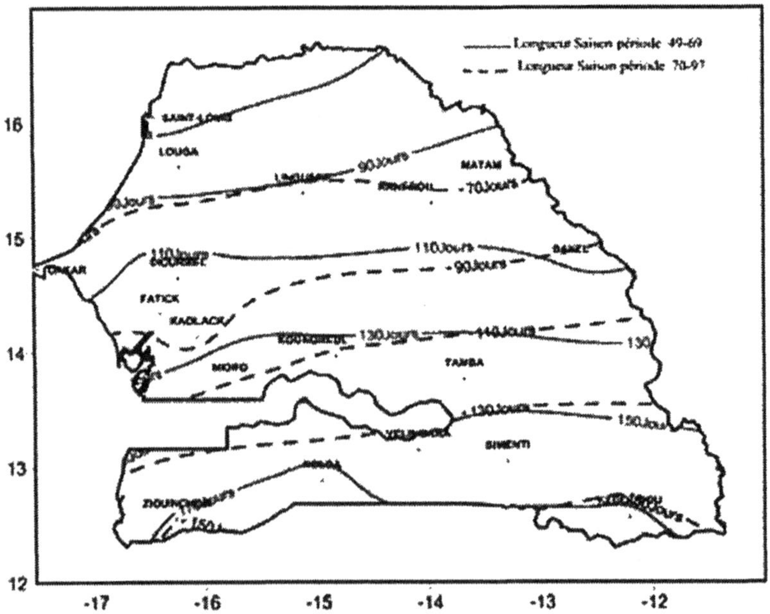

Source : Avantages des prévisions climatiques et des avis

Au fur et à mesure que s'installe la pluie, les activités agricoles commencent et inversement le retrait des pluies annonce la fin de l'agriculture. L'essentiel des pluies est enregistré durant août et septembre, qui correspondent dans le calendrier agricole à la période de développement de cultures. A partir d'octobre, commence le retrait du FIT et la fréquence des pluies diminue notamment dans la zone sahélienne et soudano-sahélienne. Au total, les quantités d'eau précipitées (tableau 51) sont extrêmement variables d'une région sur l'autre. Par exemple, d'une moyenne mensuelle de 275 mm à St-Louis dans le nord, on passe à plus de 1300 mm à Ziguinchor dans le sud. Mais plus que les quantités qui baissent, c'est surtout la diminution du nombre de jours pluvieux qui est déterminante et contraignante pour les activités agricoles.

Tableau 54. Pluviométrie, début et durée de la saison des pluies au Sénégal de 1950 à 1991

Régions	Stations	Pluie (en mm)	Début des pluies et durées observées en jours					
			En moyenne (Nbre de jours)		5 années sur10 (Nbre de jours)		8 années sur 10 (Nbre de jours)	
Nord	St-Louis	275	06 août	70	01 août	73	19 août	63
	Linguère	445	31juillet	77	01 août	75	20 août	62
	Louga	371	01 août	75	01 août	73	07 août	68
	Kébémer	392	02 août	74	01 août	76	21août	53
Nord-est	Bakel	493	20 juillet	84	21 juillet	86	02 août	71
	Matam	414	30 juillet	75	01 août	72	18 août	56
Centre-ouest	Bambey	589	20 juillet	97	31 juillet	88	14 août	70
	Dakar	466	03 août	85	01 août	82	16 août	70
	Mbour	624	23 juillet	95	23 juillet	94	06 août	76
	Thiès	550	27 juillet	91	01 août	86	19 août	77
Centre	Diourbel	588	26 juillet	92	26juillet	89	14 août	73
	Fatick	636	29 juillet	90	01 août	90	14 août	74
	Gossas	632	23 juillet	96	13 juillet	110	02 août	91
	Kaolack	680	25 juillet	96	25 juillet	98	18 août	79
	Nioro	830	10 juillet	112	09 juillet	114	01 août	84
Sud-est	Tamba	812	27 juin	127	26 juin	125	11 juillet	110
	Kédougou	1260	10 juin	170	07 juin	170	24 juillet	146
Sud	Vélingara	961	24 juin	139	20 juin	143	09 juillet	117
	Kolda	1102	25 juin	154	21 juin	161	10 juillet	133
	Ziguinchor	1035	24 juin	157	21 juin	160	07 juillet	140

Source : adapté de Diop, 1996

L'approche fréquentielle utilisée par Diop[249] (1996) pour étudier la pluviométrie au Sénégal démontre une variation spatio-temporelle des pluies et met en opposition les années sèches et les années pluvieuses. D'un point de vue agricole, cette approche est intéressante en ce sens qu'elle identifie de façon précise et claire les années sèches pendant lesquelles « la pratique de l'agriculture de type traditionnel atteint ses limites dans le contexte du

[249]A propos de la durée de la saison des pluies au Sénégal.

Sénégal »[250]. Lorsqu'on observe la carte du rétrécissement de la saison des cultures des périodes 1949/1969 et 1970/1997, on est frappé par la similitude des résultats. La baisse des quantités de pluies s'accompagne de la diminution du nombre de jours de pluie. Par exemple, de nos jours, la durée de la saison des cultures observée au niveau de la région Centre (Kaolack) équivaut à celle de la région nord dans les années 1949/1960, soit 90 jours.

Tableau 55. Pluviométrie et cycles des principales cultures

Cultures	Maïs	Sorgho	Mil	Coton	Arachide
Variétés	BDS	-	*Souna*	BJASM 67	57 - 313
		-	IBV 8001	-	69 - 101
Cycles	120 jours	90 jours	90jours	135 jours	125 jours
	-	130 jours	90jours	-	-
Isohyètes	100 mm/mois	500 à 1100 mm	400 à 800mm	-	700 à 1200 mm

Dans ces conditions, les paysans disposent de peu temps pour cultiver, car la période favorable aux semis est très limitée dans le temps (tableau 55 et 56). Ces deux phénomènes agissent sur la carte agricole, expliquent la disparition de certaines spéculations et le glissement d'autres espèces vers les terres plus fertiles et plus pluvieuses situées en Haute Casamance et au Sénégal Oriental. La plupart des spéculations comme le maïs, le sorgho, l'arachide et le coton, du fait de la longueur de leur cycle végétatif, sont exclues de la moitié du territoire national (tableau 55).

Tableau 56. Pluviométrie et planification des semis dans le Sud et Sud-est du Sénégal (1950 à 1991)

Départe-ments	Pluies (mm)	Début et durée des travaux			Date des semis
		En général	5 années sur 10	8 années sur 10	Fréquence des semis
Vélingara	961	24 - 06 ; 139 jours	20 - 06 ; 143 jours	09 - 07 ; 117 jours	07 - 07 / 10 - 07
Kolda	1102	24 -06 ; 154 jours	21 - 06 ; 161 jours	10 - 07 ; 133 jours	07 - 07 / 10 - 07
Tamba	812	27 - 07 ; 127 jours	26 - 05 ; 125 jours	11 - 07 ; 110 jours	24 - 06 / 11 - 07
Kédougou	1260	10 - 06 ; 170jours	07 - 06 ; 170jours	24 - 06 146 jours	24 - 06 / 11 -07

Source : adapté de M. Diop, 1990

Dans ce contexte de réduction des pluies et de leur durée, l'adaptation reste la formule la plus usitée pour l'agriculture de type pluvial. Toutefois, on peut noter

[250] Bien sûr qu'il faut nuancer une telle affirmation, car on sait bien que d'autres facteurs comme la qualité des sols, la qualité des semences, l'utilisation de fertilisants, etc. peuvent dans beaucoup de cas influer sur la quantité de production réalisée.

que malgré sa prégnance, la pluviométrie ne suffit pas à elle seule pour expliquer la totalité des évolutions constatées et les difficultés à réaliser l'autosuffisance alimentaire. En effet, depuis une trentaine d'années qu'on parle des déficits et d'irrégularités des pluies, l'agriculture sénégalaise a connu d'autres formes de transformations[251] qui ont nécessité d'autres types de stratégies pour assurer une sécurité alimentaire convenable.

Figure 42. Les déficits pluviométriques dans le centre du Bassin arachidier

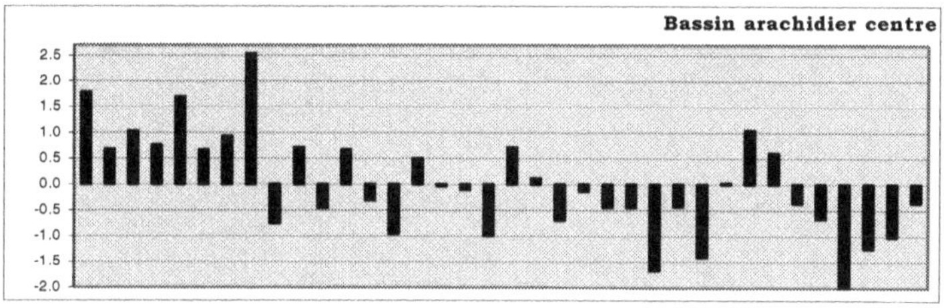

Figure 43. Les déficits pluviométriques dans le nord du Bassin arachidier

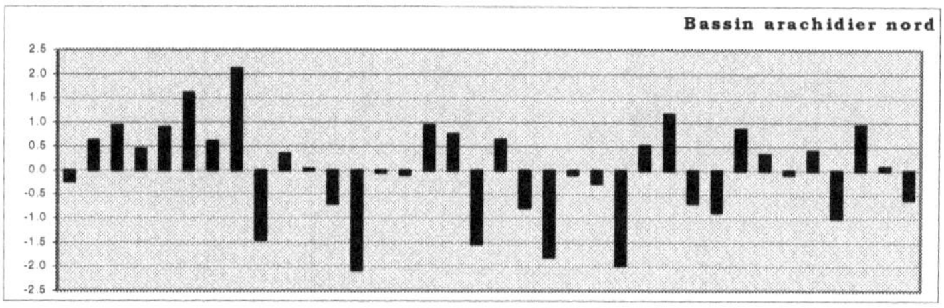

Figure 44. Les déficits pluviométriques dans le sud du Bassin arachidier

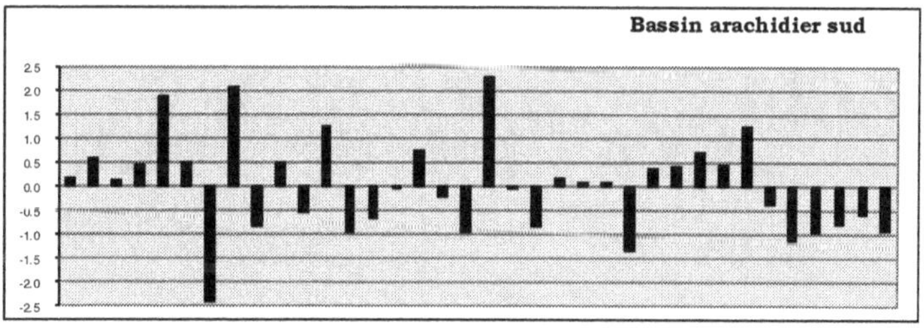

[251] cf. Les transformations du monde rural du Sénégal. Université de Genève, 2001.

Figure 45. Les déficits pluviométriques en Haute Casamance

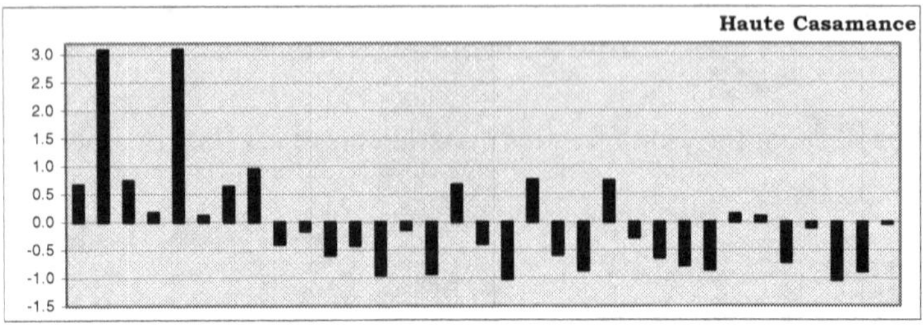

Figure 46. Les déficits pluviométriques en Basse Casamance

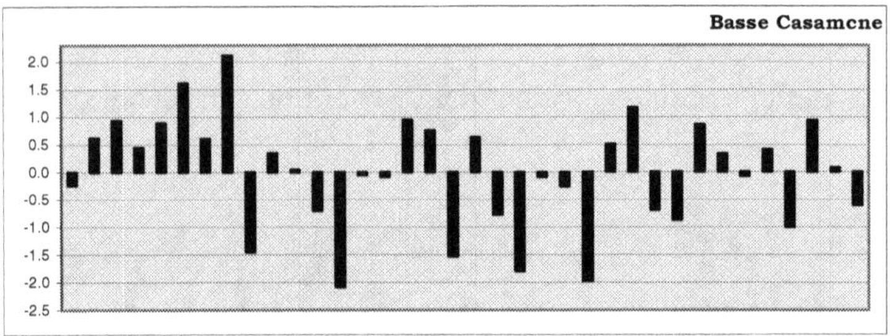

Figure 47. Les déficits pluviométriques au Sénégal

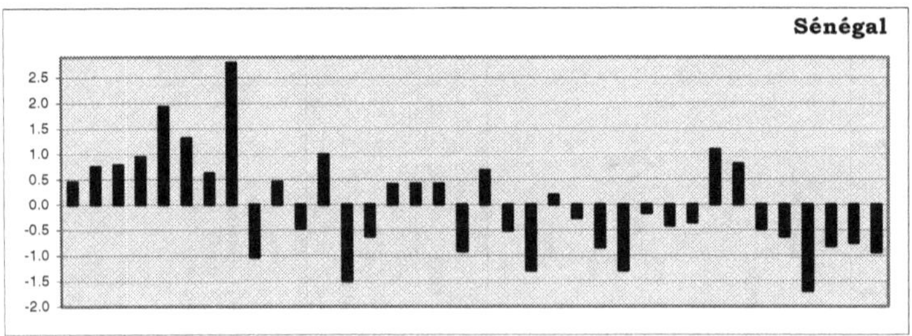

Partie 5. Stratégies politiques et paysannes pour l'auto-approvisionnement en céréales

1. Paysans, pouvoirs publics et organisations internationales au cœur du renouvellement des stratégies alimentaires

Les problèmes alimentaires qui proviennent de la baisse des productions de céréales sont fréquents au Sénégal. Ils sont liés aux fluctuations pluviométriques. Selon Chastanet (1991 : 132), « l'alternance d'années d'abondance et de pénurie constitue un aspect structurel de l'histoire des sociétés sahéliennes jusqu'à la période contemporaine »[252]. Ce problème structurel se pose en termes d'insécurité alimentaire localisée et chronique. Elle est liée aux conditions changeantes des écosystèmes agricoles, car fortement dépendants de la pluviométrie et de la qualité des sols.

Dans le cas de l'exemple du Sénégal, ces problèmes conjoncturels et alimentaires ont été rarement très graves. Quand ils se sont posés dans l'histoire récente du pays, ils l'ont été en termes de crises périodiques de subsistance et un peu moins en termes de famines. Mais en de telles situations, à chaque fois que les stratégies traditionnelles de subsistance se sont avérées inopérantes, les populations victimes n'avaient d'autres choix que d'immigrer vers des zones plus clémentes. C'est par exemple le cas lors des séries de sécheresses qui ont frappé le pays entre 1968 et 1970 durant lesquelles 30 à 50 % de la population, selon les villages de la vallée du fleuve, ont eu recours à la migration (Weigel, 1982 : 24)[253]. C'est aussi le cas aujourd'hui dans le Bassin arachidier où les populations *saloum-saloum,* confrontées à l'épuisement de leurs sols, se ruent à l'assaut de la région de la Casamance. L'insécurité alimentaire chronique qui a découlé de toutes ces situations a contraint les populations sénégalaises, comme celles de la région sahélo-soudanienne, à mettre en place de véritables stratégies de satisfaction des besoins alimentaires. Ces stratégies sont pour la plupart d'entre elles séculaires, car dans l'histoire, les populations ont souvent subi les rigueurs climatiques spécifiques à la région et donc ont été obligées à chaque fois de trouver des réponses pour s'adapter.

De nos jours, les stratégies qui sont mises en œuvre, qu'elles soient d'origine paysanne ou qu'elles portent la marque des pouvoirs publics, ou des organisations internationales, s'inscrivent toutes dans le cadre des calendriers agricoles annuels et des politiques de développement. Et pour les rendre plus efficaces afin qu'elles répondent à leurs besoins alimentaires, les populations ou

---

[252] *Crises et régulation en pays soninké (Sénégal) dans le milieu du XIXe siècle.*
[253] *Migrations et production domestiques des Soninké du Sénégal.*

les organisations qui les utilisent, les adaptent aux caractéristiques spatio-temporelles des localités en crise. Ainsi, en fonction de l'ampleur du déficit céréalier ou de la crise alimentaire qui sévit, certaines stratégies sont appliquées à travers des actions à court ou moyen terme dont la mise en œuvre se déroule à l'intérieur du terroir villageois ou dans les alentours. Toutefois, lorsque les déficits céréaliers et les crises alimentaires sont longs, graves et fréquents, les stratégies paysannes s'avèrent souvent inefficaces. Et dans ces circonstances, les communautés paysannes se tournent vers les pouvoirs publics et les organisations internationales qui mobilisent à leur tour des moyens beaucoup plus importants comme les stocks de sécurité, l'aide alimentaire et le marché. Le recours progressif aux outils de l'Etat et des institutions de l'aide alimentaire entraine un affaiblissement des stratégies traditionnelles et favorise l'émergence de nouveaux acteurs dont les activités et les pratiques en matière de sécurité alimentaire ont tendance à se dissocier des systèmes agricoles plutôt que de les appuyer et de les améliorer. Et c'est pourquoi, dans cette analyse des stratégies alimentaires mises en œuvre au Sénégal pour faire face aux crises céréalières, on ne saurait se satisfaire de la définition communément admise par les pouvoirs publics et les institutions internationales. Cette définition qui est reprise par plusieurs auteurs désigne les stratégies alimentaires comme étant l'ensemble des instruments de politiques économiques les plus efficients pour atteindre les objectifs de sécurité alimentaire à court et moyen terme dans un contexte national donné. La stratégie de sécurité alimentaire est sectorielle et s'inscrit généralement dans le cadre d'une stratégie globale de développement (Azoulay et Dillon, 1993).

La référence à la fonction du développement économique et social des actions de sécurité alimentaire explique que les stratégies alimentaires étaient souvent les mêmes dans les autres pays africains situés dans la bande sahélo-soudanienne. Ces actions s'inspirent en fait des politiques d'ajustement structurel[254] et consacrent deux faits. Le premier, c'est l'incapacité des traditionnelles politiques de planification et d'encadrement sectoriel à influer durablement sur les activités qui visent la satisfaction des besoins alimentaires en raison de l'impact du marché international et de la fluctuation des facteurs naturels. Quant au second fait, il est plus spécifique au Sénégal, car il concerne la dépendance alimentaire et l'extraversion des modes de consommation de la population urbaine et des zones rurales soumises aux cultures commerciales.

[254] Azoulay et Dillon (1993 : 243) expliquent que : « la politique de sécurité alimentaire est considérée dans le cadre de la problématique de l'ajustement structurel comme l'élément clé d'un processus global de développement économique et social. »

L'échelle spatiale du traitement des besoins alimentaires s'élargit suivant la conception des institutions internationales. Pour ces dernières, l'élaboration d'une stratégie alimentaire ne peut reposer exclusivement sur des critères de rationalités immédiates (Azoulay et Dillon, 1993). Si on suit ce point de vue, le village et la région voire le territoire national ne sont plus des entités pertinentes de traitement de la crise alimentaire. En d'autres termes, les solutions endogènes, liées au territoire et à son environnement proche, ne suffisent plus pour répondre à la demande alimentaire surtout en temps de crise. Et on notera aussi qu'une telle conception des stratégies alimentaires est en contradiction flagrante avec les principes du développement durable tant préconisés par les organisations internationales, organisations dont la vision place les stratégies alimentaires dans une posture stratégique dans le processus global pour le développement économique et social des pays en développement. Mais en même temps qu'elle est généreuse et ambitieuse de par sa finalité (le développement économique et social), la conception internationaliste exclut une bonne partie des stratégies alimentaires qui sont rencontrées au Sénégal. Une telle démarche est forcément malheureuse, parce que les stratégies traditionnelles qui étaient appliquées par les populations paysannes représentent un savoir alimentaire. Elles ont la particularité d'être des réponses aux problèmes de subsistance et de survie, et elles permettent périodiquement de s'adapter quand une crise alimentaire se pose. En ce sens, elles désignent l'ensemble des moyens de lutte que mettent en œuvre les populations face aux risques alimentaires engendrés par la sécheresse et la baisse des productions de céréales, et contrairement à ce qui est dit souvent, les réponses paysannes ne sont pas de simples « réactions spontanées ».

On verra que les stratégies paysannes se sont adaptées aux changements intervenus dans les systèmes de cultures et aux contraintes agroclimatiques du milieu dans lequel vit la population. D'ailleurs, l'analyse des systèmes agricoles et vivriers selon les régions au Sénégal a révélé que les stratégies alimentaires des ménages sont une partie intégrante des systèmes agricoles et c'est l'expansion du modèle de l'agro-exportation qui a relégué au second plan la fonction vivrière traditionnelle de l'agriculture. Au cours de la période postcoloniale, les transformations intervenues dans l'agriculture pluviale sénégalaise en faveur d'une production commercialisée ont rendu moins efficaces et ont déstructuré les stratégies traditionnelles de subsistance et leurs fondements. A ces modifications, ce sont ajoutées les graves sécheresses (1973/1974 et 1984/1985) qui ont, entre autres conséquences, imprimé dans l'imaginaire collectif un espace sahélien frappé d'une aridité extrême, de sols craquelés, d'animaux squelettiques ou morts, de populations malnutries et de mouvements d'exode rural. Bref, une région véritablement hostile où les systèmes agricoles traditionnels ne pouvaient plus suffire pour constituer les moyens efficaces de lutte contre l'insécurité alimentaire, d'où l'apparition et le développement des stratégies alimentaires d'ordre politique et institutionnel.

Au Sénégal, trois régions agro-écologiques symbolisent la modification des structures agricoles traditionnelles et les stratégies alimentaires : la vallée du fleuve Sénégal, le Bassin arachidier et le Bassin cotonnier. Dans ces différentes régions, les nouvelles stratégies alimentaires, qu'elles soient liées à l'agriculture (production, consommation, vente et stockage), à l'élevage et à divers autres métiers, participent toutes d'un même objectif, celui de la réalisation de la sécurité alimentaire des populations victimes. Cependant, les capacités des ménages à faire face au risque alimentaire sont très variables selon les régions.

Carte 18. Variation des capacités de gestion du risque alimentaire des ménages selon les déficits en céréales (carte adaptée des travaux du CILSS)

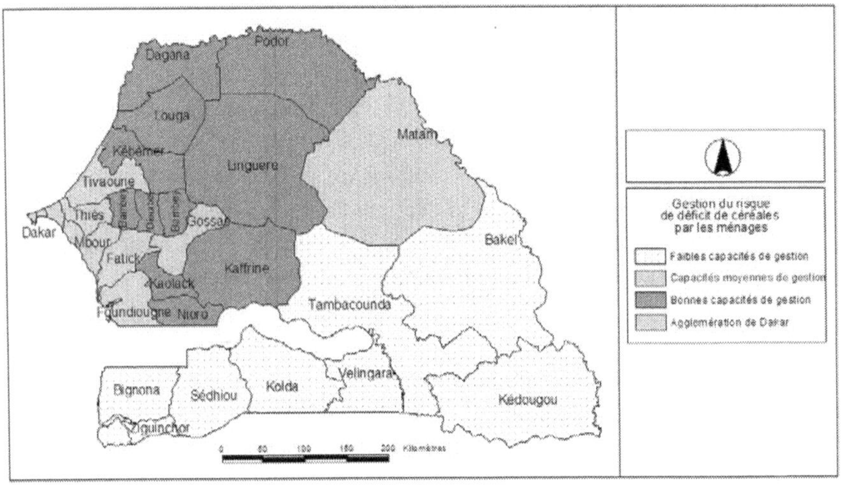

En dehors de l'agglomération dakaroise où la nourriture est basée sur le riz importé, les ménages des autres régions, notamment des zones rurales, éprouvent beaucoup de difficultés à faire face aux crises céréalières. Les ménages les mieux préparés sont paradoxalement ceux qui se trouvent dans les régions où les contraintes de production sont les plus sévères, en l'occurrence ceux du Bassin arachidier, de la zone sylvo-pastorale et la vallée du fleuve. En effet, contrairement à la Casamance, ces régions ont connu les contraintes liées à la baisse de la pluviométrie et à la dégradation des sols. Comme on le dit souvent, à toute chose malheur est bon, les fortes contraintes à la production ont poussé les populations des dites régions à diversifier leurs activités, mais aussi à bénéficier des politiques gouvernementales en matière de sécurité alimentaire. Aujourd'hui, si les capacités à faire face aux déficits de céréales sont plus efficaces dans les zones à fortes contraintes c'est parce que les populations ont pu compter sur d'autres sources de revenus, mais aussi ont pu faire évoluer leurs rapports aux ressources naturelles et à l'utilisation de leur espace. Les organisations non gouvernementales et les pouvoirs publics ont souvent martelé auprès des populations rurales dans les différents projets qu'ils mettaient en place que la sécurité alimentaire n'est pas seulement limitée à la production de céréales en grande quantité. Leur objectif était de dire que la sécurité alimentaire était également dépendante de la disponibilité de ces céréales et d'autres aliments dans le temps et dans l'espace, ainsi que de la capacité de la population à accéder à cette production ou bien sûr à une autre. Cette conception des rapports de la population à la nourriture, fondée non plus sur la seule activité agricole et la production des céréales, implique de la part de ses tenants la mise en place de nouvelles stratégies axées cette fois-ci sur la diversification des cultures et surtout sur la création de revenus en milieu rural.

Ainsi, les stratégies alimentaires ont été orientées dans le sens de la sécurité alimentaire non pas seulement au Sénégal, mais sur l'ensemble des pays de la bande sahélo-soudanienne. Cette vision participait d'une réponse globale des institutions internationales aux difficultés économiques des pays de la région, et elle passait par les programmes d'ajustement économique. Dans le domaine alimentaire, les mécanismes de règlement des crises épousaient les contours et les contenus de ces programmes, et viennent s'ajouter aux stratégies paysannes habituelles. Donc, face aux problèmes céréaliers et les crises qui en découlent, on observe deux grandes catégories de stratégies, les stratégies paysannes et les stratégies des pouvoirs publics et des organisations internationales telles que la FAO, le PAM, le PNUD, l'UNICEF, mais surtout le CILSS. Lorsqu'on interroge de plus près les réalités historiques et actuelles du terrain, on se rend compte que les populations se sont toujours évertuées à gérer les problèmes alimentaires auxquels elles ont été confrontées. Par exemple, dans l'analyse régionale de l'agriculture sénégalaise, on a vu que les stratégies de gestion du risque alimentaire font partie intégrante des systèmes agricoles utilisés par les ménages et la famille élargie, et qu'elles ont un impact important sur les stratégies de développement. Cette place leur confère une dimension de développement qui leur permet de contribuer au renouvellement de la réflexion en termes de projet national global de développement (Azoulay et Dillon, 1993).

2. Qu'est-ce qu'il faut comprendre par stratégies alimentaires ?

Dans les processus et les formes empruntées par la gestion des crises alimentaires, il existe une différence de fond entre les stratégies mises en œuvre par les populations locales victimes et les stratégies des organisations spécialisées. Les premières s'évertuent davantage à gérer et à limiter les risques alimentaires pour les minimiser. Elles s'attaquent aux problèmes liés à la production agricole, à sa répartition et à son stockage dans le but de se prémunir face aux problèmes alimentaires qui se poseraient. Il s'agit là d'une forme de subsistance préventive. Quant aux organisations spécialisées, lorsqu'elles agissent c'est pour s'attaquer à la crise en essayant de la résoudre par l'introduction de vivres dans les zones concernées, quel que soit le lieu de provenance de ces vivres. Par conséquent, ce sont deux approches complètement différentes qui engendrent des conséquences différentes dans des cadres spatiaux et territoriaux identiques.

Pour les définir, on dira que les stratégies adoptées par les populations locales correspondent aux stratégies paysannes courantes de subsistance et d'autosubsistance. Elles sont spécifiques, comparées aux stratégies spécialisées et d'ordre institutionnel, car elles dépendent des facteurs naturels qui président aux activités de la population et des héritages socioculturels. Elles supposent que pour chaque communauté paysanne, il existe un espace naturel, étendu ou pas, à l'intérieur duquel la communauté trouve les moyens nécessaires (production agricole, cueillette, échanges, etc.) à la satisfaction de ses besoins alimentaires. Cet espace naturel se présente comme le cadre alimentaire dans lequel les populations pensent et mettent en œuvre leurs stratégies de subsistance selon l'évolution des éléments de ce cadre. Il se crée alors une sorte d'adaptation perpétuelle des populations à leur espace alimentaire. Une adaptation qui peut disparaître ou s'arrêter selon le faible niveau de satisfaction des besoins alimentaires, et qui dans tous les cas entraîne le déplacement provisoire des populations. C'est le cas par exemple des anciens terroirs villageois. D'ailleurs, le passage d'un espace naturel à un espace alimentaire et les liens que la population établie avec ce cadre pour son alimentation rappellent justement une idée chère à Santos (1967) lorsqu'il parlait des régimes alimentaires et qu'il disait que, « les régimes alimentaires sont rattachés à une production propre au terroir qui sert d'assiette concrète au groupe humain » (p.333)[255].

---

[255]Santos, op. cit.

Mais on doit souligner que l'ancrage au terroir et à un espace alimentaire n'exclut pas une évolution des stratégies alimentaires du côté des paysans. Au contraire, cette évolution peut s'effectuer par intégration dans le système agricole (au sens large) d'espèces végétales ou agricoles ayant un cycle végétatif mieux adapté ou par le recours à des aliments issus de l'importation. Ces cas de figure, sont observables dans les zones agricoles où prédominent les cultures commerciales comme le Bassin arachidier, la Vallée du fleuve et le Bassin cotonnier. Dans ces zones, les stratégies alimentaires paysannes ont suivi les mutations agricoles et la péjoration des conditions naturelles.

On verra que, agissant sous le sceau du traditionnel « pragmatisme paysan », les communautés paysannes, qu'importe la région, adaptent leurs stratégies de survie aux conditions naturelles dans lesquelles s'effectuent leurs travaux agricoles, à la nouvelle pluviométrie, à la taille de la famille à nourrir, aux possibilités d'accéder ou non à l'aide alimentaire, et même aux relations sociales qui existent à l'intérieur de leur village ou avec l'extérieur. Ainsi, prennent-elles diverses formes comme les greniers céréaliers traditionnels ou les stocks de sécurité, la vente de biens alimentaires ou d'animaux, la diversification des productions agricoles, le recours à un système d'assolement par la combinaison de variétés hâtives et tardives, la recherche de complémentarités au niveau des aliments consommés entre la cueillette et la production agricole, les migrations temporaires ou définitives, la réduction des repas. Evidemment dans ces conditions, il se produit une modification des rapports entre les communautés paysannes et leurs espaces alimentaires, mais cette modification ne fait pas disparaître l'emprise de ces espaces par les populations. Quant aux stratégies alimentaires d'ordre institutionnel, elles se caractérisent par l'absence de rapports entre les vivres à la disposition de la population, son espace alimentaire et ses habitudes de consommation. En d'autres termes, ce sont des stratégies qui dissocient la production et la consommation alimentaire. Elles représentent une catégorie de stratégies alimentaires qui sont fondées sur l'idée que ce sont le marché, les moyens de transport et leurs mécanismes qui compensent les lieux déficitaires en céréales. Au Sénégal, cette conception a prévalu très tôt, notamment dans les centres urbains où par exemple toute la nourriture de base était issue (c'est le cas actuellement) des importations. L'Administration coloniale, tout en développant les Banques de céréales en milieu rural à travers les sociétés de prévoyance, entretenait constamment un programme d'aide alimentaire qu'elle appelait « vivres de soudures », constitué de riz importé et distribué aux populations paysannes lors de la soudure. Certes efficaces en situation d'urgence alimentaire, les stratégies d'ordre institutionnel contribuent malheureusement à l'extraversion des régimes alimentaires et enlèvent à ces derniers tout lien avec les conditions naturelles environnantes. Pire, elles effacent les espaces alimentaires traditionnels et rendent les stratégies paysannes de subsistance inadaptées en créant de nouvelles habitudes de consommation.

3. Les stratégies paysannes de subsistance

Face aux problèmes alimentaires qui découlent de la modification des écosystèmes et des systèmes agricoles, mais également face à la baisse des productions de céréales, on assiste de la part des communautés paysannes à la mise en œuvre et à la préservation des véritables stratégies. Ces stratégies visent d'une part la protection des récoltes de céréales et d'autre part à compenser le manque de nourriture qui se pose régulièrement durant les périodes de soudure. Extrêmement liées à la production agricole, la plupart des stratégies paysannes qui sont mises en œuvre dans l'espace rural sénégalais s'insèrent dans les systèmes agricoles. C'est pourquoi elles sont quasiment les mêmes sur toute l'étendue du territoire national, sauf qu'en fonction du degré de pénétration des cultures commerciales et de la transformation des systèmes de cultures, certaines stratégies sont plus intenses que d'autres. Les enquêtes auprès des paysans-chefs de ménages permettent de spécifier trois catégories de stratégies paysannes : les stratégies alimentaires fondées sur l'autosuffisance en céréales, celles qui son axées sur l'intensification de l'agro-exportation, et les autres fondées sur la diversification des sources de revenus et notamment la création de revenus non agricoles.

A la question, est-ce que votre production en céréales couvre vos besoins annuels en nourriture ? La majorité des chefs ont répondu par la négative. Et quelle que soit la zone agro-écologique dans laquelle se situent le village et les ménages interviewés, l'alimentation pose des problèmes au sein de la communauté paysanne. Par exemple, au cours de l'année 2002, les ménages dont la production agricole couvrait entièrement les besoins ne représentaient que 12 % dans le Bassin arachidier, 48 % dans la vallée du fleuve Sénégal et 62 % en Haute Casamance.

Ces chiffres sont indicatifs d'une situation alimentaire nationale insatisfaisante et on peut croire que depuis notre passage ils n'ont pas évolué. En tout cas, ils prouvent au moins que l'insécurité alimentaire est généralisée au sein du monde rural sénégalais, mais également ils permettent de mesurer l'importance qui est accordée dans chaque ménage agricole aux activités secondaires et aux diverses façons de faire susceptibles de générer des ressources monétaires pour l'achat d'aliments.

Tableau 57. Calendrier des cultures pluviales et stratégies alimentaires des paysans au Sénégal

Mois et saisons	Mars	Avril	Mai	Juin	Juil.	Août	Sept.	Oct.	Nov.	Déc.	Janv	Fev
	Saison sèche			Saison des pluies						Saison sèche		
Calendrier agricole	Préparation des sols			Semis dans le Sud et le Sud-est	- Semis dans le Nord et Centre - 1ères récoltes dans le Sud et Sud-est - Août, démarrage de la vente du maïs dans le Sud et Sud-est			- Période des récoltes - Commercia-lisation de l'arachide et du coton		Commercialisation du coton dans le Sud et le Sud-est		
Situation alimentaire et Stratégies de survie	- Manifestations des premiers signes d'insécurité alimentaire dans le Nord et le Centre du pays - Epuisement des stocks céréaliers dans certaines localités - Apparition des criquets pèlerins - Intensification des activités de cueillette et forestière - Petit commerce - Vente de bétail - Mise en gage d'animaux contre de la nourriture - Migrations temporaires vers les villes			- Période de soudure et d'insécurité alimentaire réelle - Hausse des prix des céréales au niveau des marchés locaux et hebdomadaires - septembre, démarrage de la vente du maïs dans le Sud et le Sud-est - Septembre, récolte et consommation du niébé dans le Nord et le Centre du pays				- Période d'abondance alimentaire marquée par la récolte des céréales et les rentrées d'argent provenant de la commercialisation des cultures de rente - Remboursement des dettes alimentaires				

3. 1. Les stratégies paysannes d'autosuffisance en céréales

Malgré l'expansion des cultures commerciales et la monétisation des échanges, les céréales continuent d'occuper une place fondamentale dans les régimes alimentaires. Parce qu'elles représentent l'aliment de base, on a constaté que la majeure partie des stratégies paysannes vise à préserver et à développer les moyens qui permettent d'en produire plus, ou de les conserver le plus longtemps possible en vue des périodes de soudure. Ainsi, les paysans qui fondent leur sécurité alimentaire sur l'autosuffisance en céréales ont pour objectif principal de reconstituer leurs capacités de production ou de maintenir un niveau d'autosuffisance satisfaisant par une gestion rigoureuse des récoltes. En fonction de ces deux objectifs, on a deux catégories de stratégies, les stratégies d'accroissement de la production céréalière et les stratégies de conservation.

Au Sénégal, les céréales ont été souvent le parent pauvre des politiques agricoles. Elles n'ont pas bénéficié des conditions d'organisation, de conservation et de commercialisation comme il en a existé pour le coton et pour l'arachide. Les stratégies qui visent à accroître la production de céréales qu'on a pu repérer relèvent de l'initiative des paysans, et ont la particularité d'être associées aux systèmes agricoles au sein desquels elles représentent une phase du processus de transformation les concernant.

Les stratégies paysannes expriment le décalage qui existe entre une politique agricole pensée par l'Etat central dans une perspective de développement national et les préoccupations des paysans qui eux recherchent avant tout à se nourrir. Cette catégorie de stratégies est très répandue dans les zones rurales. Mais celles qui sont étudiées ici sont localisées dans les zones agricoles qui connaissent, ou qui ont connu, une forte présence de cultures commerciales - en l'occurrence le Bassin arachidier et le Bassin cotonnier - et dont les systèmes alimentaires se sont transformés ou sont en train de le faire parce que les céréales de base sont en crise. Ce sont donc deux régions représentatives des conditions alimentaires des milieux ruraux sénégalais. Dans la première région, le Bassin arachidier, la logique qui sous-tend les stratégies paysannes de sécurité alimentaire est une logique d'autonomisation, tandis que pour ce qui est de la deuxième région, la Haute Casamance, les stratégies paysannes vont plutôt dans le sens d'une préservation des systèmes alimentaires traditionnels.

3.1. 1. Au niveau du Bassin arachidier

Dans le Bassin arachidier, la production de céréales, confrontée à l'expansion de la culture de l'arachide qui était fortement subventionnée et encadrée, avait cessé depuis longtemps d'être l'objectif premier de production des paysans. Mais comme on l'a démontré[256], le Bassin arachidier étant vaste et composite au double plan écologique et sociologique, les rapports de la population avec cette culture sont très différents selon les terroirs. Par exemple, dans les terroirs Wolof, les cultures de céréales sont délaissées au profit des cultures commerciales parce que les systèmes de consommation alimentaire ont été

[256] cf. le chapitre consacré aux systèmes agricoles dans le Bassin arachidier.

transformés et modelés en fonction des revenus procurés par l'arachide. En revanche dans les terroirs Sérer, la situation est inverse, car malgré une ouverture de la population à l'arachide, les systèmes alimentaires sont restés traditionnels, à base de mil. Cette situation s'explique par les rapports symboliques et particuliers que les populations sérer entretiennent avec les cultures de céréales, notamment le mil et le sorgho, et aussi par la nature des systèmes agricoles. Mais là n'est pas seulement l'explication. Par exemple, du point de vue de Stomal-Weigel (1988 : 19)[257] : « ce sont les spécificités liées à l'organisation socio-économique, politique ainsi que les héritages techniques qui ont permis à la société sérer de créer ses propres mécanismes d'accommodation aux changements imposés de l'extérieur et à la pression démographique ». Une autre raison qui explique la place prépondérante des céréales chez les Sérer, c'est la nature des systèmes agricoles pratiqués dans leurs zones d'habitation. Ces systèmes ont la particularité d'associer l'élevage et l'arboriculture dans les techniques de culture. Ainsi, durant les années de crise (sécheresses, ajustement structurel, baisse du cours de l'arachide) qui ont vu les revenus des paysans baisser, ils ont aidé les cultivateurs Sérer à se réadapter pour subvenir à leurs besoins alimentaires. Ces derniers ont eu les capacités de le faire, car leurs systèmes agricoles ont été moins déstructurés et ont été moins dépendants des innovations techniques engendrées dans la région par la culture de l'arachide. Toutes ces raisons font que dans la plupart des terroirs sérer situés dans le département de Thiès, les populations ont pu s'adapter aux contraintes environnementales, aux conséquences découlant de la culture de l'arachide et de la NPA., pour enfin pouvoir élaborer leurs propres stratégies de survie et ainsi assurer leur autosuffisance alimentaire.

3.1. 1. 1. Réadaptation des systèmes de cultures aux besoins alimentaires

Une des principales stratégies de survie alimentaire en milieu rural au Sénégal, c'est l'adaptation des systèmes de cultures dans le but de produire plus de céréales. Cette modification a entraîné une rupture du processus d'homogénéisation des systèmes agricoles et de consommation alimentaire qui se dessinait dans la région sous l'influence de la culture de l'arachide. En effet dans le centre du Bassin arachidier, Stomal-Weigel[258] démontrait au milieu des années 80 qu'il n'existait plus de jachères et que les superficies consacrées aux céréales et à l'arachide ainsi que les pratiques agricoles et alimentaires étaient les mêmes dans les terroirs wolof et sérer. Il faut dire que pendant cette période

[257] *L'évolution récente et comparée des systèmes de production sérer et wolof.*
[258] Op. cit.

des années 60 à 80, les revenus qui provenaient de la commercialisation de l'arachide suffisaient le plus souvent pour couvrir les besoins alimentaires de la majeure partie des ménages. Toutefois, la situation est actuellement différente, les paysans doivent trouver d'autres sources d'argent pour acheter les compléments d'aliments nécessaires à leur nourriture. Selon des données issues des enquêtes de l'ISRA, « à la fin des années 80 pour nourrir leurs familles, 3 % des exploitants vendaient des semences d'arachide, 24 % vendaient un ou plusieurs matériels agricoles, 36 % vendaient un ou plusieurs animaux de traction, 7 % vendaient de petits ruminants et 31 % vendaient du bétail »[259].

De nos jours, la crise perdure en s'accentuant parce que du fait de l'absence des programmes officiels de crédit, 40 % des ménages sont obligés de s'endetter pour se nourrir (Faye et coll., 2000)[260]. Contraignante, cette crise a influencé le comportement et la réaction des ménages quant aux choix des spéculations. L'une des réactions stratégiques les plus visibles quand on visite les ménages, c'est celle qui a consisté à accroître ou à maintenir une importante part de production de céréales. Derrière cette stratégie se profilent deux objectifs : le premier, c'est que le mil représente l'aliment de base dans la société Sérer, ainsi plus on en produit, plus on accroît la sécurité alimentaire du ménage. Quant au deuxième objectif, il est lié au prix très rémunérateur qui est appliqué au mil et au maïs depuis la libéralisation du marché céréalier en 1985.

Dans certains villages on note la place prépondérante qui est faite aux cultures vivrières. Pour les ménages sérer par exemple, la priorité revenait au mil et au sorgho, deux spéculations qui représentent plus de 43 % de l'espace cultivé dans le village contre 27,75 % dans le village de Ngoundiane. Autre observation intéressante, c'est le niveau d'équipement et le temps de travail consacré aux cultures céréalières. A la différence de ce qui est souvent véhiculé au Sénégal à propos des Sérer et leur « hostilité » à moderniser leurs moyens et leurs techniques de culture (Gastellu, 1981 ; Lericollais, 1972), on s'aperçoit que les paysans sérer consacrent aujourd'hui plus d'investissements (engrais, enrichissement organique des sols, temps de travail, etc.) sur les cultures céréalières qu'ils ne le faisaient auparavant. Cet investissement est à l'origine du différentiel de rendement et de superficies cultivées qui oppose les deux villages malgré leurs similitudes au plan écologique.

---

[259] La gestion du patrimoine foncier pour une agriculture productive au Sénégal.
[260] Région de Diourbel : évolution de la production agricole.

Figure 48. Systèmes de rotation des cultures selon les ménages et l'objectif de production dans le Bassin arachidier en 2002

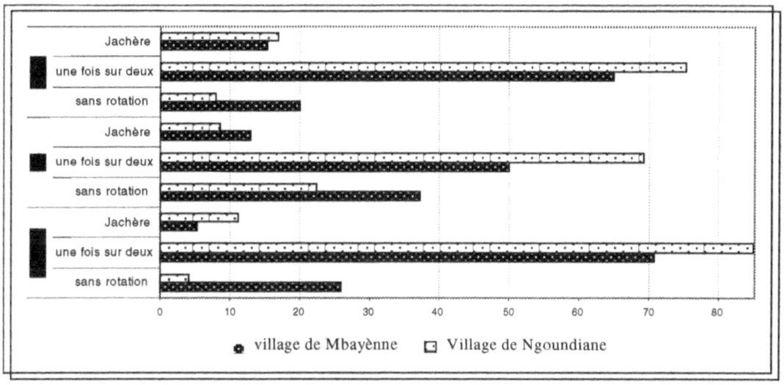

Figure 49. Intrants utilisés selon les ménages (%) et les cultures dans deux villages du Bassin arachidier en 2002

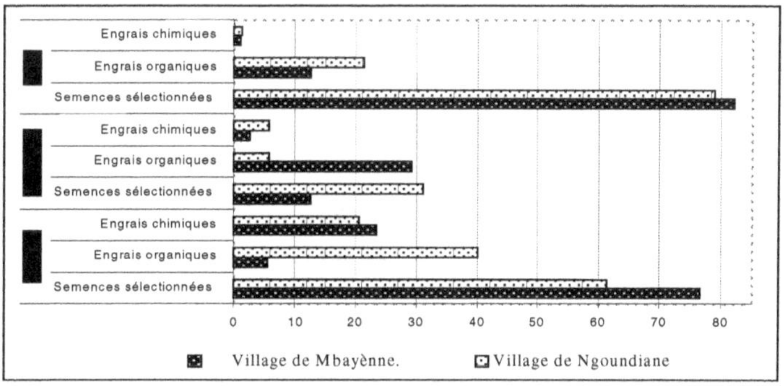

3. 1. 1. 2. Assolement et rotation : des survivances des stratégies paysannes pour la satisfaction des besoins alimentaires

Pour faire face aux besoins alimentaires qui ne sont pas couverts par les revenus de l'arachide, mais aussi parce qu'ils ont de moins en moins accès aux engrais et à des semences de qualité, on observe que la plupart des ménages tentent d'améliorer leur sécurité alimentaire en s'attaquant aux systèmes d'assolement et en recourant à davantage de matières organiques pour améliorer la fertilité des sols. Les systèmes d'assolement et de rotation des cultures représentent au sein des systèmes agricoles traditionnels des techniques de gestion de l'espace qui permettent de préserver et d'améliorer les capacités de production. Elles sont utilisées comme des stratégies de régulation de l'utilisation des ressources naturelles dans le but de sauvegarder les capacités productives du terroir. On comprend dès lors, vu les liens étroits entre les champs mis en culture et la disponibilité alimentaire, que la plupart des ménages les intègrent dans la production agricole et dans la gestion de leur sécurité alimentaire.

Dans le Bassin arachidier, les terroirs sérer sont reconnus comme étant les lieux où les techniques de l'assolement et de la rotation (64,8 % dans les terroirs wolof et 75,15 % dans les terroirs sérer) sont utilisées comme des stratégies de satisfaction des besoins alimentaires. Elle repose principalement sur une utilisation rationnelle des sols du terroir villageois, notamment par une répartition des céréales sur les meilleures terres et la mise en culture des bas-fonds. Même s'il y a un recul voire une disparition de la rotation triennale arachide-mil-jachère pour une rotation biennale arachide-mil, on constate le retour de la pratique d'une forme d'assolement traditionnelle qui avait disparu de la zone. Elle repose sur la culture continue du mil hâtif dans les champs situés à proximité des habitations (avec en intercalaire des cultures maraîchères), le tout renforcé par l'épandage de matières organiques, et la délimitation d'une deuxième couronne où on cultive en alternance plusieurs spéculations (arachide, mil, niébé, manioc, etc.). C'est au niveau de cette dernière couronne que sont pratiqués certains assolements et rotations nécessaires pour étaler la couverture annuelle des besoins alimentaires. Par cette forme d'assolement, on retrouve les systèmes agricoles d'autosubsistance qui prévalaient dans la zone avant l'introduction et l'expansion de l'arachide. Mais en procédant à un assolement de ce genre, les chefs des ménages sur qui repose la sécurité alimentaire (des ménages) estiment pouvoir disposer de la nourriture dans les greniers toute l'année ou à défaut réduire la durée de la soudure.

Les systèmes d'assolement sont dans les systèmes agricoles Sérer un moyen de préserver les capacités naturelles de production. La rotation biennale ou triennale qui existait entre l'arachide, le mil et la jachère a laissé la place à une autre forme de rotation faite d'une succession de deux années d'arachide et une année de mil ou bien deux années d'arachide ou de mil suivie d'une année de niébé. Ce type d'assolement et de rotation vise à entretenir et à profiter le plus longtemps possible de la fertilité des sols. Les chefs des ménages l'ont répété régulièrement comme si en même temps ils dénonçaient le désengagement de l'Etat. L'assolement et la rotation, disent-ils, sont les seuls moyens qui nous restent et qui nous permettent d'accroître notre production vivrière. Ces propos rejoignent l'idée selon laquelle la plupart des exploitants sont confrontés à des contraintes de sécurité alimentaire et d'accès aux semences qui limitent leurs investissements en engrais. Même si les besoins alimentaires et la demande en semences ont été satisfaits, beaucoup de paysans n'investiront pas dans l'engrais, car ils considèrent que le petit commerce ou les investissements sur les animaux sont plus rentables (Kelly, 1988). En s'attaquant aux systèmes d'assolement, les paysans Sérer du Bassin arachidier visent en premier à rendre plus efficace la gestion de la consommation de la production agricole dans le but de retarder la soudure et le recours aux petits commerces.

En revanche, au niveau des terroirs wolof, la stratégie de survie alimentaire est différente. C'est une stratégie qui porte les influences des mesures (arrêt des crédits de semences et d'engrais) prises dans le cadre de la NPA. Habitués à être encadrés et pris de court par ces mesures restrictives, les paysans ont été contraints de réduire les surfaces en arachide, les céréales ont pris le pas sur l'arachide (Faye et coll., 2000). Cette inversion au profit des céréales n'a pas duré pas longtemps. Car très vite, habitués à l'encadrement, ils vont s'adonner à fond à la culture de niébé dont des semences sélectionnées ont été mises à leur disposition par les pouvoirs publics. Aux yeux des pouvoirs publics sénégalais, la vulgarisation de la culture de niébé était un moyen de diversifier la production agricole et de compenser les pertes engendrées par le recul de la culture de l'arachide dans la zone. Cette approche continue d'imprégner les choix agricoles qui sont faits par les ménages. Au cours des enquêtes, les chefs des ménages disent qu'ils ont augmenté les surfaces en niébé au détriment du mil et de l'arachide. L'intérêt pour le niébé se manifeste aussi par l'apport de matières organiques (plus importante que dans les terroirs sérer) pour en améliorer la production.

Globalement, au niveau du Bassin arachidier, la production de niébé a été multipliée par 9 de la fin des années 60 à nous jours (Faye et coll., 2000). L'accroissement global de la production de niébé a contribué à consolider la part de cette denrée dans les systèmes de consommation alimentaire de la population. L'accessibilité de cette denrée fait qu'elle est largement distribuée dans les marchés ruraux et urbains.

Au final, on observe qu'au niveau du Bassin arachidier, les stratégies de subsistance qui sont mises en œuvre par les ménages s'apparentent plus à des réponses à une crise agricole - en l'occurrence celle de l'arachide - qui a frappé la région depuis quelques décennies et une réaction de paysans laissés à eux-mêmes après qu'ils ont été habitués à un nouveau système de consommation alimentaire. Les stratégies portent la commune particularité d'être, aussi bien dans les terroirs sérer que dans les terroirs wolof, une inspiration spécifiquement paysanne et ancrée dans les conditions socio-écologiques du milieu, sans intervention de l'Etat ou des organisations non gouvernementales. Cette situation[261] est à l'opposée de celle connue dans le sud du Sénégal. En effet dans cette partie du pays, la Haute Casamance représente une autre forme de stratégies de subsistance alimentaire conçue et mise en œuvre par l'Etat, non pas dans le but de procurer les ressources alimentaires à la population, mais plutôt pour développer les cultures commerciales, qui ont eu du mal à s'insérer dans les systèmes traditionnels.

3.1. 2. En Haute Casamance[262]

La situation alimentaire est moins difficile en Haute Casamance et de façon générale dans le Bassin cotonnier (Vélingara, Kolda, Tambacounda, Kédougou) qu'elle ne l'est dans la plupart des autres régions du Sénégal. Mieux, l'autosuffisance alimentaire fut une réalité dans cette vaste zone du pays jusqu'au début des années 80. Basés sur les céréales sèches, les régimes alimentaires avaient cette particularité d'être en adéquation parfaite avec les systèmes agricoles locaux, ce qui permettait d'entretenir et de reproduire le même système alimentaire grâce à une agriculture d'autosubsistance et un système d'élevage transhumant utilisé comme appoint. Les rares années où la sécheresse avait sévi et donc perturbé les régimes alimentaires, les populations locales pouvaient toujours compter sur les ressources forestières, également abondantes dans la zone, pour s'alimenter. Ce contexte d'abondance est encore présent dans la perception que beaucoup de Sénégalais ont de la Haute Casamance. Et pourtant, tout indique dans la configuration actuelle des systèmes agricoles et de consommation, mais aussi les stratégies paysannes que cette perception relève plutôt du passé.

3.1. 2. 1. L'adaptation des systèmes de cultures aux principes de la sécurité alimentaire

Des résultats d'enquêtes de la communauté rurale de Saré-Coli-Sallé, on a pu noter que 62 % des ménages étaient autosuffisants. Cette proportion, certes plus importante ici qu'ailleurs, démontre que la Haute Casamance n'est pas, sur le plan de la production agricole alimentaire, dans une situation d'extrême

[261] Elle a contraint les chefs des ménages à réadapter les systèmes de production agricole pour subvenir à leurs besoins alimentaires.
[262] Des informations supplémentaires sur les systèmes agricoles et la gestion des terroirs en Haute Casamance peuvent être trouvées dans notre mémoire de Maitrise présenté à l'Université de St-Louis en 1995.

vulnérabilité. Les systèmes agricoles sur lesquels reposaient les stratégies d'autosubsistance s'avèrent incapables de résoudre les besoins alimentaires qui se posent à la population. Ce décalage entre la production agricole et l'alimentation n'est pas un problème nouveau. Il provient d'un processus de transformation de l'agriculture dans la zone. Entamé à la fin des années 60, ce processus commence dans un premier temps par l'introduction de l'arachide et s'accélère dans un deuxième temps avec le coton, une spéculation très fortement encadrée. L'agriculture locale passe d'une production exclusivement vivrière endogène, d'autosubsistance à une production agricole mixte faisant une grande place aux cultures commerciales et à la création de revenus monétaires pour les cultivateurs. Parmi les conséquences nées de cette situation, il y en a deux qui sont déterminantes au niveau de l'approvisionnement en céréales : la première, c'est la désarticulation des systèmes alimentaires traditionnels et la seconde est liée aux stratégies mises en œuvre par les autorités nationales et les paysans pour continuer à assurer la sécurité alimentaire.

Les chefs des ménages témoignent le déséquilibre entre les besoins alimentaires et la production agricole globale qu'ils réalisent. A la question de savoir si la production agricole couvrait la totalité des besoins alimentaires annuels du ménage, les résultats obtenus donnent 62 % des chefs de ménages qui considèrent qu'ils sont autosuffisants, contre 31 % qui ne le sont plus. Dans l'entretien avec le chef du village de Saré-Yéroyel, celui-ci disait : « Autrefois, la production céréalière couvrait notre nourriture annuelle. Mais aujourd'hui, si on laisse de côté la production de coton, les céréales représentent 50 % des besoins alimentaires couverts dans le village et si on utilise les revenus issus de la production de coton, le taux de couverture alimentaire atteint 75 à 100 % selon les ménages ». Par ce témoignage, on mesure, à la fois, l'ampleur des changements qui ont perturbé les systèmes alimentaires, mais aussi la gravité de l'insistance des chefs des ménages sur le volet alimentaire comme étant l'une des principales contraintes qu'ils ont à surmonter. Les facteurs de ce malaise sont confirmés et corroborés par la comparaison entre les résultats de nos enquêtes et les données recensées par la communauté rurale de Saré-Coli-Sallé (tableau 59) lors de son enquête administrative.

Tableau 58. Répartition des cultures dans le village de Saré Yéroyel en 1990 et 2001

Cultures	Surface en 1990		Surface en 2001		Variation 1999/2001 (%)
	Hectares	Pourcentage	Hectares	Pourcentage	
Maïs	14	8.71%	17.5	9.00%	20%
Sorgho	44	27.37%	47.5	24.42%	7%
Mil	12.25	7.62%	9	4.63%	-36%
Riz	4.5	2.80%	7.5	3.86%	40%
Arachide	11.5	7.15%	17.5	9.00%	34%
Coton	74.5	46.35%	95.5	49.10%	22%
Total céréales	*74.75*	*46.50%*	*81.5*	*41.90%*	*8%*
Total cult. Rente	*86*	*53.50%*	*113*	*58.10%*	*24%*
Total	*160.75*	*100.00%*	*194.5*	*100%*	*17%*

Source : Enquêtes B. BA - 2002

Malgré la progression des surfaces en coton et en arachide (24 % entre 1990 et 2001) dans les systèmes de cultures, les paysans du Fouladou, donc de la Haute Casamance, ne perdent pas de vue la place prioritaire des céréales. Les résultats démontrent clairement que l'accroissement des surfaces, pour ce qui est des cultures commerciales, ne signifie pas pour autant que les paysans du Fouladou aient délaissé les cultures céréalières traditionnelles. Dans la mesure de leurs possibilités, ils essaient d'agir sur les systèmes de cultures tout en préservant les avantages qui leurs sont offerts par le coton en termes d'équipements en matériels agricoles et d'accès au revenu. C'est pourquoi, même si les céréales ont tendance à baisser ou à ralentir (81,5 % en 1990 contre 46 % en 2001) face au coton et à l'arachide, elles ont plutôt augmenté en surfaces absolues. De 74,75 ha en 1990, elles sont montées à 81,50 ha en 2001. Mais, toutes les céréales n'ont pas augmenté en surface, les paysans ont diminué le mil (12,25 ha en 1999 contre 7,5 ha en 2001) au profit du maïs et du sorgho. Ce changement est important et révélateur si l'on se réfère à la composition des régimes alimentaires dans la région. Le mil, aliment traditionnel de base, représentait entre 10 et 20 % des vivres que réalisait un ménage par année agricole dans la région du Fouladou. Donc, qu'il soit substitué à d'autres spéculations (sorgho et maïs) dans les systèmes de culture traduit pour les paysans l'absence de véritables choix. Derrière ce changement stratégique, la réduction du mil véhicule un double sens. Pour les paysans, aussi paradoxale qu'elle puisse paraître, cette réduction représente une stratégie de survie, de glissement de l'objectif d'autosubsistance à celui de la sécurité alimentaire, en comptant sur l'apport des cultures de rente. En revanche pour la SODEFTIEX, la régression du mil s'inscrit dans une logique de transformation à long terme des systèmes de cultures dans le but de développer le coton, de moderniser les systèmes de production, sans compromettre la sécurité alimentaire paysanne.

Apparemment, cette démarche de la SODEFTIEX visant le développement du coton a, semble-t-il, bien fonctionné en Haute Casamance pendant un certain nombre d'années. En effet, selon des résultats d'enquête de 1994 du centre d'expansion rurale de Kounkané, les surfaces consacrées à cette spéculation n'ont pas augmenté seulement, mais le fait de cultiver du coton était devenu indispensable pour la majorité des paysans pour couvrir leurs besoins alimentaires annuels. Ils apportent un éclairage intéressant sur la position des céréales dans les systèmes agricoles, mais également un éclairage sur le rôle déterminant que prend le coton dans les stratégies alimentaires des ménages. On constate que la plupart des ménages ont une nette tendance à limiter la proportion de leurs surfaces consacrées à certaines céréales, en l'occurrence le mil, pour disposer de suffisamment de revenus cotonniers qui leur permettent d'acheter les aliments complémentaires comme l'huile, le riz, le sucre et le café. Cette transformation des rapports à l'alimentation et la diversification des aliments consommés sont liées à la monétarisation des échanges dans la région et à l'organisation de la filière cotonnière qui assure un marché et un revenu aux paysans producteurs. Mais également, elles traduiraient un changement de stratégie en matière de production agricole pour coller aux conditions climatiques ; changement lié à la sécheresse endémique des vingt dernières années, et qui fait que le coton présente l'avantage décisif de mieux résister aux aléas climatiques (Savané et coll., 1992 : 338).

Dans tous les cas, au vu de l'expérience du Bassin arachidier, on peut considérer que, dans le long terme, la mutation des systèmes de cultures céréalières en faveur des cultures de rente pourrait, pour ce qui concerne les populations paysannes de la Haute Casamance, s'avérer contraignante au plan de l'approvisionnement alimentaire. Car, jusque-là, les systèmes alimentaires reposaient sur l'autoconsommation des céréales locales, et les périodes de soudure étaient gérées grâce aux produits végétaux provenant de la cueillette. Mais un des phénomènes qui pourraient bouleverser cet équilibre alimentaire, c'est la substitution des céréales traditionnelles par le riz brisé importé des pays d'Asie. Cette tendance est d'autant plus plausible que dans la perception générale des Sénégalais en milieu rural, la consommation du riz et d'autres aliments comme le café, le sucre, le lait, l'huile, etc., participent d'une modernité et d'un bien-être. C'est donc ce contexte qui pousse beaucoup de chefs de ménages, les jeunes hommes célibataires également et les femmes à s'adonner aux cultures de rente, plus qu'ils ne le faisaient pour les cultures de céréales ; chacun cherchant à avoir ses propres revenus, pour ses propres problèmes. L'inversion des priorités au niveau de la production agricole est une stratégie qui comporte des risques dans la mesure où elle pourrait signifier une fragilisation de la sécurité alimentaire chez les paysans les moins aisés.

Il est vrai que cette stratégie est compromettante pour la stabilité de la sécurité alimentaire dans la zone, car la plupart des petits ménages préfèrent cultiver plus de coton au détriment des céréales qui sont la base des régimes alimentaires. Dans le but d'éviter une modernisation des systèmes de production dont les conséquences dans le futur proche sont l'appauvrissement des populations et la dépendance alimentaire, la SODEFITEX encouragée par la NPA, avait tenté de réorganiser les systèmes agricoles des paysans en essayant de leur faire concilier l'objectif de l'autosuffisance alimentaire et celui d'une plus grande ouverture au marché.

3.1. 2. 2. L'intégration coton/céréales par l'encadrement et le marché

Consciente des dangers au plan alimentaire qui sont inhérents à l'expansion des cultures d'arachide et du coton en Haute Casamance, mais également face au risque de voir les paysans se détourner un jour du coton[263], la SODEFITEX a tenté de maîtriser ce problème par la mise en œuvre d'une politique d'intégration céréales/coton. Cette politique d'intégration est inscrite dans la Lettre de mission de 1988 de la société. On découvre dans ce document que : « une politique de diversification agricole doit permettre d'asseoir la culture du coton dans les systèmes de cultures en Haute Casamance et d'éviter de créer une concurrence entre les cultures de céréales et celle du coton. Une telle politique vise l'autosuffisance alimentaire et la diversification des sources de revenus des paysans ».

Ni totalement d'autosubsistance, ni totalement commerciale, cette politique cadre avec les principes directeurs de la sécurité alimentaire, production, disponibilité et accès. Elle traduit également une évolution de la pratique des cultures commerciales et des rapports entre les cultures vivrières et les cultures d'exportation et de rente, car l'autosuffisance ou pas, il faut tenter de garder ce qui peut l'être dans le modèle agro-exportateur tout en cherchant à diversifier vers les cultures alimentaires en s'appuyant sur les avantages comparatifs régionaux, facilement repérables, plutôt que mondiaux (Courade, 1990 : 83[264]).

---

[263] Comme il en fut le cas au début des années 70 lors de l'expérience cotonnière malheureuse au Saloum, région située dans le sud du Bassin arachidier.
[264] *Peut-il y avoir des politiques d'autosuffisance alimentaire ?*

Dans cette optique, la société de développement régional va utiliser une politique de vulgarisation consistant à intégrer les cultures de coton et de céréales pour transformer les habitudes des paysans. Grâce à cette politique, les paysans qui acceptent de faire du coton bénéficient gratuitement ou à faible crédit, de matériels agricoles, d'engrais et de semences qui sont destinés à la production de céréales. La société les incite aussi à se regrouper en association (Association de base des producteurs) pour défendre leurs intérêts et pour rendre plus facile l'accès au crédit, grâce en partie à l'instauration de la caution solidaire. Elle recommande à ses encadreurs, qui ne s'occupaient que du coton, d'apporter leur soutien et leur expertise aux paysans en vue d'accroître la production des céréales. Consciente du rôle de l'argent dans la marginalisation des céréales, la SODEFITEX innove en créant un marché céréalier plus ou moins identique à celui du marché cotonnier pour susciter l'intérêt des paysans et éviter qu'ils ne soient contraints à privilégier la culture du coton parce qu'elle procure plus de revenus.

3.1. 2. 2. 1. L'encadrement

Après quelques années de mise en œuvre de la politique de diversification agricole, il est difficile de considérer que l'intégration coton/céréales a permis de réaliser les deux objectifs de départ, l'autosuffisance alimentaire et l'accroissement des revenus. Les statistiques agricoles de la communauté rurale de Saré-Coli-Sallé révèlent que la production en maïs et sorgho a eu tendance à s'accroître durant quelques années (entre 1989 et 1994), mais que depuis le milieu des années 90, la dynamique est baissière pour les trois principales céréales produites dans la Communauté rurale. Cette situation est difficile à interpréter, car elle se déroule dans un temps court (moins de dix années) et que dans ce même temps la production cotonnière n'a pas augmenté comme l'escomptaient les responsables de la SODEFITEX.

Il faut néanmoins noter que dans un premier temps la politique de diversification agricole préconisée par la SODEFITEX avait bien marché. Les mesures d'accompagnement prises dans le cadre de cette politique se sont avérées efficaces à cause de l'organisation de la filière de commercialisation des céréales, du crédit d'équipement aux paysans et de l'appui technique que les encadreurs de la SODEFITEX ont apporté aux paysans. Sur cette dernière mesure, même si les autorités estiment qu'elle fut un succès, les rapports établis par la société démontrent le contraire. Par exemple, Achterstraat (1990 : 36), « l'encadrement de base s'est concentré et se concentre sur le développement de la culture cotonnière. L'encadrement des céréales est conçu dans le meilleur des cas par les encadreurs comme une activité supplémentaire et d'une moindre importance. Les céréales ne sont pas encadrées sur le même plan que le coton ». Il cite les propos d'un encadreur : « nous constatons qu'un champ de sorgho est enherbé, nous crions quand nous constatons qu'un champ de coton est enherbé...Jamais nous ne demandons à un paysan de nous montrer son champ de sorgho, nous ne lui demandons que de nous montrer son champ de coton ».

Tableau 59. Estimation des productions de céréales (en tonnes) réalisées dans la Communauté rurale de Saré-Coli-Sallé entre 1993 et 2000

Années	Maïs	Mil	Sorgho
1983	360	413	*1020*
1984	275,2	474	*1012*
1985	405	485	*680*
1986	630	460	*712*
1987	728	474	*764*
1988	765	438	*705*
1989	1196	456	*887*
1990	1171	600	*864*
1991	1390	510	*1131*
1992	2125	705	*1096*
1993	1500	590	*900*
1994	1545	495	*985*
1995	1430	600	*860*
1996	1407	485	*1045*
1997	1348	367	*905*
1998	*1371*	*417*	*889*
1999	*1266*	*387*	*769*
2000	*1417*	*337*	*748*

Source : Centre d'expansion rurale de Kounkané, 2002

Depuis quelques années, la SODEFITEX a essayé de changer et de réadapter l'encadrement en s'attaquant au statut de l'encadreur et à ses rapports avec les paysans. Désormais, l'encadreur est perçu comme un conseiller technique agricole plutôt que comme un contrôleur et encadreur pour la culture du coton. Ce statut l'oblige à s'occuper des cultures de céréales dans le même esprit qu'il le faisait pour le coton, en vulgarisant tous les thèmes techniques qui permettent d'accroître la production. Chaque encadreur-conseiller se voyait attribuer une vingtaine d'hectares en céréales (mil, maïs et sorgho) à suivre en accord avec les paysans depuis les semis jusqu'à la récolte et la vente. Même si, cette stratégie accroît le contrôle des cultures de céréales, on peut néanmoins douter du succès attendu, car on a constaté que la plupart des encadreurs ne sont pas présents dans les champs de céréales. Du côté des paysans, ils ne comprennent pas le parti pris de la SODEFITEX pour le coton au niveau de la fourniture des facteurs de production tout en voulant contrôler leurs cultures céréalières. Et quand on leur demande l'impact de l'encadrement dans la production de céréales, leur réponse est souvent de dire que « cela n'a rien changé ».

3. 2. 2. 2. Les marchés céréaliers

L'autre composante de la politique d'intégration céréales/coton, c'est la création des marchés céréaliers. Cette composante sur les céréales fut de tout de temps le parent pauvre des politiques agricoles au Sénégal. Car, jusqu'à la mise en œuvre de la NPA, les céréales traditionnelles ne bénéficiaient d'aucun cadre organisationnel en faveur de leur développement et de la diversification de leur destination. La composante commerciale qui les concernant fut l'apanage du Commissariat à la sécurité alimentaire (CSA), l'organisme national chargé de la régulation alimentaire. Au nom de l'Etat, le CSA achetait les céréales dans les zones excédentaires pour les revendre ou les distribuer pendant la soudure dans les zones sinistrées. Cette stratégie du CSA visait plus à réguler la disponibilité des céréales et leur accès pour les populations vulnérables qu'à enrichir les paysans dont la production était excédentaire. C'est pourquoi à partir de 1985, par la libéralisation du marché céréalier et l'implication de la SODEFITEX dans l'achat des céréales, les paysans répondent favorablement en augmentant les surfaces cultivées (Duruflé 1997, Seck 1992), et on assiste à la multiplication des marchés de céréales suivis par le CSA.

La prise en charge de la filière commerciale des céréales par la SODEFITEX avait l'avantage de combler un manque organisationnel et de mettre en valeur des spéculations dont la destination était toujours l'autoconsommation ou en cas de surplus le stockage dans les greniers familiaux. Les premières années qui ont suivi la libéralisation du marché céréalier ont été marquées par un accroissement des productions (tableau 58). En revanche, cette dynamique ne durera pas longtemps, car les prix bas et non contrôlés pratiqués dans les marchés locaux et par les commerçants provenant des grandes villes de Dakar et de Kaolack ont vite découragé les paysans et les ont convaincus que le coton et l'arachide restaient les spéculations les plus rémunératrices malgré le désengagement de l'Etat et la suppression du prix garanti.

La campagne de commercialisation de la SODEFITEX concernait principalement le maïs et le sorgho, et accessoirement le mil. Elle commençait dès le mois de novembre (soit 1 à 2 mois avant la vente du coton) avec le maïs, et procurait aux paysans leurs premiers revenus agricoles après l'hivernage.

Carte 19. Marchés suivis par le CSA dans le cadre des systèmes d'information sur les marchés au Sénégal

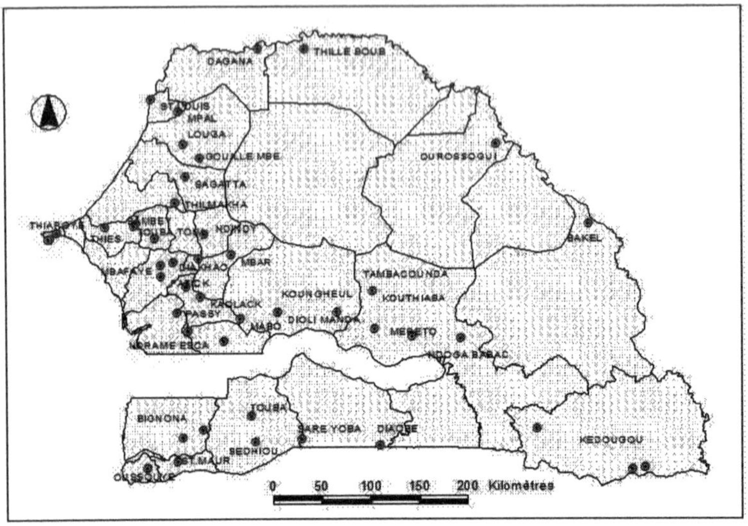

Tableau 60. Commercialisation des céréales dans le village de Saré-Yeroyel en 1992

Statut social	Production	Quantité (t)	Surf. cultivée par actif	Revenu (f.cfa) par hectare	Revenu (f .cfa) par actif	Prix/kg (marché local)
Chef de ménage	Maïs	16.1	0.16	49 100	7 800	47
	Sorgho	34.2	0.43	41 000	17 700	50
	Arachide	12.3	0.71	59 300	41 500	60
	Coton	50.5	0.65	117 700	36 500	70
Femmes	Sorgho	2.6	0.06	21 700	36 500	50
	Arachide	2.8	0.04	39 600	1 300	60
	Coton	17.4	0.31	37 300	11 600	70

Source : Enquêtes, 2002 - B. BA

Quant au sorgho et au mil, les paysans n'étaient pas souvent enthousiastes à les commercialiser à cause des prix faiblement rémunérateurs proposés sur les marchés locaux villageois et au risque de compromettre leur sécurité alimentaire. D'ailleurs, aussi paradoxale que cela puisse paraître, car officiellement elle encourageait le marché, la SODEFITEX a adopté la même attitude que les paysans. Cette attitude consistait à privilégier l'autoconsommation. Pour ne pas compromettre la production de maïs et sorgho, la société organisait la commercialisation des céréales dans une période de temps très court. Ce fut le cas en 1989 et en 1992, années au cours desquelles la campagne de commercialisation s'est déroulée en un et deux jours. En procédant de la sorte, la société d'encadrement était sûre que toute la production céréalière réalisée par les paysans ne pourra pas être écoulée, ce qui permettait aux paysans de ne pas brader toutes leurs céréales tout en gagnant un peu d'argent en attendant les rentrées d'argent plus substantielles provenant des campagnes commerciales pour le coton et l'arachide. Quant au sorgho et le mil, la SODEFITEX organisait la vente à partir du mois de janvier, période à partir de laquelle l'achat du coton et de l'arachide était achevé quasiment. Ce retard rendait les prix pour le mil et le sorgho peu rémunérateur sur le marché local.

A travers les expériences de l'encadrement et de la commercialisation, on mesure les limites des stratégies de sécurité alimentaire axées sur l'accroissement de la production des céréales traditionnelles et le marché. Les enquêtes sur les associations culturales pratiquées par les paysans démontrent clairement que les paysans n'ont pas adhéré pendant longtemps à la politique de la SODEFITEX d'intégration coton/céréales.

Tableau 61. Association des cultures à Saré-Coli-Sallé et prédominance de l'autoconsommation

Associations de cultures			**Proportion (%) par culture**		
Mil	Arachide	-	33	67	
Mil	Maïs	Sorgho	40	45	15
Mil	Arachide	Niébé	15	80	5
Maïs	Sorgho	-	60	40	0
Maïs	Arachide	-	10	90	0
Sorgho	Arachide	-	28	72	0
Coton	Niébé	-	80	20	0

Source : Enquêtes, 2002 - B. BA

Les cultures de coton et d'arachide sont beaucoup moins associées à d'autres cultures que ne le sont les céréales, parce que les populations fondent leurs stratégies sur les systèmes de production traditionnelle. On constate que les paysans reviennent à leur organisation traditionnelle et binaire de la gestion des productions agricoles, avec d'un côté une tendance à la diversification des céréales destinées à l'autoconsommation et d'un autre côté des cultures de rente cultivées sans association. Contrairement au Bassin arachidier où les conditions naturelles et la dégradation des sols obligent souvent les paysans à revenir aux céréales traditionnelles et à délaisser l'arachide, la Haute Casamance en revanche offre des possibilités de concilier les deux types de production.

L'association des cultures est assez diversifiée et on remarque que les paysans insistent sur les cultures vivrières. Cette stratégie qui n'est pas celle qui est recommandée par les encadreurs de la SODEFITEX s'avère néanmoins particulièrement adaptée au contexte social et écologique de la Haute Casamance. Car en privilégiant les spéculations à vocation alimentaire, les paysans confortent la stratégie d'autosubsistance et s'éloignent de la logique commerciale de la sécurité alimentaire dans laquelle la SODEFITEX semblait les insérer. Mais les influences extérieures en matière de consommation font que tous les chefs de ménages entretiennent des champs de coton et d'arachide pour s'acheter certaines denrées alimentaires issues des importations.

3. 3. Conclusion partielle

Des limites sont déjà apparentes, car une étude agronomique menée en 1990 par l'Association sénégalaise des ingénieurs de l'agriculture (ASIA)[265] dans le département de Vélingara concluait que les sols cultivables ne représentaient que 24 % du potentiel total et que plus de 30 % d'entre elles nécessitaient des moyens techniques lourds pour leur mise en valeur. D'autres auteurs déplorent l'absence d'une stratégie globale pour les céréales, et soulignent que « les céréales n'ont jamais fait l'objet d'une politique de production, de conservation et distribution de semences comme l'arachide. Les paysans se sont toujours procuré leurs propres semences, les quantités requises étant faibles, quatre kilogrammes par hectare » (Fall., Faye., 2000 : 11)[266]. Il faut dire que la conservation des semences de céréales est une vieille tradition, une composante de l'agriculture d'autosubsistance autour desquelles les paysans ont développé un savoir-faire. Toutefois, à cause de la baisse des productions, de nombreux paysans ne conservent plus leur propre semence, mais les achètent sur le marché, ce qui ne leur assure plus la qualité et la quantité suffisante. Par ailleurs, à cause de l'expansion des cultures de rentes, de la croissance démographique, mais également de l'arrivée en Haute Casamance de paysans Wolof en provenance du Bassin arachidier, dont les systèmes de production sont extensifs et axés sur les cultures commerciales (Sidibé, 2003 ; Ngaïdé, 1997), l'agriculture de subsistance qui semblait s'adapter à la transformation des systèmes de production perd les facteurs d'équilibre (sols disponibles et fertiles, pluviométrie adaptée) qui permettaient sa reproduction. Ce phénomène représente un risque pour la sécurité alimentaire, et comme dit Courade (1990 : 89) : « il est irresponsable de toujours vouloir compter l'étonnante capacité

[265] La gestion du patrimoine foncier pour une agriculture productive au Sénégal.
[266] Région de Diourbel : évolution de la production agricole.

d'adaptation et d'innovation des sociétés rurales qui dépérissent ici et là sous les coups de boutoir d'un environnement macro-économique souvent désastreux. On a beau s'extasier devant les réussites agraires, elles ne perdurent que si les sociétés qui les ont élaborées se reproduisent à l'identique, ce qui est de moins en moins le cas »[267].

4. Les stratégies alimentaires fondées sur les revenus

Dans le monde rural sénégalais, les revenus d'origine agricole et non agricole participent de plus en plus de façon déterminante à faire les stratégies à moyen terme que mettent en œuvre les paysans pour faire face à la baisse des céréales ou pour acquérir des aliments complémentaires. On a vu dans l'analyse des bilans céréaliers régionaux que malgré les excédents céréaliers notés dans les régionaux sud et sud-est du pays, les productions céréalières demeuraient globalement insuffisantes pour nourrir la population, d'où l'importation annuelle de grandes quantités de riz. Ce déficit céréalier récurrent est d'autant plus difficile à supporter qu'au niveau des zones rurales la pauvreté des activités secondaires réduit considérablement les stratégies de substitution à la disposition des paysans. Les stratégies dominantes en matière de sécurité alimentaire, qui ont consisté à agir sur les systèmes de culture et de production, en vue d'accroître la production céréalière, n'ont pas encore permis aux paysans d'endiguer les difficultés alimentaires, comme le témoignent les difficultés qui ressurgissent chaque année pendant la phase de soudure. Même si le problème de la couverture alimentaire ne se pose pas avec la même acuité selon qu'on se trouve en Haute Casamance, dans la vallée du fleuve Sénégal ou dans le Bassin arachidier, on a pu constater partout que les paysans tentaient d'intensifier les activités qui pouvaient leur générer des revenus monétaires. Les revenus issus de ces activités se répartissent principalement en deux catégories : les revenus agricoles provenant des cultures commerciales et les revenus non agricoles constitués principalement par les activités de commerce.

4.1. Les stratégies alimentaires de type monétaire

Au Sénégal, quand on parle de revenus agricoles, on fait allusion essentiellement à l'argent des paysans provenant de la commercialisation des cultures pluviales de rente, ce qui n'est pas faux parce que les paysans tirent la majeure partie de leur revenu annuel de la vente des deux principales

---

[267] Courade, op. cit.

spéculations, l'arachide et le coton. Ces revenus, qui apparaissaient suffisants pour couvrir les besoins matériels, sociaux, de prestiges et parfois la phase de soudure, s'avèrent insuffisants depuis quelques années. La situation a changé depuis que les productions céréalières sont devenues largement insuffisantes pour répondre aux besoins alimentaires de base des ménages. Le déséquilibre entre l'agriculture et l'alimentation, qui est une conséquence de la transformation de l'agriculture en général, de l'explosion démographique, de politiques agricoles inadaptées et de l'extraversion des régimes alimentaires, a obligé les paysans à diversifier leurs stratégies de sécurité alimentaire par une intensification des cultures de rente et une réaffectation plus rationnelle de l'utilisation des ressources monétaires.

Les enquêtes réalisées démontrent deux choses : d'une part, comme pour la destination des céréales (90 % du mil étant destiné à la consommation), les revenus tirés des cultures de rente financent en premier et prioritairement le secteur de l'alimentation dans chaque ménage. Au niveau du Bassin arachidier, parmi les chefs des ménages interrogés, ils sont 75 % dont l'argent de l'arachide sert à financer l'alimentation familiale. Quant à la Haute Casamance, cette proportion est plus faible, car dans cette région, étant donné que les productions de céréales sont assez substantielles, les revenus agricoles servent pour une bonne partie à financer les activités culturelles, sociales et de loisirs. Ce n'est que durant la soudure qu'une partie de cet argent est prélevée pour servir à la couverture de l'alimentation ; d'autre part, une forte inégalité des revenus agricoles selon les ménages et les régions (tableau 62).

Au Sénégal, les écarts entre les revenus d'origine agricole sont très grands d'une région à l'autre. Les paysans des régions de l'est et du sud où les systèmes agricoles comportent les deux principales cultures de rente s'en tirent beaucoup mieux au plan financier que les autres. Toutefois, cet avantage n'est pas sans poser de problèmes, parce que sur le plan de la vulnérabilité alimentaire, il se trouve que ces régions sont moins bien préparées que les autres en raison de la rareté des sources de revenus. Mais dans les deux cas, les revenus demeurent faibles, et sont loin de permettre de faire face correctement au coût de la vie au Sénégal. Au niveau du Bassin arachidier, cette catégorie recouvre 90 % des chefs de ménages dont le revenu annuel est inférieur au salaire minimum, tandis qu'en Haute Casamance elle représente 75 % des chefs de ménages.

Tableau 62. Répartition des revenus d'origine agricole selon les ménages et la région au Sénégal

Régions	Cultures de rente dominante	Proportion de paysans	Revenus annuels (FCFA)
Bassin arachidier	arachide	25%	moins de 50 000
		12%	50 000 à 150 000
		53%	150 000 à 300 000
		10 %	plus de 300 000
Haute Casamance	Coton arachide	10%	moins de 50 000
		20%	50 000 150 000
		25%	150 000 à 300 000
		22%	300 000 à 700 000
		3%	plus de 700 000

Source : Enquêtes 2002 - B. BA

Lors des enquêtes, les chefs des ménages ont souvent répété que lorsqu'ils remboursaient leurs dettes et qu'ils payaient l'impôt, il ne leur restait presque rien pour acheter de la nourriture, et qu'ils se voyaient obligés d'emprunter à nouveau ou de vendre quelques animaux. Diop (2001)[268] dans son étude sur la région Diourbel révèle qu'entre les mois d'avril et mai, 91 % des paysans déclarent n'avoir aucune économie provenant de la vente de l'arachide. Les travaux de Lericollais (1987)[269] dans le village de Sob repris et actualisés par Fall et Faye (2001 : 5)[270] montrent que le produit brut par habitant de l'arachide a doublé à peine en 35 ans alors que le prix officiel du kilogramme au producteur a passé de 22,5 à 130 FCFA. Pendant la même période, les termes de l'échange avec le riz se sont détériorés considérablement, alors que la production de mil et de sorgho ne couvrait qu'une année sur deux les besoins alimentaires.

Le Bassin arachidier et la Haute Casamance sont les deux principales régions de cultures pluviales de rente, aussi représentent-elles deux extrêmes (les plus pauvres et les plus riches) en termes de revenu agricole. Donc, en comparant ces deux régions, on mesure mieux l'état de pauvreté qui affecte les paysans du Sénégal et les problèmes alimentaires auxquels ils ont à faire face. Il y a déjà quelques années, une étude conduite par Roch (1972) dans le village de Darou Rahman (tableau 63), dans le Bassin arachidier, démontrait le fort lien qui existait entre les revenus monétaires, l'endettement, la production de mil et l'alimentation au niveau des ménages.

[268] Op. cit.
[269] Op. cit.
[270] Op. cit.

Tableau 63. Revenus arachidiers, endettement et disponible céréalier par habitant à Darou Rahmane

	Ménage M. Ndiaye	Ménage M. Diop	Ménage MB. Ba	Ménage O. Ndiaye	Total échantillon
Arachide (F.cfa/hbt)	6 262	9 070	4 605	3 247	5 610
Endettement (F.cfa/hbt)	972	825	3 389	2 412	1 899
Disponible mil (kg/hbt)	45	81	58	64	64

Source : adapté de Roch, 1972

Il est évident que vu la faiblesse des disponibilités de céréales par habitant, les revenus monétaires arachidiers étaient indispensables pour la couverture alimentaire annuelle des ménages (tableau 61). Sous cet angle, le Bassin arachidier fut la première zone rurale où les stratégies de couverture des besoins alimentaires se rapprochaient de celles qu'on observe dans les centres urbains, car dans la plupart des autres zones rurales, les revenus monétaires ne jouaient qu'un rôle de second plan, un rôle qui pouvait à certaines périodes s'avérait déterminant dans le budget alimentaire des ménages. La place et la fonction des revenus agricoles dans les stratégies alimentaires des paysans sont ainsi d'importance variable selon les conditions agro-écologiques. On a vu que selon les régions, selon leurs potentialités agronomiques, la fertilité des sols et aussi selon le degré d'extraversion des régimes alimentaires, les paysans mettaient l'accent sur les cultures commerciales ou sur les cultures de céréales, ou sur les deux en même temps. Par exemple au niveau du Bassin arachidier où tous ces paramètres sont en régression, on a constaté que les chefs des ménages, tout en ne délaissant pas l'arachide, tentent timidement de diversifier les cultures secondaires, mais en maintenant de grandes surfaces de céréales. L'argent tiré de l'arachide commandait les autres moyens de survie, dont l'endettement qui est devenu une voie de recours assez prisée, et on voit que de nos jours, beaucoup de paysans du Bassin se lancent dans des activités non agricoles pour compenser la baisse de l'arachide et atténuer ainsi les conséquences des mauvaises récoltes. Cette attitude est dictée par le fait que les revenus agricoles arachidiers sont insuffisants pour assurer la sécurité alimentaire sur toute l'année. Par conséquent, comme pour le mil, l'argent de l'arachide, qui représente au passage 80 % voire plus du revenu que réalise annuellement un chef de ménage, est utilisé par ce dernier pour acquérir la nourriture de base, mil et riz. Dans ces conditions, on comprend alors que malgré la baisse de la production qui affecte cette spéculation, bon nombre de paysans ne soient pas tentés complètement de l'abandonner. Tout au moins, sont-ils sensibles au discours des pouvoirs publics qui leur recommande de diversifier la production agricole pour réduire la dépendance alimentaire et économique entretenue avec les revenus arachidiers.

4.1.1. Stratégies alimentaires fondées sur la diversification des sources de revenus

La diversification est un processus de transformation et d'adaptation du milieu rural à un nouvel environnement économique. Elle postule l'ouverture des marchés ruraux à des produits agricoles dont la diffusion ne dépassait guère la cellule familiale. Cette diversification a commencé véritablement à prendre place dans le monde rural au milieu des années 80 avec la NPA et la volonté des pouvoirs publics de casser la monoculture arachidière. Elle fut présentée comme une stratégie de sécurité alimentaire, dont l'objectif était la création de revenus supplémentaires pour acheter les aliments nécessaires à la nourriture[271]. C'est aussi une vision des rapports entre la paysannerie et ses conditions alimentaires, ses liens à la terre et ses rapports avec l'environnement ; c'est en ce sens qu'elle va à l'encontre de « l'idée persistante » déplorée par Hill (1992) et reprise par Readon (1994 : 205) selon laquelle : « les ménages ruraux ouest-africains sont non seulement ou principalement des agriculteurs, le ménage paysan traditionnel dépendant de la terre, de quelques animaux et du petit artisanat pour couvrir ses besoins alimentaires, et par conséquent, ces paysans ne dépendent que peu du marché pour leur alimentation »[272]. Donc, pour casser cette dépendance séculaire, le gouvernement du Sénégal, sous la pression des institutions comme la Banque mondiale, a inclus dans sa politique de sécurité alimentaire en milieu rural la diversification des sources de revenus. Cette diversification comporte deux volets : un premier fondé sur l'intensification des cultures secondaires et un second sur la multiplication des activités extra-agricoles.

4.1.1.1. Sur l'intensification des activités agricoles secondaires

L'intensification des cultures secondaires fut une des mesures d'accompagnement prises dans le cadre de l'ajustement structurel et de la NPA pour contribuer à l'autosuffisance alimentaire au Sénégal. Mais il est difficile d'en évaluer l'impact de la diversification dans les stratégies de création de

[271] Déclaration de politique agricole de 1992.

[272] *La diversification des revenus au Sahel et ses liens éventuels avec la gestion des ressources naturelles par les agriculteurs.*

revenu et d'amélioration de la sécurité alimentaire en milieu rural. La difficulté réside dans le fait qu'il existe très peu de statistiques sur ces cultures de diversification[273] et quand elles existent ces statistiques ne fournissent pas assez d'informations sur les revenus monétaires que procurent ces cultures et donc ne permettent pas de savoir comment des milliers de ménages ruraux réussissent à survivre, voire à entreprendre des activités économiques non agricoles. Tout au moins, observe-t-on que la diversification des cultures secondaires n'est pas une stratégie nouvelle aux yeux des paysans. Ces derniers l'ont toujours pratiqué pour d'une part de réduire les risques de mauvaises productions agricoles liées à la variation des pluies et d'autre part de compléter les régimes alimentaires et de gérer les périodes de soudure. Ce sont ces objectifs qui expliquent l'adoption des systèmes de cultures auréolaires dans les systèmes agricoles traditionnels.

L'innovation dans l'introduction de la diversification, c'était plutôt le fait de vouloir inciter les paysans à mettre leurs productions agricoles secondaires dans le marché, car jusque-là cette catégorie de production était soit autoconsommée, soit bradée ou échangée sous forme de troc. Mais, le dernier recensement de l'agriculture (1998/1999) démontre clairement que les cultures secondaires et de diversification ne représentent qu'une faible proportion dans l'ensemble des surfaces cultivées, et que par rapport à l'arachide (ou la part des céréales dans le bilan alimentaire) les revenus qu'elles génèrent sont si dérisoires qu'ils n'influent pas de façon déterminante sur la sécurité alimentaire des ménages agricoles.

Tableau 64. Cultures secondaires et de diversification au Sénégal selon la parcelle cultivée (%) et la surface (ha) totale cultivée lors de la campagne agricole 1998/1999

Cultures	Cultures principales				Principales cultures de diversification									
	Arachide		Mil		Niébé		Manioc		Tomate		Pastèque		Bissap	
Régions	%	ha	%	ha	%	ha	%	ha	%	ha	%	ha	%	ha
Diourbel	18	0,6	13	0,36	0,07	0,24	-	0,02	2,3	0,4	1,1	0,15	2,3	0,4
Kaolack	37	0,9	0,4	0,24	0,03	0,2	0,09	0,13	0,52	0,5	0,2	0,21	0,52	0,5
Kolda	35	0,9	0,3	0,2	0,12	0,15	0,01	0,15	0,01	0,15	0,02	0,13	0,01	0,15
Tamba	26	0,63	1	0,19	-	0,03	0,02	0,01	0,09	0,24	0,1	0,12	0,09	0,24
Moyenne nationale	*24,4*	*0,8*	*30*	*1,02*	*10,7*	*0,45*	*1,1*	*0,7*	*0,4*	*0,15*	*1,7*	*0,5*	*2,3*	*0,2*

Source : Recensement national de l'agriculture au Sénégal, 2000

[273] Les services officiels des statistiques de l'agriculture du Sénégal n'intègrent pas les cultures secondaires parmi les cultures dont ils collectent les données annuellement.

Carte 20. Typologie des revenus des chefs de ménages en milieu rural en 1995

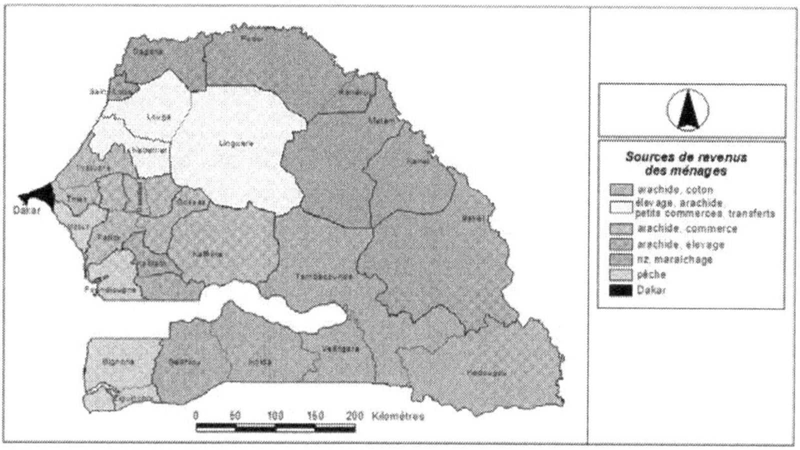

L'observation et les enquêtes ont permis de se rendre compte qu'ils sont peu de paysans en réalité qui s'adonnaient à ces cultures dans le but de faire des revenus. Par exemple, en Haute Casamance, dans les villages de Saré-Yeroyel, de Bati et de Diaobé, cette catégorie de paysans ne représente que moins de 5 % contre 15 à 20 % dans les villages de Mbayène et Ngoundiane au niveau du Bassin arachidier.

La comparaison entre les deux régions est intéressante, car elle montre que, aussi bien dans les endroits où les paysans sont assez ouverts au marché que dans les autres, les sources de revenu agricole sont peu nombreuses. Plusieurs facteurs expliquent une telle situation ; entre autres, il y a la subsistance d'une forme d'agriculture d'autosubsistance qui se manifeste par les surfaces marginales qu'occupent ces spéculations dans les systèmes de cultures (moins de 0,5 ha par culture et moins d'une tonne de production par année), par l'absence ou l'insuffisance de marchés et d'un réseau routier et par l'inorganisation des filières concernant les cultures secondaires. Par ailleurs, comme dans les systèmes agricoles traditionnels, les cultures secondaires avec lesquelles devait se faire la diversification des revenus en milieu paysan ont encore aux yeux de ces derniers un statut de cultures de case, ce qui fait qu'elles sont avant tout destinées à agrémenter les repas traditionnels. Donc, l'intérêt commercial de ces cultures est pauvre. La preuve, elles sont pratiquées en grande partie par les femmes, les hommes préférant se consacrer aux grandes cultures vivrières et de rente, de loin beaucoup plus rentables. La diversification des cultures en tant que réponse à la baisse des revenus arachidiers et à la variation des productions de céréales ne semble pas convaincre dans le milieu des paysans ; ces derniers semblent plus intéressés par la diversification hors des champs.

4.1.1.2. Sur l'intensification des activités non agricoles

Le Sénégal n'est pas un environnement où les conditions agricoles sont faciles. Les paysans du pays sont donc habitués à vivre des périodes difficiles. On a démontré comment, à partir de l'interprétation des éléments de leur espace alimentaire et par une réadaptation des systèmes agricoles, ils mettaient en œuvre ce qu'on a appelé les stratégies de survie pour compenser les baisses de production et de revenus. Il se dégage parmi toutes ces stratégies une évolution des comportements et une transformation des rapports de ces derniers aux ressources naturelles et à l'espace agricole. L'évolution des comportements se manifeste principalement par l'intégration des activités économiques hors sols au système de production agricole qui est toujours la base des systèmes alimentaires. La plupart de ces activités existaient auparavant. Mais ce qui a changé sans être véritablement visible dans les systèmes de production, c'est la place des retombées de ces activités dans les systèmes alimentaires et la dynamique d'intégration territoriale (entre deux ou plusieurs villages, entre des villages et des villes, etc.) à laquelle ces mêmes activités poussent les paysans. Cette situation amène à constater que, si déjà à la fin des années 70, l'expansion des modes de culture de l'arachide avait conduit à l'effacement des terroirs villageois (Masselière, 1984), de nos jours ce sont les activités économiques secondaires non agricoles de création de revenus qui homogénéisent, recomposent les terroirs et qui rythment les relations à l'intérieur des campagnes et entre les campagnes et les villes. Lorsqu'on commence à s'intéresser aux activités non agricoles comme stratégie de sécurité alimentaire, ce sont les mutations économiques et territoriales qui ont attiré l' attention, parce que face aux chefs des ménages, les réponses obtenues à la question de l'affectation des revenus issus des activités non agricoles ont balayé des certitudes établies depuis longtemps. En effet dans les deux grandes zones d'agriculture pluviale, ces revenus qui étaient destinés autrefois aux cérémonies familiales financent désormais et en premier le poste alimentaire.

Tableau 65. Stratégies de survie des ménages selon la consommation de céréales par habitant et selon le revenu cotonnier en Haute Casamance

Revenu	100 000 à 200 000 F.cfa				200 000 à 500 000 F.cfa				plus de 500 000 F.cfa				*Total*
Habitants	moins de 150	150 à 220	Plus de 220	*Total*	moins 150	150 à 220	Plus de 220	*Total*	moins de 150	150 à 220	plus de 220	*Total*	
Vente de bétail	18	22	18	*58*	20	21	7	*48*	7	6	3	*16*	*122*
Vente force de travail	8	10	5	*23*	6	3	1	*10*	1	0	1	*2*	*35*
Petits commerces	3	3	2	*8*	6	3	4	*13*	1	1	0	*2*	*23*
Ventre d'autres biens	3	2	1	*6*	4	3	0	*7*	1	1	0	*2*	*15*
Maraboutage	2	1	2	*5*	2	0	0	*2*	1	0	1	*1*	*8*
Griotage	1	1	0	*2*	1	0	0	*1*	0	0		*0*	*3*
Total	*35*	*39*	*28*	*102*	*39*	*30*	*12*	*81*	*11*	*8*	*5*	*23*	*206*

Source : Savané, 1992

Tableau 66. Stratégies de survie des ménages dans le Bassin arachidier et la part des revenus non agricoles dans les revenus globaux

Villages Produits	Nerouane		Keur Makhaly	
	F.cfa/habitant	% revenu	F.cfa/habitant	*% revenu*
Vente de produits agricoles	4558	20	10485	*27*
Ventres de bétails	6117	27	11521	*29*
Artisanat	600	3	1855	*5*
Commerce	1785	8	6220	*16*
Maraboutages	4059	18	439	*1*
Dons, cérémonies	2310	10	2135	*5*
Transferts, pensions, etc.	1457	6	1127	*3*
Rentes, dettes remboursées	1982	9	5668	*14*
Total	*22868*	*100*	*39450*	*100*

Source : d'après des données de A. B. Diop 2000, Waterbury et Garine 1987

En plus des revenus investis directement dans l'alimentation, on a vu que dans les deux zones la répartition des revenus non agricoles s'établissait comme suit selon les chefs de ménages :

	Bassin arachidier	Haute Casamance
Augmentation du cheptel	12 %	35 %
Cérémonies familiales et religieuses	17 %	30 %
Impôts et remboursement des dettes	6 %	2 %
Poste alimentaire	56 %	27 %

Dans le détail, on mesure encore plus le poids de l'alimentation dans la répartition des revenus non agricoles, poids qui est d'autant plus visible quand on passe de la moyenne zonale à la moyenne par village. Dans ce cas, on observe qu'au niveau des villages de Mbayène, de Thialé et de Ngoundiane dans le Bassin arachidier, ce sont 49 %, 57 % et 62 % des chefs de villages qui déclarent utiliser leurs revenus secondaires non agricoles pour l'alimentation contre en Haute Casamance 23 %, 30 % et 28 % dans les villages de Diaobé, Bati et Saré-Yeroyel. A côté des revenus directement utilisés pour l'alimentation, il faut noter la bonne part d'argent (12 % dans le Bassin arachidier et 35 % en Haute Casamance) qui est affectée à l'acquisition et à l'augmentation du bétail familiale. Cette utilisation de l'argent pour du bétail est importante à souligner, car elle véhicule une stratégie alimentaire assez usitée dans les milieux ruraux sénégalais. Elle trouve son origine dans le manque d'infrastructures adaptées, mais aussi parce qu'elle représente la forme d'épargne la plus sûre chez les paysans et parfois la seule. Elle représente également une source pérenne de création de revenus. Par exemple, dans le Bassin arachidier où les revenus arachidiers sont faibles, l'épargne bétail est convertie en argent pour l'achat de vivres ou échangée contre des céréales à partir du milieu de la saison sèche et pendant la soudure. A ce propos, Lombard (1987) observait dans ses recherches en pays Sérer que le petit bétail s'échangeait quotidiennement en saison sèche et tous les chefs de ménages qui possédaient des bovins vendaient un ou deux par an pour acheter des denrées alimentaires. On apprend aussi que certains ménages achètent des animaux de traction (cheval et âne) qu'ils louent pendant la saison des cultures contre des kilogrammes de mil ou d'arachide aux paysans dépourvus de moyens de traction.

Dans les autres régions en revanche, comme la Haute Casamance et la zone sylvo-pastorale où l'élevage est une activité culturelle traditionnelle, l'accroissement du cheptel avec les revenus non agricoles participe à entretenir un niveau de prestige social et sert que rarement à l'entretien de la sécurité alimentaire. Mais les sécheresses répétées et l'extension incontrôlée des cultures ont réduit considérablement les pâturages, rendant plus difficile l'élevage, mais surtout décourageant les paysans à la pratique de l'épargne-bétail. Pourtant, des enquêtes récentes (Diop, 2001) révèlent l'existence de revenus substantiels comparativement aux revenus arachidiers provenant de la vente et de la location d'animaux, 28 % des ménages obtenant 50 000 francs CFA et 17 % gagnant plus.

Toutes ces observations renseignent sur l'état de la crise céréalière, sur la crise des revenus et sur la perturbation des systèmes alimentaires traditionnels. C'est la combinaison de toutes ces contraintes qui oblige les paysans à vendre ou louer leur bétail pour acheter des vivres. C'est également ces mêmes contraintes qui expliquent le développement des activités commerciales comme le petit commerce et l'artisanat.

Les activités commerciales qui concernent les paysans portent le plus souvent sur les condiments et les céréales, mais ne représentent que de faibles quantités. Mais elles ont l'avantage de permettre à certains d'entre eux d'écouler une partie de leur production sur les marchés hebdomadaires ou d'en acheter chez les voisins pour ensuite revendre dans ces mêmes marchés ou au niveau des centres urbains. Dans les villages, ces activités créent une dynamique d'échange qui implique les hommes, les femmes et les jeunes. C'est pourquoi on considère qu'elles préfigurent une transformation de la société rurale. En effet, jusqu'au milieu des années 80, le commerce en milieu rural apparaissait comme une réponse à un manque de revenu, mais surtout il était fait pour compenser le manque de vivres, et de ce fait il était pratiqué par les hommes. Aujourd'hui, l'implication des femmes et surtout celle des jeunes révèle l'extraversion des stratégies et surtout une sorte d'individualisation de la prise en charge alimentaire. Car de plus en plus, l'alimentation du groupe familiale est l'affaire de tous, pas seulement celle du chef de ménage. Ce qui signifie que la crise céréalière a pris le dessus sur les tabous. Il faut dire que la persistance de la crise céréalière et le contact avec les *bana-bana* ont aussi contribué à l'éveil des consciences, ainsi existent-ils des paysans qui se sont complètement reconvertis dans le commerce, même s'ils sont encore peu nombreux.

Il existe d'autres activités secondaires génératrices de revenus, dont l'artisanat, la cueillette, le maraboutage, etc. Mais à l'image du commerce, elles rapportent très peu, ne concernent qu'un nombre réduit de paysans, d'où un impact et une place presque nuls dans les stratégies de sécurité alimentaire. Globalement, l'intensification des activités secondaires pour pallier la crise céréalière et la baisse de revenus d'origine agricole a été d'un impact faible au sein des ménages ruraux pour qu'elle soit considérée comme une véritable stratégie alimentaire. On a vu qu'elle concerne très peu de paysans et qu'elle bute sur trois obstacles : d'abord le fait que les activités soient peu diversifiées et qu'elles portent essentiellement sur le commerce, ensuite le faible voire l'absence de pouvoir d'achat des paysans et enfin les réticences sociales liées aux traditions et qui confinent les paysans dans les activités traditionnelles d'agriculture et d'élevage.

Les facteurs qu'on vient d'évoquer ci-dessus s'ajoutent à l'absence de véritables perspectives de diversification des activités économiques venant des pouvoirs publics ou des organisations paysannes. Les chefs de ménages interrogés sur les moyens dont ils disposent pour améliorer leur sécurité alimentaire sont unanimes dans leurs réponses, et ce, qu'il s'agisse des paysans du Bassin arachidier ou de la Haute Casamance. Par exemple au niveau du Bassin arachidier, la moyenne des trois villages donne 64 % des chefs de ménages qui pensent que c'est par le développement de la culture de l'arachide et du mil qu'ils parviendront à la sécurité alimentaire totale, contre 12 % qui pensent que c'est par le commerce et 5 % par l'élevage. En Haute Casamance aussi, les réponses sont quasiment identiques, 71 % pensent que c'est en augmentant le prix du coton et la production de maïs et de sorgho contre 22 % qui pensent c'est avec l'élevage, et seulement 3 % pensent que le commerce pourrait aider à réaliser la sécurité alimentaire. Ces chiffres ne doivent pas être interprétés comme la preuve que la diversification des activités et des sources de revenus n'est pas une stratégie de sécurité alimentaire. Au contraire, ils doivent inciter à pousser la réflexion, parce qu'ils révèlent que la diversification des revenus qui était préconisée dans le cadre la NPA pour accompagner le désengagement de l'Etat et conforter les stratégies alimentaires des paysans n'a pas connu le succès attendu, mais aussi n'a pas complètement échoué. Peut-être que la meilleure stratégie de sécurité alimentaire sera celle qui se basera sur la modernisation des systèmes de production agricole, sur l'intensification des cultures céréalières de base et sur la mise en place d'un système marchand global.

5. Les stratégies gouvernementales pour l'accès aux céréales

Au cours des dernières décennies, en même temps que les politiques agricoles insistaient auprès des cultivateurs sur l'autopromotion et sur la responsabilisation paysanne pour assurer l'autosuffisance alimentaire, les stratégies du gouvernement du Sénégal et des celles des organisations internationales étaient davantage axées sur la collecte et la diffusion des informations et sur le développement du commerce des céréales. Derrière cette stratégie figurent deux préoccupations : la première est en rapport avec la famine des années 70 dont les conséquences économiques et sociales ont été largement médiatisées et la deuxième est relative aux mesures économiques prises à l'échelle internationale dans le cadre des réformes budgétaires et de la sécurité alimentaire. D'inspiration libérale, les systèmes d'information avaient pour objectifs de conduire l'Etat à abandonner le monopole qu'il détenait sur la commercialisation des céréales, libéraliser les prix et limiter ses interventions sur le marché (Egg et coll., 1996 : 846). Par l'évolution du rôle de l'Etat dans la production et la commercialisation, on a assisté à une évolution de sa fonction de « garant » de la sécurité alimentaire. Les subventions à la production et le soutien des prix aux producteurs sont supprimés. Désormais, pour assurer la sécurité alimentaire de la population, le gouvernement ne distingue plus les systèmes alimentaires entre zones urbaines et zones rurales comme il le faisait auparavant dans ses stratégies. Par exemple, les organes de régulation qui existaient (comme la Caisse de péréquation et de stabilisation des prix, le Haut commissariat à la sécurité alimentaire) et qui agissaient par la péréquation ou par l'assistance alimentaire sont supprimés ou réduits à gérer le stock national de réserve pour les localités vulnérables. Pendant ce temps, le gouvernement incite les privés à s'investir dans le marché des céréales[274] en mettant en place des avantages tarifaires, le crédit aux opérateurs et un système d'information pour améliorer l'efficacité du marché des céréales[275].

Ayant déjà abordé l'impact de la libéralisation sur le riz importé et les céréales locales, on limite l'analyse sur les systèmes d'information destinés à améliorer la production et le marché des céréales locales. Les systèmes d'information se répartissent en deux catégories de programmes : les programmes régionaux développés principalement par le CILSS pour prévenir les crises alimentaires et environnementales et les programmes nationaux dont les objectifs étaient essentiellement le suivi comptable des productions agricoles, des surfaces emblavées et accessoirement l'établissement de bilans céréaliers.

5. 1. Les programmes régionaux d'information du CILSS

Dans la bande sahélienne, la nécessité de disposer d'un système d'information sur les productions agricoles pour faciliter l'accès à l'alimentation est née de la grave famine qui a suivi la sécheresse des années 72-73. Selon Egg et Gabas (1997, p.23) : « cette crise rappela de façon brutale la vulnérabilité des systèmes alimentaires de cette zone de l'Afrique, et le CILSS créé en 1973 reçut pour mandat de promouvoir l'autosuffisance alimentaire dans les pays du Sahel. De leur côté, les agences d'aide augmentèrent la part des financements destinés aux projets agricoles et la priorité se déplaça des cultures d'exportation vers les cultures vivrières ». Ainsi, pour la première fois en 1979, tout en s'occupant également des problèmes de production, comme l'accroissement des investissements destinés aux cultures céréalières pluviales et irriguées, le CILSS

---

[274] Cf. la section C qui porte sur « La consommation de céréales et la problématique du riz importé au Sénégal ».

[275] On a déjà vu que les mesures tarifaires et le crédit aux opérateurs ont contribué à accroître les importations de riz brisés, au détriment de la production nationale de riz irrigué et des céréales traditionnelles.

décidait de se doter d'un dispositif d'information permettant de suivre et de prévenir les productions de céréales, de suivre le marché et de prévenir les crises acridiennes. Ce dispositif d'information, qui s'appuie sur les systèmes d'information des pays membres[276], comprend cinq composantes que nous résumons ci-dessous et dont chacune correspond à un système d'information spécifique.

- Les bilans céréaliers : ils sont établis par les services nationaux des statistiques agricoles appuyés au niveau régional, donc du CILSS, par le projet DIAPER[277] et agrégés au niveau international par la FAO (SMIAR[278]). Ces bilans sont utilisés par les organisations d'aide et les gouvernements pour combler les besoins en céréales dans les zones déficitaires.

- Le suivi de la campagne agricole : cette composante dépend essentiellement du programme Aghrymet[279] du CILSS. Elle est organisée à partir de la période des semis (le plus souvent à partir du mois de mai) jusqu'à la récolte (octobre-novembre). Elle a pour objectif de fournir un indicateur d'alerte précoce en mettant à la disposition des gouvernements une information qualitative qui renseigne sur le niveau des récoltes, leur répartition spatiale et donc l'accès de la population. Le suivi de la campagne concerne aussi le suivi des pâturages, car, comme on l'a montré dans l'analyse des systèmes alimentaires au niveau du Bassin de l'arachide, l'élevage représente une ressource stratégique pour la sécurité alimentaire dans la zone sahélienne.

- Le suivi rapproché des populations à risque alimentaire et nutritionnel [280] : l'objectif du suivi rapproché est de détecter le plus vite possible les risques de

---

276 Burkina Faso, Cap-Vert, Gambie, Guinée-Bissau, Mali, Mauritanie, Niger, Sénégal et Tchad.

277 Projet diagnostic permanent (DIAPER). L'opération consiste à faire une estimation des différents postes du bilan pour en dégager le disponible céréalier, puis le déficit, afin d'évaluer les besoins en aide alimentaire. Les estimations portent principalement sur les céréales.

278 Système mondial d'information et d'alerte rapide qu'on appelle « micro SAP » comme le SADS du Mali (Système d'alerte rapide du Delta du Séno) qui se limite seulement au Delta et le SAP qui couvre 168 arrondissements abritant plus de quatre millions d'habitants.

279 AGRHYMET est une institution spécialisée du CILSS dont l'objectif est de s'affirmer comme le principal centre régional producteur et serveur de données brutes et de produits élaborés. Il fonctionne aussi comme un centre de formation en agrométéorologie, en hydrologie, en maintenance des instruments et en protection des végétaux.

280 En plus du système d'information du CILSS, il existe des systèmes d'alerte localisés dans quelques pays. On peut citer le « mirco SAP » du Mali et le SADS du Mali (Système d'alerte rapide du Delta du Séno) qui se limite seulement au Delta et le SAP qui couvre 168 arrondissements abritant plus de 4 millions d'habitants.

crise alimentaire et les zones vulnérables pour que les Etats membres puissent être en mesure de déclencher les stratégies palliatives au moment opportun.

- Le suivi des marchés (SIM) : plusieurs systèmes d'information sur les marchés existent dans les pays du Sahel. Dans le cas des céréales, les dispositifs qui existent se basent sur les données récoltées lors des marchés hebdomadaires, sur les prix à la production et à la consommation, l'état d'approvisionnement des marchés et les flux. Ils suivent pour cela un échantillon d'une cinquantaine de marchés à l'échelle nationale en fonction d'une typologie des circuits et des fonctions du marché.

Gabas et Egg[281] qui ont réalisé une importante étude sur les systèmes de prévention des crises alimentaires au Sahel considèrent que les SIM contribuent à la sécurité alimentaire de deux manières : Une amélioration de la transparence du marché, pour améliorer la circulation des céréales et, par-là, réussir à accroître à la fois le disponible en céréale et les revenus des agents économiques. En effet, les producteurs voyant leurs débouchés s'accroître sont incités à augmenter leur production, ce qui augmente aussi leurs revenus. Mais en même temps, les deux auteurs estiment que l'accroissement de l'offre et la réduction des coûts de transaction se conjuguent pour faire baisser les prix et améliorer la régularité de l'approvisionnement du consommateur. Cependant, ils indiquent que ce mécanisme ne fonctionne que si l'information est diffusée rapidement aux acteurs du marché. Quelques années plus tard, bien qu'il soit difficile d'affirmer que les SIM sont un succès, on peut noter que leur mise en place a permis aux autorités gouvernementales de mieux connaître la complexité des marchés céréaliers et d'anticiper les crises alimentaires. Donc, peut-être que cette avancée est pour quelque chose dans l'équilibre de la situation alimentaire au sein des pays du CILSS, car l'autre fonction des SIM c'était d'informer les décideurs pour la prévention des crises céréalières.

- La coordination de l'information pour la prévention des crises alimentaires : Cette composante concerne davantage les systèmes d'alerte rapide (SAP). Dans son fonctionnement, c'est un outil politique qui est mis en place pour assurer la coordination et qui se distingue des composantes précédentes en ce sens qu'il ne collecte pas de données. La coordination se limite à la production d'informations pour l'alerte précoce à partir de la compilation de données collectées par d'autres projets ou services de l'Administration. Actuellement, deux systèmes de coordination de l'information sont à l'œuvre dans les pays du CILSS : les systèmes nationaux qui sont encore peu nombreux, et les systèmes

---

[281] Op. cit.

internationaux qui sont au service des agences d'aide comme le FEWS, l'USAID, ou le SMIAR de la FAO.

- D'autres dispositifs d'information existent dans la région sahélienne. Les plus récents sont par exemple l'Observatoire économique et statistique d'Afrique subsaharienne (AFRISTAT) créé en 1993 pour « contribuer au développement des statistiques économiques, sociales et de l'environnement dans les Etats membres, de renforcer les compétences des Instituts nationaux de statistique et de soutenir leur action. Il dispose de pouvoirs réglementaires dans le domaine de l'harmonisation des concepts, des normes et des méthodes statistiques »[282]. Il y a également le FEWS dont les bases de données sont centrées sur la sécurité alimentaire des ménages et les interventions de l'Agence américaine pour le développement (USAID).

5. 2. Les systèmes nationaux d'information de lutte pour la sécurité alimentaire

De tous les pays du Sahel, le Sénégal est probablement le pays le moins pourvu en dispositifs d'information agricole et alimentaire. On dénombre trois types de systèmes d'information : les enquêtes agricoles, le système d'information des marchés et l'alerte précoce.

- Les enquêtes agricoles : les statistiques agricoles sont collectées par la Division des statistiques agricoles (DISA). Elles fournissent des informations sur les surfaces cultivées, les rendements à l'hectare et la production totale. Jusqu'au milieu des années 80, la référence géographique de la collecte était l'arrondissement, la troisième unité dans l'échelle administrative et territoriale après la région et le département. Aujourd'hui, toutes les données sont collectées (pour des contraintes budgétaires) à partir du département, mais très souvent elles ne sont pas publiées. Le changement d'échelle pose un véritable problème par rapport à la représentativité des données collectées. Pour résoudre ce problème, la DISA a bénéficié pendant cinq années (1994-1999) du projet DIAPER/CILSS, ce qui avait permis la publication régulière des résultats annuels.

- Le Système d'information sur les marchés (SIM) : historiquement, le Commissariat à la sécurité alimentaire a été mis en place afin de gérer l'aide alimentaire d'urgence. Son principal rôle était la régulation du marché avec des

---

[282] http://www.afristat.org/Afristat/Presentation/accueil_presentation.htm

interventions grâce à un stock de céréales. Ce rôle de régulation a été, en partie, repris par le SIM qui a été créé en 1987 pour accompagner la politique de libéralisation du secteur agricole, dans le but de faciliter la diffusion des céréales sur l'ensemble du territoire. Le SIM fournit des informations sur les prix et les quantités de céréales et de légumineuses pouvant être trouvées sur le marché. Actuellement, le SIM-céréales suit 40 marchés ruraux et urbains (voir la carte de répartition des marchés de céréales suivis par les SIM). Chaque vendredi, il publie un bulletin sur les prix des principales céréales, dont certains sont repris par les radios et la presse écrite.

- L'Alerte Précoce : le système d'alerte précoce qui existe au Sénégal est celui qui est destiné au suivi des zones et groupes à risque alimentaire (ZAR). Créé en 1990, le rôle de ce système est de permettre l'identification des zones et des populations vulnérables sur l'ensemble du pays dans le but de leur apporter l'aide alimentaire nécessaire. Le ciblage des zones et des populations est variable selon l'état de la pluviométrie et des contraintes naturelles ponctuelles et résiduelles. Un indice de vulnérabilité qualitative tenant compte des récoltes, des stocks, du bétail, de l'hydraulique, des revenus des paysans est affecté aux zones et populations vulnérables. A côté des systèmes d'information publique, il existe d'autres canaux d'information - dites informelles malgré le réseau de marchés qu'ils couvrent - utilisés notamment par les populations et les commerçants, et qui surtout font le lien entre la production locale et les marchés urbains.

5. 3. Limites et contraintes des systèmes d'information

La nécessité de disposer de l'information et de la communiquer a été comprise aussi bien au Sénégal que dans les autres pays du Sahel comme étant au cœur des stratégies de sécurité alimentaire. D'ailleurs selon le Club du Sahel[283], le Sahel est la région d'Afrique la mieux outillée pour faire face à une crise céréalière sévère. En revanche, un certain nombre de contraintes limitent l'efficacité de ces dispositifs.

- La première catégorie de contraintes est relative à l'objectif et au contexte de mise en place des dispositifs d'information. En effet, l'objectif principal pour lequel la majorité des systèmes d'information mise en place exclut la possibilité pour d'autres catégories d'acteurs d'accéder aux données. Tous les systèmes

[283] Un organisme constitué par les partenaires au développement des pays du Sahel au milieu des années 70 pendant la grande famine.

d'information passés en revue sont destinés à prévenir les crises alimentaires, à suivre les marchés et à gérer les aides alimentaires. Ce sont des systèmes élaborés dans des contextes dépassés, et selon l'Aghrymet (2001), ce qui a retardé l'efficacité des dispositifs d'information au sein des pays du CILSS tient au fait qu'au début ces dispositifs ont été mis en place pour répondre aux problèmes posés par l'aide alimentaire.

- La deuxième catégorie de contraintes concerne la localisation et la provenance des données. Les systèmes qui existent actuellement aussi bien au CILSS qu'au Sénégal ont une référence spatiale centrée sur les territoires nationaux. On ignore ainsi les particularismes locaux alors que ce sont des informations dont les utilisateurs des données ont le plus besoin. Un niveau d'agrégation et de généralisation qui altère profondément la signification des données. Cette contrainte amène à douter de leur pertinence pour lancer des politiques céréalières dans des régions aussi différentes que la vallée du fleuve Sénégal, le Bassin arachidier, le Sénégal Oriental ou la Casamance.

- La troisième catégorie de contraintes est d'ordre institutionnel, et elle se pose en termes de coordination et de financement, notamment pour les systèmes du CILSS, en raison de la diversité des objectifs propres à chacun des organismes internationaux et nationaux. Le développement de la production nationale, le degré d'insertion dans l'économie mondiale, le niveau des stocks nationaux de sécurité, le niveau des prix, l'aide, etc., sur ces différents points, il est illusoire d'espérer un consensus entre les bailleurs de fonds eux-mêmes, comme entre eux et les Etats sahéliens (Egg et Gabas, p. 112)[284]. Par exemple, le DIAPER prévoyait la prévision des récoltes, l'estimation des récoltes et les estimations des stocks paysans et céréaliers, mais finalement le Projet a contribué au renforcement institutionnel et à l'internalisation des méthodologies dans les systèmes nationaux d'information.

- Quant aux systèmes nationaux, ils posent deux types de contraintes : d'un côté l'éparpillement des données[285] de l'autre la localisation de ces données dans des institutions ministérielles, souvent difficilement accessibles. Ces deux contraintes rendent les données plus difficiles d'accès pour le public. En plus, il s'agit de dispositifs internes à l'Administration qui n'ont pas pris en compte les besoins des élus locaux qui allaient naître avec la décentralisation ni ceux des nouveaux acteurs du développement rural (les ONG, les Projets et les

[284] La prévention des crises alimentaires au Sahel.
[285] Par exemple, au niveau de la Division des statistiques agricoles, on ne trouve pas les données relatives à la pluviométrie encore moins celles de la population.

associations locales). Par conséquent et malgré l'existence de ces données, tous ces acteurs sont obligés de recourir à des enquêtes qui engendrent des coûts non négligeables et dont la fiabilité et la conservation posent des problèmes.

Conclusion et perspectives

Depuis son accession à l'indépendance, le Sénégal, à l'instar de bon nombre de pays en développement, a axé son développement socio-économique sur le modèle hérité de l'Administration coloniale. Véritable accélérateur de l'extraversion des modes de consommation alimentaires et des productions agricoles, ce modèle a installé au Sénégal, au fil des années, un problème d'adéquation économique et d'utilisation juste des ressources naturelles. En effet, basé sur la culture de l'arachide, ce modèle de production, a créé un déséquilibre territorial et de consommation alimentaire selon les endroits du pays. L'analyse géographique de l'agriculture et de la consommation alimentaire au Sénégal trouve donc sa justification dans cette problématique. Elle s'inscrit dans cette volonté de comprendre les dysfonctionnements qui existent entre ces deux niveaux, et aussi le souci de contribuer à trouver de nouveaux éléments d'aménagement du territoire qui permettent de cohérer l'agriculture et la consommation alimentaire dans une perspective de sécurité alimentaire durable.

Posé en ces termes[286], le sujet de cet ouvrage convoque une problématique multi-impacts à laquelle est confrontée la population sénégalaise depuis environ trois décennies. Il s'agit d'une problématique aux conséquences socio-économiques et environnementales complexes et très diverses dont les répercussions dépassent l'espace rural. Elle a été prise en charge à travers l'analyse du fonctionnement et des mutations des systèmes agricoles, la place de la production agricole nationale dans l'approvisionnement en céréales de la population et la transformation des systèmes alimentaires. Ce travail aura permis de mettre à l'épreuve deux considérants de départ. Un premier relatif à la place de la production de céréales et à l'utilisation de l'espace agricole[287] pour la satisfaction des besoins alimentaires. Il aura permis de se rendre compte que la situation alimentaire du pays en général n'a pas évolué significativement, notamment dans les rapports que la population entretenait et entretient encore avec les céréales. Dit autrement, cela signifie que les systèmes alimentaires traditionnels, autrefois fondés sur les cultures vivrières, sont loin de régresser

[286] Aménagement du territoire, productions agricoles, consommation alimentaire.
[287] A travers la définition des zones agro-écologiques.

comme c'est véhiculé le plus souvent. En effet, c'est l'étude géographique de l'agriculture sénégalaise, des approvisionnements et des bilans céréaliers qui aura finalement démontré que les rapports traditionnels de subsistance qui faisaient le lien entre l'agriculture et la population rurale restent encore vivaces, et ce, malgré les changements qui ont visité les systèmes alimentaires et les systèmes agricoles. L'autre considérant que nous avons éprouvé au cours de ce travail, c'est l'absence effective de lien conceptuel entre l'agriculture (la quantité et la diversité de céréales produites annuellement dans le pays) et les systèmes alimentaires.

Au final, malgré l'évolution des productions agricoles, l'accroissement des superficies cultivées ainsi que la variation (positive) des rendements d'une région à une autre, le niveau de satisfaction des besoins alimentaires n'a pas évolué significativement. Au contraire, à force de ne pas être résolu, il a abouti à ce qu'on appelle l'insécurité alimentaire chronique. Sur celle-ci, sans sous-estimer les facteurs agricoles, il apparaît évident qu'elle est plus imputable à des facteurs extra-agricoles qu'à une insuffisance de la production. Elle procède plus du manque d'organisation et de l'absence de mesures complémentaires (marché, routes, politiques de prix, etc.) qui assurent le lien entre l'agriculture et la consommation. Ces manquements posent directement - et selon les cas - la question de la vulnérabilité et de la durabilité de la sécurité alimentaire au Sénégal. En droite ligne avec cette question, on a retenu un certain nombre d'enseignements qui sont, ici et là, en rapport avec les choix en matière d'aménagement du territoire, de la mise en valeur agricole des terroirs, de l'affectation et l'utilisation des ressources naturelles, des politiques agricoles ainsi que des choix de spéculations. Pluriels et divers, ces enseignements se résument en trois points.

Le premier, c'est le fait que l'autosuffisance en céréales ne soit pas liée obligatoirement à l'abondance ou non de conditions naturelles qui président favorablement à la production agricole. Pour preuve, il est apparu que la seule région du Sénégal dont la population rurale couvre actuellement ses besoins en céréales, c'est la région de la vallée, notamment la Moyenne et la Basse vallée. Cette région présente pourtant le paradoxe d'être au cœur des influences du climat sahélien et qui subit de plein fouet l'impact du désert mauritanien. Elle est aussi la région dont les investissements agricoles[288] ont transformé la personnalité agricole et ont permis à la population locale de produire, et de produire plus que les quantités de céréales suffisantes à leurs besoins vivriers. Pendant ce temps, tout à fait à l'opposée, il y a la région de la Casamance

[288] Réalisés lors de la réforme agraire de la fin des années 70.

réputée pour l'abondance de ses ressources naturelle et qui est paradoxalement depuis quelques années la zone agricole du pays où les déficits en céréales et l'insécurité alimentaire sont parmi les plus importants.

La situation est d'autant plus paradoxale que cette région, qui était autrefois considérée comme le grenier du pays et qui recevait les populations de la Vallée victime des années de sécheresse, est devenue en une vingtaine d'années celle qui reçoit la plus grande aide alimentaire du pays. Les autres régions[289] représentent des situations moins marquées par l'un ou l'autre extrême (déficits ou excédents de céréales) en matière de production de céréales. Mais, elles se trouvent toutes, sans exception, dans un contexte d'équilibre alimentaire fragile, en ce sens qu'elles ont un équilibre qui n'est soutenu que par une sorte de juxtaposition entre une partie de la consommation alimentaire qui provient des céréales produites localement et une autre constituée de revenus tirés de la vente de l'arachide ou du coton.

Le deuxième enseignement qui ressort de l'analyse, c'est l'état d'insécurité alimentaire chronique dans lequel se trouvent les zones agricoles qui sont soumises en majeure partie aux cultures de rente. On observe que c'est au niveau du Bassin arachidier et ces dernières années au niveau du Bassin cotonnier que la population rencontre le plus grand nombre de difficultés pour couvrir ses besoins céréaliers sur toute la longueur de l'année, qu'il y ait une soudure ou non. L'installation de l'insécurité alimentaire d'origine céréalière dans le Nord du Bassin arachidier, de son apparition à son extension dans le Sud du Bassin arachidier et en Haute Casamance amène à considérer que ce phénomène est en rapport avec la mutation des systèmes agricoles anciens traditionnels. Sous l'influence des cultures de rente, cette mutation a créé partout une baisse de la production des céréales locales, et par conséquent une dépendance alimentaire de la population locale au marché extérieur. Le processus se fait de la façon suivante : au fur et à mesure que s'installent et se répandent les cultures de rente, les populations qui les adoptent éprouvent de plus en plus de problèmes pour assurer leur sécurité alimentaire. Cette situation difficile pouvait et était pour le moins gérable par la population tant que les revenus issus des cultures de rente étaient suffisants pour assurer la fonction de compensation (par l'achat) des céréales qui manquaient. Mais pour des facteurs déjà évoqués, l'arachide est devenue peu rémunératrice. Par conséquent, l'absence de complément monétaire que jouait cette spéculation et qui venait s'ajouter à la production de céréales pour faire la stabilité alimentaire annuelle a créé une rupture d'équilibre vivrier dans une grande partie du territoire national.

289 Par exemple le sud du Bassin arachidier, l'extrême est du Sénégal.

Par la longueur de sa durée, cette rupture a créé une dépendance alimentaire qui est devenue structurelle et chronique au fil des années, de telle sorte qu'on parle même d'habitudes alimentaires.

L'impossibilité de couvrir les besoins en céréales de la population qui caractérise l'agriculture apparaît donc comme le résultat d'un processus étroitement lié aux transformations des systèmes de production. L'objectif de développer l'industrie nationale par le canal des cultures commerciales a provoqué une déstructuration des équilibres vivriers traditionnels en ayant entraîné la marginalisation des cultures céréalières locales. Au final, l'impact de ce changement sur les conditions alimentaires de la population rurale demeure aujourd'hui, plus que la variation de la pluviométrie et l'épuisement des sols, la base des problèmes d'accès aux céréales et de l'insécurité alimentaire.

Le troisième et dernier enseignement, c'est l'absence au Sénégal de réels mécanismes de régulation, voire de stimulation, de la production agricole en générale et céréalière en particulier. Sauf avec le Plan céréalier national de 1987 et l'introduction de la riziculture irriguée dans la vallée du fleuve, il n'existe nulle part ailleurs au Sénégal une stratégie alimentaire endogène ou un système de régulation et de compensation de la production de céréales entre zones excédentaires et zones déficitaires. Face à la récurrence des déficits céréaliers, les paysans ont dû développer des stratégies qu'on a qualifiées des stratégies de subsistance. En effet, ces stratégies se révèlent des moyens de s'adapter, de s'accommoder aux contraintes céréalières pendant une saison agricole en attendant une autre plus favorable. Même si ces stratégies s'insèrent dans les systèmes agricoles en vigueur, force est de constater que, à un certain niveau de déficit, les paysans n'ont d'autres solutions que d'immigrer vers des zones écologiquement plus favorables ou vers les centres urbains[290].

Les programmes d'aide alimentaire qui sont mis en œuvre par les pouvoirs publics ne touchent en général qu'une faible partie des territoires et des populations affectée par les déficits de céréales. Mais le fond du problème, ce n'est pas l'existence ou l'absence de ces programmes alimentaires, c'est plutôt le rôle néfaste qu'ils jouent pour l'agriculture, pour l'économie et sur les modes de consommation alimentaire. Les tentatives de maîtriser le marché des céréales par l'instauration des systèmes d'information des marchés (SIM) se limitent simplement à répertorier les prix des céréales dans quelques marchés ruraux et

[290] Les exemples des paysans *Saloum-Saloum* du Bassin arachidier qui faute de terres fertiles, migrent vers le Sud en Haute Casamance, ou des populations de la vallée du fleuve Sénégal tentées par l'émigration vers l'Europe dans les années 70 sont est éclairants quant aux limites des stratégies paysannes de sécurité alimentaire.

urbains. Les informations collectées ne sont pas diffusées dans le monde rural. Il n'existe pas de mesures de stimulation de la production. Les stratégies de diffusion et de régulation de la production de céréales sur toute l'étendue du territoire national sont inefficaces.

Pendant ce temps, il se pose un problème de fond, celui des importations de riz brisés. Principal produit concurrentiel, ce type de riz est en effet destiné à la satisfaction des besoins alimentaires des populations qui se trouvent dans les territoires « contrôlés » par les pouvoirs publics, les zones urbaines. De ce fait, il bénéficie d'un réseau de distribution dont l'impact atteint de plus en plus les zones rurales, ce qui crée une distorsion vers le bas dans le prix des céréales locales, mais également un désintérêt grandissant quant à leur production par les paysans. Cette situation qui est défavorable pour l'agriculture locale résulte d'une option stratégique de la gestion alimentaire des zones urbaines, sans aucun rapport avec les ressources nationales et l'arrière-pays rural.

Par conséquent, on l'a démontré, au lieu de développer la culture céréalière locale, cette option a plutôt précipité la déstructuration des systèmes agricoles traditionnels, des régimes et systèmes alimentaires qui en découlaient. Elle a aussi contribué à la disparition des espaces alimentaires traditionnels et homogènes (terroirs Sérer, pays Diola), qui étaient des lieux d'autosuffisance alimentaire adaptés aux cadres sociaux et écologiques. Les dispositifs d'aide alimentaire, autrefois appelés « programme de soudure », censés préserver ces espaces, n'ont fait que renforcer la réduction de la place des cultures de céréales locales dans les stratégies alimentaires de la population. Pourtant, après une étude globale de l'agriculture et les contraintes qu'on a évoquées, on se rend compte qu'il subsiste des possibilités d'améliorer la production locale de céréales pour la satisfaction des besoins alimentaires.

Après tous ces enseignements, la question qu'on est tenté de se poser est la suivante : qu'est-ce qu'il faut faire pour redynamiser la production de céréales et les systèmes alimentaires afin de mettre fin à l'insécurité alimentaire chronique du milieu rural sénégalais ? Cette question ne prend tout son sens que si l'on considère que l'agriculture céréalière représente la composante de base de la politique alimentaire du pays. On a tout au long de ce travail démontré que malgré le développement des cultures commerciales, les cultures de céréales demeuraient encore extrêmement importantes au niveau des ménages pour l'équilibre vivrier. Donc, il ne fait de doute que dans la perspective de mettre en place une stratégie de sécurité alimentaire, la composante agriculture céréalière devrait occuper une place de choix, parmi d'autres spéculations.

Avant d'en venir à l'orientation qu'on propose de donner à la carte céréalière du pays, il semble important de souligner les éléments qui ont fait défaut dans les politiques agricoles et alimentaires précédentes, afin d'éviter leur duplication. Après la phase post-indépendance[291], après la phase des réformes territoriales[292] en zones agro-écologiques, après une vingtaine d'années d'application des programmes d'ajustement structurel[293], il en ressort que la politique agricole et la politique alimentaire du Sénégal n'ont jamais été des composantes socio-économiques intégrées dans une stratégie de développement globale. A chaque fois que les pouvoirs publics ont eu à prendre des solutions endogènes pour stimuler la production de céréales, on a par exemple noté que les volets fonciers (accès à la lettre) et économiques (commercialisation de la production) et d'autres (comme la démographie et la transformation du milieu naturel) ont été insuffisamment pris en compte. La dernière véritable initiative allant dans le sens d'une démarche cohérente pour concilier besoins alimentaires et production agricole se trouvait contenue dans le Plan céréalier national de 1987. Là également, les réformes annoncées, en l'occurrence sur les modes d'accès à la terre et les marchés céréaliers, n'ont pas été appliquées. Ce plan a échoué parce que, entre autres facteurs, il est arrivé à un moment où les matériels agricoles disponibles étaient vieux et le cours de l'arachide peu rémunérateur. Le désengagement de l'Etat du secteur agricole qui est appliqué dans la foulée a mis à nu la pauvreté des paysans et la fragilité de la sécurité alimentaire dans les campagnes, particulièrement dans les zones soumises à l'arachiculture. On a vu qu'au fil des années d'application de politique agricole dirigiste, il s'était créé en milieu rural une sorte de dépendance de l'alimentation, une émergence de nouveaux modes de consommation fondés non plus sur les céréales locales, mais sur les revenus issus de l'arachide et sur l'achat de riz brisé. Cette dépendance a été telle que les bons résultats en production de céréales réalisés dans cette période dans le Bassin arachidier ont souffert de l'absence de réseau de commercialisation. Les excédents de céréales ont été perdus alors que d'autres zones étaient en situation de déficits.

Par ailleurs, la tentative de fonder l'autosuffisance et la production agricole sur la valorisation des ressources naturelles par la stratégie participative des projets de gestion des terroirs villageois est restée inopérante (BA, 2001). La raison de cet échec tient au fait que cette politique arrivait après une série d'années de

---

[291] Nationalisation des terres par l'adoption de la loi du domaine national en 1964.

[292] La création à partir de 1972 des Communautés rurales, c'est-à-dire le regroupement des plusieurs villages au sein d'une collectivité locale dotée des moyens juridiques et financiers qui permettent des actions de planification et de développement économique et social.

[293] Des programmes marqués par l'abandon de l'encadrement, la suppression de la politique agricole dirigiste et le désinvestissement de l'Etat du secteur agricole.

sévères sécheresses, dans un contexte de désengagement de l'Etat et n'intégrait pas le développement de la culture des céréales locales comme une composante de base. Elle a visé davantage à chercher à mettre l'accent sur la préservation et la réhabilitation des ressources naturelles que sur le développement de la production agricole. Ce parti pris environnemental au détriment de la production agricole a été d'un impact nul sur la sécurité alimentaire de la population.

On a rappelé tous ces échecs parce que le risque de les refaire n'est pas complètement écarté si l'on se réfère aux orientations de la politique agricole[294]. Donc, aujourd'hui, la voie pour sortir de la crise agricole et de l'insécurité alimentaire est de préconiser de penser l'agriculture céréalière locale comme un sous-secteur, une filière à part entière, à l'image de l'arachide et du coton. Cette option irriterait gravement les tenants d'une politique alimentaire fondée sur le commerce, tournée sur l'extérieur, qui sont les mêmes souvent qui encouragent les cultures commerciales d'exportation. La proposition n'est pas de délaisser complètement les cultures de rente. C'est une proposition qui permet d'envisager la culture de céréales d'amont en aval, c'est-à-dire depuis l'étape de la définition quantifiée des objectifs jusqu'à la mise sur le marché de la production. Ce processus comprend la mobilisation et la mise à disposition des semences de qualité aux cultivateurs, la redéfinition de la carte agricole, la répartition spatiale de la production[295], l'écoulement sur les marchés locaux, régionaux et urbains, le suivi démographique, etc. Cette option permettrait également de définir une politique des prix, ce qui éviterait aux céréales locales d'être les produits de second rang en matière de création de revenu en milieu rural. Par ailleurs, la filièrisation des céréales doit être conçue comme une stratégie de modernisation de cette catégorie de cultures pour les sortir de l'image de cultures traditionnelles dans laquelle on les cantonne et qui voudrait qu'elles soient par exemple moins importantes que les cultures de rente. L'exemple probant dans ce sens est celui de la riziculture irriguée. L'introduction de cette spéculation et son encadrement par les pouvoirs publics avaient soulevé beaucoup de réserves de la part des bailleurs de fonds et de quelques experts sénégalais de l'unité de politique agricole. Pourtant, l'option de filièrisation régionale de la riziculture qui avait été retenue pour la vallée

---

[294] Elle met l'accent sur la privatisation du foncier et sur l'introduction de cultures comme le manioc, le maïs, l'asperge à la place des cultures traditionnelles et l'arachide. Sur le second point, les expériences en cours depuis 3 ans se sont soldées par des échecs, car ces nouvelles spéculations n'ont pas bénéficié des conditions adéquates de commercialisation pour donner des revenus aux paysans, mais elles ont au contraire accentué le malaise chez ces derniers.

[295] Parce que selon la céréale cultivée (mil, sorgho, maïs, riz) toutes les régions n'ont pas forcément les mêmes aptitudes.

demeure des années plus tard l'exemple le mieux réussi au Sénégal en matière de sécurité alimentaire endogène. Mais à la différence de la riziculture irriguée qui représente une spéculation introduite et donc qui nécessite un encadrement et des investissements poussés de la part de l'Etat, les céréales dont il est question ici (mil, maïs, sorgho et riz des rizières) font partie des habitudes agricoles de la paysannerie et représentent l'alimentation de base dans la majeure du territoire. A ce titre, pour leur valorisation et leur mise sur le marché, on peut supposer qu'elles ne nécessiteront pas la mobilisation d'importants investissements financiers comme ce fut le cas dans la vallée du fleuve et dans l'Anambé pour la riziculture irriguée.

Carte 21. Carte céréalière du Sénégal : propositions de mise en valeur pour l'autonomie céréalière du pays

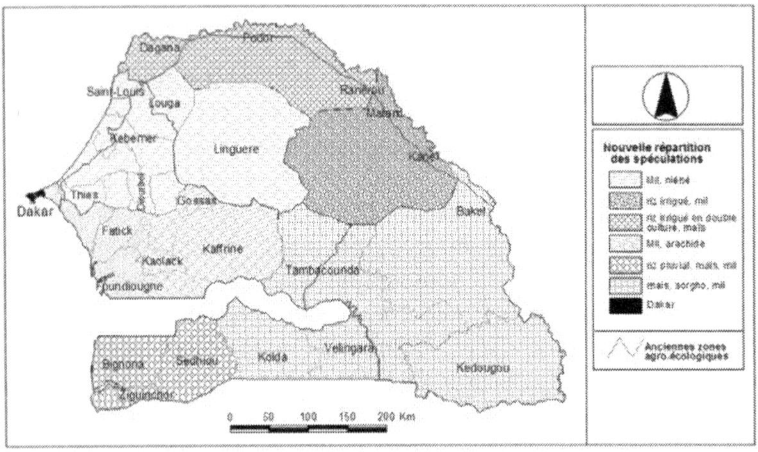

La nouvelle carte de l'agriculture céréalière (carte 21) du Sénégal repose sur l'analyse des productions de céréales selon les régions, sur l'évolution des rapports que la population entretient avec cette catégorie de cultures et l'impact négatif du riz importé sur l'agriculture nationale et plus généralement sur l'entretien des espaces ruraux. Cette nouvelle carte céréalière est donc nécessaire et fondamentale, car on a vu que la pratique céréalière n'est pas simple à maîtriser comme le témoignent les différents systèmes alimentaires que l'on a étudiés. Par exemple, malgré le succès de la riziculture irriguée dans la vallée, la haute vallée (Matam et Bakel) demeure encore sous domination des céréales sèches. On pourrait suggérer l'aménagement de cette zone pour la culture du sorgho et du maïs ce d'autant que ces spéculations font partie des cultures traditionnelles de subsistance utilisées dans la région. D'autres régions comme l'actuel Bassin arachidier nord et centre pourraient être reconverties dans la production de céréales comme le petit mil, peut exigeant en eau. Le même principe pourrait être envisagé en Haute Casamance et au Sénégal Oriental. Pour ce qui est de la commercialisation des céréales, une étude devrait être réalisée sur tout le territoire. On peut supposer un système de collecte et de commercialisation plus ou moins identique à celui de l'arachide, et qui ferait le lien entre le cultivateur, le commerçant et l'entreprise de transformation.

La filièrisation des céréales locales apparaît comme un moyen stratégique d'aller à l'opposée de la démarche transpatiale adoptée jusque-là pour satisfaire les besoins alimentaires de la population. Cette démarche privilégiait le commerce pour satisfaire la demande en céréales de la population urbaine. Dans son application, elle cantonnait la population des zones rurales dans une production agricole tournée vers l'exportation, tandis que pour la satisfaction des besoins vivriers, la population subissait les aléas des conditions naturelles. C'est progressivement que l'approvisionnement en céréales est devenu le problème central des systèmes de production agricole. Aujourd'hui, l'agriculture sénégalaise est la combinaison de plusieurs contraintes : la dualité dans la production agricole (arachide/cultures vivrières), l'évolution contrastée de la production céréalière, les aléas climatiques et la dégradation des sols. Cependant, ce ne sont pas les contraintes naturelles qui expliquent les problèmes d'approvisionnement et d'insécurité alimentaire. Après analyse, il se trouve que c'est l'absence de mécanismes de régulation et de compensation territoriale de la production céréalière qui empêche de créer les liens nécessaires qui permettent d'assurer la sécurité alimentaire du pays.

Sans nier l'impact important des phénomènes sociaux dans les problèmes alimentaires, les phénomènes qui sont ressortis de cette analyse et qu'on retient ont la commune particularité qu'ils obligent à réfléchir sur la mise en valeur spatiale. Pour preuve, ils mettent tous en évidence l'idée que les contraintes du Sénégal en matière d'approvisionnement en céréales et d'insécurité alimentaire auxquelles sont confrontées les populations rurales trouvent leurs causes dans l'orientation de l'utilisation des ressources agricoles et dans le choix des spéculations à cultiver. Pour se convaincre de ce résultat, il suffit d'observer l'évolution agroalimentaire de la vallée du fleuve, du Bassin arachidier et de la Casamance pour s'apercevoir que ces trois régions représentent trois cas extrêmement différents, qui renseignent sur la complexité des transformations et des réformes agricoles nécessaires qui conduisent une région autrefois non autosuffisante, soumise à l'insécurité alimentaire, voire à la famine, à l'autosuffisance et vice-versa.

Bibliographie

AMIN S., 1974 - *Introduction.* In Modern migrations in Western Africa, Londres, Oxford University Press, pp 3-64.

AFID-USAID, 1993 - **Inventaire des technologies basées sur la gestion des ressources naturelles et utilisées dans la production des céréales**. Rapport de consultation, Organisations Food Industry Development-USAID, 186 pages,

Association sénégalaise des ingénieurs agronomes (ASIA), 1990 - **La gestion du patrimoine foncier pour une agriculture productive au Sénégal**. Actes de séminaire, Saly Portudal, 147 pages

AZOULAY G., DILLON J-C., 1993 - **La sécurité alimentaire en Afrique. Manuel d'analyse et d'élaboration des stratégies.** Paris, Ed. Karthala, 296 pages

BA B., 1995 - Systèmes de production agricole et gestions de terroirs villageois en Casamance. Université de St-Louis, Sénégal, mémoire de maîtrise, 115 pages

BA B., 2001 - Transformations du monde rural sénégalais. Le cas de la communauté rurale de Ngoundiane. Université de Genève, mémoire de diplôme d'études supérieures, 109 pages

BADOUIN R., 1967 - Agriculture et accession au développement. Paris, Ed. A. Pedone, 228 pages

BAIROCH P., 1966 - *L'évolution de la productivité agricole dans les pays économiquement sous-développés, de 1909 à 1964.* In **Développement et Civilisation**, n° 25, mars 1966

BANQUE MONDIALE., 2004 - Organisations paysannes et développement rural au Sénégal. Rapport soumis par A. Janvry et E. Sadoulet, Uni. Berkeley, Etats-Unis, 94 pages

BARRETEAU O., 1998 - **Un système multi-agent pour explorer la viabilité des systèmes irrigués : dynamique des interactions et modes d'organisation.** Thèse de doctorat de l'ENGREF, 263 pages, consulté dans http://cormas.cirad.fr/pdf/theseob.pdf, le 07 octobre 2004

BELLONCLE G., 1982 - **La question paysanne en Afrique noire**. Ed. Karthala, Paris, 111 pages

BENOIT, M., 1988 - La lisière du Kooya. Espace pastoral et paysage dans le Nord du Sénégal (Ferlo), in *l'Espace géographique*, XVII, 2.

BERTHELEMY J. C. et al., 1997 - La croissance au Sénégal : un pari perdu ? Ed. Etudes du centre de développement, OCDE, pages 184.

BIROT P., 1968 - **Précis de géographie physique générale**. Paris, Ed. Armand Colin

BOSERUP E., 1970 - **Evolution agraire et pression démographique**. Paris, Ed. Flammarion, 218 pages

BOSERUP E., 1970 - **Evolution agraire et pression démographique**. Paris, Ed. Flammarion, 218 pages

BOUTILLIER J.-L., 1989 - *Irrigation et problématique foncière dans la vallée du Sénégal.* Paris, ORSTOM, Cah. Sci. Hum. 25 (4), pp. 469-488

BRUNET R., 1990 - **Le territoire dans les turbulences**. Paris, Ed. Reclus, 223 pages

CABRAL F-J., 2004 - **Accord agricole et redistribution des revenus en milieu rural au Sénégal : Une analyse en équilibre général calculable**. Dakar, CODESRIA, 44 pages

CAMPAGNE P., 1995 - *Sécurité alimentaire, une approche méso-économique*. In La sécurité alimentaire en Méditerranée. Paris, Ed. ORSTOM, CIHEAM, options Méditerranéennes, Série A, n° 25, pp. 145 à 152

CAMPAGNE P., Chataigner J., 1990 - **Producteurs et consommateurs face aux politiques agricoles et alimentaires en Afrique**. Montpellier, 19e Séminaire européen des économistes agricoles, Agropolis, 280 pages

CAVERIVIERE M, Marc D., 1988 - Le droit foncier sénégalais. Paris, Ed. libéralisation

Centre de Suivi Ecologique - ***Portail d'information sur l'état de la terre, des ressources en eau et de la nutrition des plantes. Sénégal.*** **In** http://ns.cse.sn/fao/senegal.htm, consulté le 19 mai 2004

Centre pour le développement de l'horticulture (CDH), 1982 - *Le développement du maraîchage au Sénégal*, ISRA-CDH (Sénégal), Compte rendu du séminaire, p. 34 + 6 annexes.

CHASTANET M., 1983 - *Les crises de subsistances dans les villages soninké du cercle de Bakel de 1858 à 1045. Problèmes méthodologiques et perspectives de recherches.* Cahier d'études africaines, 89-90, pp. 5-36

CHRISTENSEN G., 1997 - *Sénégal : investissement public dans le secteur agricole.* Rapport préparé pour l'Unité de politique agricole du ministère de l'Agriculture, 35 pages.

CILSS, 2001 - Les aptitudes agricoles et pastorales des sols dans les pays du CILSS. Consulté dans www.cilssnet.org, le 27 septembre 2004

CILSS/DIAPER, UE, 1996 - Situation alimentaire céréalière des pays du CILSS pour la campagne 1995/96. 30 pages

CILSS/DIAPER, UE.,1996 - Situation alimentaire céréalière prévisionnelle des pays du CILSS pour la campagne 1996/97. 21pages

CILSS/DIAPPER, UE., 1997 - Situation alimentaire céréalière des pays du CILSS pour la campagne 1996/1997, 31 pages

CISSE Nd.,- *La Culture traditionnelle du Niébé au Sénégal. Etude de Cas.* ISRA/CNRA, Sénégal, consulté le 19 mai 2004 dans www.fao.org/ag/AGP/AGPC/doc/publicat/cowpea_cisse/cowpea_cisse_f.htm,

CIRAD/CTA/CIRAD - **Promotion de systèmes agricoles durables dans les pays d'Afrique soudano-sahélienne**. Dakar, FAO, 304 pages

Club du Sahel, 1997 - **Outils d'aide à la lecture des bilans céréaliers des pays du CILSS**. CILSS, 30 pages, EGG, J. GABAS, J.-J., 1997 - La prévention des crises alimentaires au sahel : dix ans d'expérience COUTY P., 1991 - *L'agriculture africaine en réserve. Réflexions sur l'innovation et l'intensification agricoles en Afrique tropicale.* Cahier d'études africaines, 121-122, pp. 65-81

Conseil supérieur de l'environnement et des ressources naturelles (CONSERE), 1995 - **Processus d'élaboration du plan national pour l'environnement.** Conseil supérieur des ressources naturelles et de l'environnement, ministère de l'Environnement et de la Protection de la Nature du Sénégal, 170 pages.

COPANS J., 1989 - **Les marabouts de l'arachide. La confrérie mouride et les paysans du Sénégal**, Ed. L'Harmattan, Paris, 279 pages

COUR J-M. et coll., 1994 - Etude des perspectives à long terme en Afrique de l'Ouest : Pour préparer l'avenir de l'Afrique de l'Ouest. Une vision à l'horizon 2020.

COURADE G., 1990 - *Peut-il y avoir des politiques d'autosuffisance alimentaire ?* In revue Politique Africaine. Paris, octobre, n° 39, pp. 79-97

COUTY P., 1991 - *L'agriculture africaine en réserve. Réflexions sur l'innovation et l'intensification agricoles en Afrique tropicale.* Cahier d'études africaines, 121-122, pp. 65-81

CRDI, 2001 - **L'agriculture urbaine dans les grandes Niayes au Sénégal**. Ouvrage collectif sous la direction de Safiétou Fall et Abdou S. Fall, CRDI, 120 p.

DE CASTRO J. 1949 - **Géographie de la faim**. Paris, Ed. Ouvrières, 260 pages

DE LA BLACHE V., 1922 - **Principes de géographie humaine**. Paris, Ed. Armand Colin

DECREANE P., 1985 - **Le Sénégal**. Paris, Ed. PUF, 128 pages

DEMANGEOT J., 1960 - **Les milieux naturels désertiques**. Paris, Sorbonne, 300 pages

DERRIENNIC H., 1977 - **Famines et dominations en Afrique noire, paysans et éleveurs du Sahel sous le joug.** Ed. L'Harmattan Paris, 285 pages

DEVISCH R., DE BOECK F., JONCKERS D., 1995 - **Alimentation, traditions et développements en Afrique intertropicale**. Paris, Ed. L'Harmattan, 303 pages

DIENG A. A., et coll., 2000, - **Le Sénégal à la veille du troisième millénaire**. Paris, Ed. L'Harmattan, 489 pages

DIOP Mbaye, 1996 - *A propos de la durée de la saison des pluies au Sénégal.* Cah. Sécheresse, vol. 7, n°, page 7-15, mars

DIOUF M., 1994 - Sénégal. Les ethnies et la nation. Paris, Ed. L'Harmattan, UNRIS/Forum du Tiers-Monde, 205 pages

Direction de l'Aménagement du Territoire, 1985 - **Cartographie et télédétection des ressources de la République du Sénégal : Etude de la géologie, de l'hydrographie, des sols, de la végétation et des potentiels d'utilisation des sols.** Sénégal, étude réalisée par DAT, USAID et le Remote Sensing Institute. 653 pages.

Direction de la Prévision et de la statistique du Sénégal (Agence nationale de la statistique et de la démographie) :

- Recensement national de la population Enquête de 1976
- Recensement national de la population et de l'habitat de 1988
- Enquête sur les priorités (ESP), 1992
- Enquête sénégalaise auprès des ménages 1994/1995, (ESAM 94/95

Direction de la Prévision et de la statistique, 1997 – Enquête sénégalaise auprès des ménages 1994/1995, (ESAM 94/95). Rapport de synthèse, Rép. du Sénégal, 153 pages

DUBOIS J.-P., P. Milleville, P. Tringaz, 1975 - *Opération Terres Neuves, Projet pilote Koumpentoum-Maka. Etude d'accompagnement.* Ed. ORSTOM, Rapport de synthèse, juillet 1975.

DUMONT R., 1962 - **L'Afrique noire est mal partie**. Ed. Seuil, Paris, 287 pages

DURUFLÉ G., 1988 - **L'ajustement structurel en Afrique (Sénégal, Côte d'Ivoire, Madagascar)**. Ed. Karthala, Paris, 207 pages

DURUFLE G., 1996 : Tendances, contraintes et perspectives de l'agriculture sénégalaise. Ministère de l'agriculture, 89 pages

EGG J. & J.-J. GABBAS., 1997 - La prévention des crises alimentaires au Sahel : dix ans d'expérience d'une action menée en réseau. Les éditions de l'OCDE, 210 pages

ERARD P., Mounier F., 1984 - **Les marchés de la faim : l'aide alimentaire en questions**. Paris, Edition de La Découverte, 215 pages.

FALL A., et coll., 2000 - **Région de Diourbel : évolution de la production agricole**. Drylands Research, Royaume-Uni, pages 44

FALL A.S., Camara, B., Sall, E.I., Ndiaye, M., 1997- *La pauvreté rurale au Sénégal : diagnostic et stratégie de lutte*, rapport d'étude pour le ministère de l'Agriculture du Sénégal et de la Banque mondiale, Groupe de réflexion stratégique, p. 163

FALL, S.T. et coll., 1994 - Systèmes d'alimentation pour la production intensive de viande au Sénégal. Rapport technique ISRA LNERV réf n° 30, Réseaux alimentaires, décembre, p. 24.

FANCHETTE S., 2001 - *Désengagement de l'Etat et recomposition d'un espace d'échange transfrontalier : la Haute Casamance et ses voisins*. In **Autrepart**, n° 19, éd. de l'Aube/IRD, pp. 91-113

FANCHETTE S., 1999 - *Migration, intégration spatiale et formation d'une société peule dans le Fouladou (Haute Casamance, Sénégal.* In **Figures peules**, Ed. Karthala, pp 165-192

FAO, 1995 - ***Le sorgho et les mils dans la nutrition humaine***.
Dans http://www.fao.org/docrep/T0818F/T0818F00.htm, consulté le 10 mai 2004

FAO, 1996 - La sixième enquête mondiale sur l'alimentation. Rome, 153 pages

FAO, 1996 - Déclaration de Rome sur la sécurité alimentaire mondiale et plan d'action du sommet mondial de l'alimentation. Rome, 48 pages

FAO, 1997 - Système de comptes économiques des secteurs alimentaire et agricole. Rome, 142 pages

FAO, 1998 - **La situation mondiale de l'alimentation et de l'agriculture**.
www.fao.org/documents/show_cdr.asp?url_file=/docrep/x4400f/x4400f00.htm, consulté le 20 mai 2005

FAO, 2000 - *XIVe Réunion du Sous-Comité Ouest et Centre africain de corrélation des sols pour la mise en valeur des terres.* Consulté dans http://www.fao.org/DOCREP/005/Y3948F/Y3948F00.HTM, le 15 juillet 2003

FAO, 2001 - Les Négociations commerciales multilatérales sur l'agriculture. Manuel de référence n° II. L'Accord sur l'Agriculture

www.fao.org/DOCREP/003/X7353F/x7353f00.htm#Contents consulté le 28 mai 2004

FAO, 2002 - Agriculture, alimentation et nutrition en Afrique. www.fao.org/documents/show_cdr.asp?url_file=/docrep/008/w0078f/w0078f00.htm, 442 pages, consulté le 5 décembre 2005

FAO, 2004 - Céréales et autres aliments de base amylacés : les habitudes de consommation sont-elles en train de changer ? www.fao.org/docrep/meeting/007/J1183f/J1183f00.htm consulté le 10 mai 2004

FAUCHER D., 1949 - **Géographie agraire : Types de cultures**. Paris, Librairie Médicis, 382 pages

FOREST F, Baron C, Clopes A., 1993 - **Système d'analyse régionale des risques agroclimatiques**. Manuel d'utilisation. Montpellier, Cirad-CA, UR Gestion de l'eau, 100 pages.

GARCIA R., 1985 - **Systèmes alimentaires et sociétés : Un défi conceptuel et méthodologique**. Genève, Institut de Recherche des Nations-Unies pour le Développement Social (UNRISD), 79 pages

GARINE Igor De et coll. - 1991 - **Les changements des habitudes et des politiques alimentaires en Afrique : Aspects des sciences humaines, naturelles et sociales**. Ed. Publisud, 278 pages

GASTELLU J.-M., 1981 - L'égalitarisme économique des Sérer au Sénégal. Travaux et documents, Paris, Ed. ORSTOM, 128 pages

GASTELLU, J.-M. 1987 - Systèmes *de production agricole en Afrique tropicale : présentation.* Cahiers des Sciences Humaines, ORSTOM, vol. 23, n°. 3-4, p. 343-351

GASTELLU, J.-M. 1988 - *Le paysan, l'Etat et les sécheresses (Ngohé, Sénégal : 1972-1982).* Cahiers des Sciences Humaines, ORSTOM, vol. 24, n°. 1, p. 119-136

GAYE M., 1994 - *Les cultures céréalières dans le Bassin arachidier : motivations et contraintes chez les producteurs.* Coll. Etudes et documents, ISRA, DAKAR, 26 pages

GEORGE Susan, 1983 - **Comment meurt l'autre moitié du monde**. Paris, Ed Laffont, 398 pages

GIRI, J., 1983 - **Le Sahel demain, catastrophe ou renaissance ?** Ed. Karthala, Paris, 329 pages

GIRI, J., 1986 - **L'Afrique en panne, vingt-cinq ans de "développement"**. Paris, Karthala, 204 pages

GOLAN, E. H., 1990 - *Land tenure reform in Senegal: An economic study from the Peanut Basin.*LTC Research Paper 101. Land Tenure Center, université de Wisconsin, Madison, Etats-Unis

GONIN P., « Les migrations venant du bassin du fleuve Sénégal vers l'Union européenne » www.antiracisme.be/fr/colloques/010323/23-3f_senegal1.pdf, consulté le 20 avril 2004

GREGORY Joël, 1988 - *Migrations et urbanisation.* In **Population et société en Afrique au sud du Sahara**. Sous la direction de D. TABUTIN, Paris, Ed. L'harmattan, pp 369-400.

GRIFFON et coll., 1993 - **Quelles stratégies pour les agricultures en Afrique subsaharienne ?** CIRAD, coll. Notes et Documents, n° 16, 62 pages

GUEYE M, Sivakumar MVK.,1992 - Analyse de la longueur de la saison culturale en fonction de la date des pluies au Sénégal. Niamey: Icrisat, 42 pages

HAMID A. A., 1995 - *Réformes des politiques agricoles et sécurité alimentaire : le cas des pays maghrébins.* In La sécurité alimentaire en Méditerranée. Paris, Ed. ORSTOM, CIHEAM, options Méditerranéennes, Série A, n° 25, pp. 137 à 143

ISRA, 1996 - Plan stratégique de la recherche agricole 1998-2003. ISRA (Sénégal), 169 pages.

JANVRY A., SADOULET E., 2004 - Organisations paysannes et développement rural au Sénégal. Dakar, Rapport de la Banque mondiale, 54 pages

JOUVE P., 1993 - *Usages et fonctions de la jachère dans les systèmes de production d'Afrique tropicale et du Maghreb.* Cahiers Agricultures, vol. 2, n° 5, pp. 308-317

KHOUMA M. et coll., 2000 - Région de Diourbel : gestion des sols. ISRA, Sénégal, Drylands Research/Royaume-Uni

KOC M. et al., 2000 - **Armer les villes contre la faim. Systèmes alimentaires urbains durables**. Publications CRDI, Ottawa, 260 pages

KONTE M., et coll., 1995 : **Zone agro-écologique des Niayes**, ISRA technical report, avril 1995, 125 pages

LACOSTE Y., 1984 - **Unité et diversité du Tiers-monde : des représentations planétaires aux stratégies sur le terrain Unité et diversité du Tiers-monde.** Paris, Ed. La Découverte, Coll. Hérodote, 562 pages

LENOIR R., 1984 - **Le Tiers Monde peut se nourrir**. Rapport au Club de Rome. Ed. Fayard, Paris, 198 pages

LERICOLLAIS A., 1999 - *Paysans Sérer : dynamiques agraires et mobilités au Sénégal.* Ed. IRD, Paris

LERICOLLAIS A., et coll., 1990 - *Evolution du rôle du bétail dans la gestion de la fertilité des terroirs Sérer au Sénégal.* Paris, Cahiers de Recherche en développement, 26, pp. 65-84

LERICOLLAIS A., 1987 - **Analyse du changement dans les systèmes agraires Sérer au Sénégal : Bilan et perspectives des recherches.** Ed. ORSTOM, Dakar

LHOSTE P., D'AQUINO P., Le MASSON., 1995 – Systèmes de production mixtes agriculture pluviale et élevage en zones humide et subhumide d'Afrique. Paris, CIRAD, EMVT, 117 pages

LOMBARD J., 1987 - *Système de production et autosuffisance céréalière en pays Sérer.* IRD ex-ORSTOM, Paris, Cahiers des Sciences Humaines, vol. 23, n ° ¾, pp. 471-482

LUNVEN P. et coll., 1991- *Les styles alimentaires urbains.* In Food, Nutrition and Agriculture. Food for the Future.

www.fao.org/docrep/U3550t/u3550t05.htm#les%20styles%20alimentaires%20 urbains consulté le 21 juillet 2004

MALASSIS L., 1979 - **Economie agroalimentaire. Economie de la consommation et de la production agroalimentaire** (tome 1). Paris, Ed. CUJAS, 438 pages

MASSELIERE B. C., 1984 - *Culture commerciale, cultures vivrières. La transformation de l'espace de production agraire de Kayor central et septentrional.* In **Le Développement rural en question.** Ed. IRD ex-ORSTOM, pp. 267 à 294

MAXWELL, G.D., 1995 - « *Logique de l'agriculture urbaine dans les ménages de Kampala* », dans Axumite G. Egziabher, Diana Lee-Smith, Daniel G. Maxwell, Pyar Ali Memon, Luc Mougeot et Camillus J. Sawio, ***Faire la campagne en ville : L'agriculture urbaine en Afrique de l'Est.*** Ottawa (Canada), CRDI.

MICHEL P., 1973 : **Les Bassins des fleuves du Sénégal et de la Gambie. Etudes géomorphologiques.** Mémoires ORSTOM n° 63, Tomes I et II

MICHEL P., SALL M. M., 1994 - *Paysages, espaces ruraux, systèmes agraires.* In **Le développement rural en question.** ***Paris, Edition*** ORSTOM, collection Mémoire, 106 pages

MILLEVILLE P., SERPENTIE G., 1994 - *Intensification et durabilité des systèmes agricoles en Afrique soudano-sahélienne.* In **Promotion de systèmes agricoles durables dans les pays d'Afrique soudano-sahélienne.** FAO/CIRAD/CTA, pp. 33-45

Ministère de l'Agriculture, 1994 - **Programme d'investissement du secteur agricole 1995-2000** République du Sénégal, 60 pages

Ministère de l'Agriculture, 1997 - **Orientations et stratégies pour une agriculture sénégalaise compétitive et durable**. *R*apport provisoire du Groupe de réflexion stratégique, République du Sénégal, 46 pages

Ministère de l'Agriculture du Sénégal, 1997 - **Résultats de l'enquête sur les cultures de décrue : campagne agricole 1996-1997**. Direction des statistiques agricoles, projet DIAPER III, 18 pages

Ministère de l'Agriculture, 2003 - **Programme national de développement agricole,** PNDA. République du Sénégal, 110 pages.

Ministère de l'Environnement, 1995 - **Etudes préliminaires du Département de Thiès : Diagnostic du milieu physique et socio-économique. Sénégal, PREVINOBA, ARDIS, 181 pages**

Ministère du Développement rural, 1981 - **Bilan global des réalisations en faveur du monde rural depuis l'indépendance**. République du Sénégal, Dakar, 127 pages.

MINVIELLE J.-P., 1995 : *La connaissance des marchées et des situations de crise : des informations essentielles pour la sécurité alimentaire.* In La sécurité alimentaire en Méditerranée. Paris, Ed. ORSTOM, CIHEAM, options Méditerranéennes, Série A, n° 25, pp. 129 à 132

NDOYE F., 2001 - **Evolution des styles alimentaires à Dakar**. Dakar, Ed. Enda-Graf, non autosuffisante, 62 pages

NGAIDE A., 1998 - **Le royaume peul du Fuladu et de 1867 à 1936**. Thèse de 3e cycle, UCAD/Sénégal, 280 pages

NGAIDE A., 1999 - *Conquête de la liberté, mutations politiques, sociales et religieuses en Haute Casamance : les anciens maccube du Fulado (région de Kolda, Sénégal)* in **Figures peules**, Ed. Karthala, pp. 141-164

Organisation de coopération et développement économique (OCDE), 1981 - **La politique alimentaire**. Paris, publication de l'OCDE, 76 pages

PIERI C., 1989 - **L'agriculture africaine en réserve. Réflexions sur l'innovation et l'intensification agricoles en Afrique tropicale.** CIRAD, Paris, In **Savanes d'Afrique, terres fertiles ?** Actes des rencontres internationales, Montpellier, 1990, CIRAD, pp. 43-73

PIERI C., 1989 - **Fertilité des terres de savanes. Bilan de trente ans de recherche et de développement agricole au sud du Sahara.** CIRAD, Paris, In **Savanes d'Afrique, terres fertiles ?** Actes des rencontres internationales, Montpellier, 1990, CIRAD, pp. 43-73

PIERI C., 1991 - *Les bases agronomiques de l'amélioration et du maintien de la fertilité des terres de savanes au sud du Sahara.* In **Savanes d'Afrique, terres fertiles ?** Actes des rencontres internationales, Montpellier, 1990, CIRAD, pp. 43-73

PISANI E., 1995 - *La sécurité alimentaire à l'échelle mondiale.* In **Sécurité alimentaire en Méditerranée**. Montpellier, Options Méditerranéennes, série A, n° 26, pp. 5 à 10

RACINE J., 1981 - **Vertus et promesses d'un savoir délaissé. A propos de la géographie tropicale et de l'écodéveloppement.** Presses universitaires de France, 1981

RAFFESTIN C, 1980 - **Pour une géographie du pouvoir**. Paris, Ed. Litec, 249 pages

RAMADE F., 1980 - **Ecologie des ressources naturelles**. Paris, Ed. Masson, 322 pages

REARDON T., 1994 - *La diversification des revenus au Sahel et ses liens éventuels avec la gestion des ressources naturelles par les agriculteurs. Actes de séminaire* **'Promotion de systèmes agricoles durables dans les pays d'Afrique soudano-sahélienne''**, *Dakar, pp. 205-217*

REBOUL Cl., 1970 - *Modes de production et systèmes de cultures et d'élevage.* In Economies rurales, n° 112, pp. 55-65

République du Sénégal, 2003 - **Rencontre régionale sur le suivi de la situation agricole et alimentaire au Sahel au titre de la campagne 2002/2003.** Rapport national du Sénégal

République du Sénégal :

- Loi 64-46 du 17 juin 1964 portant création du domaine national ;
- Loi 72-25 du 19 avril 1972 portant création des communautés rurales ;
- Loi 96-1132 du 27 décembre 1996 portant application de la loi de transfert de compétences aux régions, aux communes et aux communautés rurales en matière d'aménagement du territoire ;
- Loi 96-1133 du 27 décembre 1996 portant application de la loi de transfert de compétences aux régions aux communes et aux communautés rurales en matière de planification ;

- Loi 96-1138 du 27 décembre 1996 portant application de la loi portant transfert de compétences aux régions, aux communes et aux communautés rurales ;
- Loi 96 -1134 du 27 décembre 1996 portant application de la loi portant transfert de compétences aux régions, aux communes et aux communautés rurales, en matière d'environnement et de gestion des ressources naturelles.

REVEL A. et Riboud C., 1981 - **Les Etats-Unis et la stratégie alimentaire mondiale**. Paris, Edition Calmann-Lévy, 297 pages

ROCH J., 1972 - *Eléments d'analyse du système agricole en milieu wolof mouride : l'exemple de Darou Rahmane 2*. In Copans et coll : **Maintenance sociale et changement économique au Sénégal I. Doctrine économique et pratique du travail chez les mourides** Ed. ORSTOM, Paris

ROGER C., 2001 - *A quoi peut servir une politique agricole dans un pays développé.* Ed. INRA/ESR, Rubrique ''Mieux comprendre l'actualité'', document de travail, 8 pages.

SAGNA R., 1993 - **Plan directeur horticole : diagnostic et politique de développement horticole**. Ministère de l'Agriculture, République du Sénégal, 108 pages.

SANTOS Milton, 1967 : **Croissance démographique et consommation alimentaire dans les pays sous-développés. Milieux géographiques et alimentation.** Fascicule "Les cours de géographie". Ed. Centre de documentation universitaire, La Sorbonne, Paris, tome II, 339 pages

SARR B., 1995 - **Climat et agriculture en Afrique tropicale : le cas de la riziculture dans les espaces aménagés du bassin du fleuve Sénégal**. Thèse 3e cycle, université de Dijon, 360 pages.

SAVANE M. A., 1992 - **Populations et gouvernements face aux problèmes alimentaires**. Ed. UNRISD, Genève, 389 pages

SCHOENMARCKERS R., 1988 - *Niveaux et tendances de la fécondité.* In **Population et société en Afrique au sud du Sahara.** Sous la direction de D. TABUTIN, Paris, Ed. L'harmattan, pp 111-140.

SIVAKUMAR MVK, M. A, Stern RD., 1993 - **Agroclimatologie de l'Afrique de l'Ouest: le Niger. Niamey**. Icrisat, DMN; 108 pages.

SNRECH, S., 1997 - Croissance démographique et développement urbain : impact sur l'offre et la demande alimentaire. Bilan et perspectives à long terme en Afrique de l'Ouest. Rapport de séminaire sous-régional FAO-ISRA sur : Approvisionnement et distribution alimentaire des villes de l'Afrique francophone. A Dakar (Sénégal), 14 au 17 avril, 45 pages.

SORRE M., 1943 - **Les fondements biologiques de la géographie humaine. Le milieu vivant et l'alimentation humaine de l'homme**. Paris, Ed. Armand Colin, 440 pages

SORRE M., 1961- **L'homme sur la terre**. Ed. Hachette, Paris, 243 pages

SOW A. A., - « Les sécheresses pluviométriques et hydrologiques dans le bassin du fleuve Sénégal », http://ghhat.univ-lyon2.fr/IMG/pdf/doc-751.pdf, consulté le 20 avril 2004

TOURE O., 1997 - *La gestion des ressources naturelles en milieu pastoral : l'exemple du Ferlo.* In **Développement durable au Sahel**. Ed. Karthala, Paris

TOURE O., 1997 : Espace pastoral et dynamiques foncières au Sénégal. PRASET / PADLOS CILSS

TRINGAZ P. X., - *Transformations sociales dans les zones nouvelles d'implantation rurale. Les Sérer dans les terres neuves du Sénégal oriental.* Cah. ORSTOM, Sci. Hum., vol. XVI, n° 1-2 ; 19-36

UCAD, UNEP., 2003 - Evaluation intégrée des impacts de la libéralisation du commerce sur la filière riz au Sénégal. Rép. du Sénégal, 110 pages

USAID, 1990 - Analyse de la gestion des ressources naturelles du Sénégal, Groupe de développements économiques. Louis Berger, USAID, Washington, DC, USA, p. 150.

VIDAL P., 1997 - Territoire, Environnement et Aménagement. In www.globenet.org/horizon-local/perso/dea1.html. Consulté le 24 juin 2003

WEIGEL J. Y., 1982 - *Migrations et production domestiques des Soninké du Sénégal.* Paris, ORSTOM, Travaux et Documents, n° 146

ZIEGLER J., 2003 - **Le droit à l'alimentation**. Paris, Ed. Mille et une nuits, 228 pages

ZIELGER J., 1978 - **Main basse sur l'Afrique**. Paris, Ed. Seuil, 290 pages

Figures

Tableaux

Cartes

Glossaire

ANSD - Agence nationale de la statistique et de la démographie
CER - Centre d'expansion rurale
CILSS - Comité inter-Etats de lutte contre la sécheresse
CIRIZ - Comité interprofessionnel du riz
CNCAS - Caisse nationale de crédit agricole du Sénégal
CPSP - Caisse de péréquation et de stabilisation des prix
CR - Communauté rurale
CSA - Commissariat à la sécurité alimentaire
CRDI - Centre de recherches pour le développement international
CSE - Centre de suivi écologique
DAT - Direction de l'aménagement du territoire
DIAPER - Diagnostic permanent
DISA/DA - Direction des statistiques agricoles / Direction de l'agriculture
DPDA - Déclaration de politique agricole
DPS - Direction de la prévision et des statistiques
ESAM - Enquête sénégalaise auprès des ménages
ESP - Enquête sur les priorités
FAO - Fonds des Nations Unies pour l'alimentation et l'agriculture
FCFA - Franc de la Communauté Financière Africaine
FWES - United agency for international development
GIE - Groupement d'intérêt économique
GPI - Grands périmètres irrigués
ISE - Institut des sciences de l'environnement
ISRA - Institut sénégalais de recherches agricoles
IRD - Institut de recherches pour le développement
ITA - Institut de technologies alimentaires
MDR - Ministère du Développement rural
MFDC - Mouvement des forces démocratiques de la Casamance
NPA - Nouvelle politique agricole
OCDE - Organisme de coopération et de développement économique
OMVS - Organisation pour la mise en valeur du fleuve Sénégal
ONG - Organisation non-gouvernementale
PAC - Politique agricole commune
PAS - Programme d'ajustement structurel
PAM - Programme alimentaire mondial
PASA - Programme d'ajustement du secteur agricole
PCN - Plan céréalier national
PIB - Produit intérieur brut
PII - Périmètres irrigués intermédiaires
PISA - Politique d'investissement du secteur agricole
PIV - Périmètre irrigué villageois
PNDA - Programme national de développement agricole

PNUD - Programme des Nations Unies pour le développement
PREVINOBA - Projet de reboisement villageois dans le Nord-ouest du Bassin arachidier
RGPH - Recensement général de la population et de l'habitat
RPCAS - Réserves de prévention des crises alimentaires au Sahel
SAED - Société d'aménagement des eaux du Delta
SAP - Système d'alerte rapide
SIM - Système d'information sur les marchés
SODEVA - Société de développement et de vulgarisation agricole
SODEFITEX - Société de développement des fibres textiles du Sénégal
SONADIS - Société nationale de distribution
SNS - Stock national de sécurité
SRDR - Société régionale de développement rural
STNS - Société des terres neuves du Sénégal
UCAD - Université Cheikh Anta Diop de Dakar
UNACOIS - Union nationale des commerçants et industriels du Sénégal
UNEP - Programme des Nations Unies pour l'environnement
UPA - Unité de politique agricole
ZAR - Zones à risque alimentaire

Table des matières

L'HARMATTAN, ITALIA
Via Degli Artisti 15 ; 10124 Torino

L'HARMATTAN HONGRIE
Könyvesbolt ; Kossuth L. u. 14-16
1053 Budapest

L'HARMATTAN BURKINA FASO
Rue 15.167 Route du Pô Patte d'oie
12 BP 226
Ouagadougou 12
(00226) 50 37 54 36

ESPACE L'HARMATTAN KINSHASA
Faculté des Sciences Sociales,
Politiques et Administratives
BP243, KIN XI ; Université de Kinshasa

L'HARMATTAN GUINEE
Almamya Rue KA 028
En face du restaurant le cèdre
OKB agency BP 3470 Conakry
(00224) 60 20 85 08
harmattanguinee@yahoo.fr

L'HARMATTAN COTE D'IVOIRE
M. Etien N'dah Ahmon
Résidence Karl / cité des arts
Abidjan-Cocody 03 BP 1588 Abidjan 03
(00225) 05 77 87 31

L'HARMATTAN MAURITANIE
Espace El Kettab du livre francophone
N° 472 avenue Palais des Congrès
BP 316 Nouakchott
(00222) 63 25 980

L'HARMATTAN CAMEROUN
BP 11486
Yaoundé
(00237) 458 67 00
(00237) 976 61 66
harmattancam@yahoo.fr

640093 - Février 2016
Achevé d'imprimer par

1livre.com
du rêve à la réalité !

www.ingramcontent.com/pod-product-compliance
Lightning Source LLC
LaVergne TN
LVHW011432061026
849535LV00004BA/787
9782296059030